“十三五”高职高专老年服务与管理专业规划教材

老年服务与管理概论

主　编　李彧钦

副主编　陈姝君　苏　康

中国财富出版社

图书在版编目（CIP）数据

老年服务与管理概论／李彧钦主编．—北京：中国财富出版社，2018.12（2025.8 重印）

（“十三五”高职高专老年服务与管理专业规划教材）

ISBN 978－7－5047－6850－6

Ⅰ.①老…　Ⅱ.①李…　Ⅲ.①老年人－社会服务－概论－高等职业教育－教材　Ⅳ.①C913.6

中国版本图书馆 CIP 数据核字（2018）第 281432 号

策划编辑	李彩琴	**责任编辑**	孟　婷		
责任印制	尚立业	**责任校对**	孙丽丽	**责任发行**	于　宁

出版发行	中国财富出版社		
社　　址	北京市丰台区南四环西路 188 号 5 区 20 楼	**邮政编码**	100070
电　　话	010－52227588 转 2098（发行部）		010－52227588 转 321（总编室）
	010－52227566（24 小时读者服务）		010－52227588 转 305（质检部）
网　　址	http：//www.cfpress.com.cn		
经　　销	新华书店		
印　　刷	北京九州迅驰传媒文化有限公司		
书　　号	ISBN 978－7－5047－6850－6/C·0221		
开　　本	787mm×1092mm　1/16	**版　　次**	2019 年 12 月第 1 版
印　　张	17.75	**印　　次**	2025 年 8 月第 3 次印刷
字　　数	348 千字	**定　　价**	42.00 元

编者名单

主　编　李彧钦

副主编　陈姝君　苏　康

参　编　尹蕾蕾　赵　娜　杜婷婷

王　亚　刘慧华

前　言

中国不仅是世界第一人口大国，而且是老年人口数量最多的国家。自1999年我国进入老龄化社会以来，老年人口数量呈现基数大、增长快等特点，同时高龄化、空巢化现象较为严重，需要照顾的失能、半失能老年人比例也在不断增高。人口老龄化对我国经济、社会、文化等各个方面的影响逐渐凸显，我们急需减轻社会和家庭养老负担，并且为老年人创造良好的养老条件，让他们可以安享晚年，因此老年服务与管理专业在各高校陆续设立，旨在为老年人养老提供专业服务和培养专业人才，从而妥善解决老龄化带来的社会问题，建立一个健康、积极、和谐的老龄化社会。

作为一门应用性较强的课程的教材，本书以教育部《关于全面提高高等职业教育教学质量的若干意见》为依据，以情景案例为依托，以促进工学结合及实施“教、学、做”一体的教学模式，培养学生对老年服务与管理的准确认识。本书教学内容与结构特点如下：

第一，知识内容与实际工作一致。本书较为全面地涵盖了老年服务与管理的内容，包括老年服务与管理的目标与评估、老年社会保障服务与管理、老年服务与健康管理、老年服务人力资源管理、老年服务与信息管理、老年幸福生活的营造、老年化社会的管理等，围绕这些内容构建了教材内容体系，且知识内容编排与实际工作过程契合度较高。

第二，教材编写内容突出专业理论知识。知识内容与情景案例的选取均按照专业要求设计。

第三，教材编写形式体现适用性。每一章都有章节导读和学习目标，每节都从导入情景入手，帮助学生身临其境，引导学生深入、扎实理解相关知识。

本书涵盖了当今社会老年服务与管理的大部分领域和内容，以综述的形式对每个服务领域的目标、知识、方法、技巧进行阐述，不仅有助于本专业学生更好地理解专业内涵，也有助于从事本行业的人员开阔视野，加深对本行业的理解。

本书在编写过程中，参考引用了众多专家、学者、同行的研究成果和观点，在此我们表示衷心感谢。

本书的编写和出版适应了老年服务与管理专业课程设置的需要，是专业的必修课程，作为老年服务与管理“概论”，概括性地介绍和阐述了老年服务与管理的知识内容，力图对老年服务与管理专业的内容起到一个引导的作用，为专业教学和普通培训提供一本通用的教材，同时我们也希望本书对老年服务与管理专业起到一定的推动作用。

由于编者水平有限，对很多问题研究不够、不足之处在所难免，真诚希望各位专家、学者、读者不吝赐教。

编　者

2019 年 8 月

目　录

第一章

老年服务与管理概述

章节导读

预计到2030年，世界65岁以上人口将达到10亿人。这是人类历史上首次50岁以上人口的数量超过了17岁以下人口数量。同时，中国65岁以上的人口比例也将超过日本，成为全球老龄化程度最高的国家。当越来越少的年轻人必须供养越来越多的老年人时，将会是怎样的景象？国家需要数百万名年轻工人，但在人口国情无法满足这一需求时，该如何处理？《当世界又老又穷》一书的作者泰德·菲什曼走访美国、日本、西班牙与中国的若干城市，采访了上百名企业员工、雇主、经济学家、政府官员、医疗专业人员、普通家庭成员，通过一个个生动而翔实的故事，呈现出世界范围内人口老龄化社会的面貌与未来，涉及的话题包括工资收入、社会保障、医疗、住房、隔代养育、"啃老"等。作者描绘了全球老龄化令人震惊且彼此关联的影响，也解释了国家前景、文化与人际关系、代际关系因老龄化而发生的变化，为我们勾勒出与每个人息息相关的未来图景。

中国有人口老龄化社会的现实焦虑。在可预期的未来，仍然面临着一对年轻夫妇需要赡养四个老人和至少一个儿童的情况，而人口迁徙也使得老人独居在家乡很难得到照料。对于这些独生子女和他们的父母，比较理想的养老解决方案是什么？

在中国，农村人口老龄化和城市人口老龄化其实是非常不同的问题。很多农村打工者来到城市做护理人员，而一线城市的居民往往并不想从事这类工作。在世界各地，从事养老服务工作的有两种人：一种是为了养活一个大家庭，把钱寄回家给孩子和老人；另一种是不得不离开工作岗位去照顾自家的老人。第二种类型的人照顾完自家的老人，想再回到原来的工作状态，可能会因为技能、人脉等都变了，使得原本擅长的工作变得不再顺手。但他们已经成了照顾老人的专家，知道如何面对医疗系统，如何和长者沟通。很多在美国从事护理工作的人，正是先学会了如何照顾自己的父母，当父母去世后，再通过服务另一个家庭赚钱。实际上这在中国也是一个巨大的机遇。

学习目标

1. 了解全球老龄化概况。
2. 理解老年服务与管理的现状。
3. 掌握老年人服务需求发展的概况。

第一节 全球老龄化认知

导入情景

联合国曾发布《世界人口展望》2017 年修订版报告，对未来世界人口发展趋势进行了分析和展望。根据这一报告，世界人口数量自 2005 年以来增加了 10 亿，已达 76 亿人，预计 2030 年将达 86 亿，2050 年将达到 98 亿，2100 年将达到 112 亿。印度则将在 2024 年超越中国，成为世界第一人口大国。

人口专家顾大男表示，世界人口虽然还在增加，但增长速度已经放缓，即使是在生育率最高的非洲地区，每名妇女的平均生育率从 2000 年至 2005 年的 5.1 个孩子减少到 2010 年至 2015 年的 4.7 个孩子。总体上看，世界范围内妇女生育率增幅不大，较低的生育率导致人口老龄化趋势比较明显。

一些国家人口老龄化现象已持续了较长时间，其中日本 60 岁及以上人口已占其总人口的 33%，意大利 29%，葡萄牙、保加利亚和芬兰分别占到 28%，这些国家均列世界上人口老龄化问题最严重的国家前列。中国的人口老龄化趋势也进一步加快，60 岁及以上人口占总人口的 16%，该报告预计到 2050 年，欧洲老龄人口将占该地区总人口数量的 35%。

报告显示，全球人口增长主要来自少数几个国家和地区，其中在非洲地区增长最快。从 2017 年至 2050 年，预计世界人口增长的一半将集中在印度、尼日利亚、刚果民主共和国、巴基斯坦、埃塞俄比亚、坦桑尼亚、乌干达、美国和印度尼西亚 9 个国家。顾大男认为，中国提出的“一带一路”倡议有关项目涵盖了上述地区，与这些地区的人口特点和发展趋势十分契合。“一带一路”倡议大部分项目涉及工农业生产、交通、能源、环保，还包括医院学校和商业网点等公共服务，这将使有关国家年轻人口有机会接受教育，到大城市或其他国家找到就业机会，对帮助改善家庭生活、加快当地经济发展和促进社会稳定都会有非常积极的作用。

此外，全球47个最不发达国家仍是人口增长速度最快的国家。人口数量过快增加对有关国家落实联合国2030年可持续发展目标和国际减贫事业构成巨大挑战。随着世界人口平均预期寿命的延长，最不发达国家的老龄人口也会逐渐增加，庞大的人口基数需要更加庞大的自然资源和政府公共服务进行支撑，对这些国家来说是难以承受的负担。因此，人口增长必须遵循科学规律，有序发展，既要适当增长，缓解人口老龄化，也要抑制过快增长，尽量减少人口增幅与自然资源配置的矛盾。

（资料来源：人民日报，2017年6月30日22版）

情景分析

由此可见，老龄化已经日益成为世界性难题，而这一难题的解决需要我们对全球老龄化有一个清醒的认知。

一、全球老龄化的原因

根据1956年联合国划分的标准，一个国家或地区65岁以上老年人口数量占总人口比例（老龄率）达到7%的人口结构称为老龄化社会。全球老龄化加重了各国政府预算负担，并且导致了普遍的劳动力短缺和经济低速增长时代的到来。全球老龄化主要原因有两个：一是不断下降的生育率；二是平均预期寿命的延长。

生育率是指一定时期内（通常为一年）出生活婴数与同期平均育龄妇女人数之比，通常用千分数表示。育龄妇女指处于生育期的妇女。生育期的年龄界限，一般使用15~49岁的标准。若一队列妇女按一定年份的年龄组生育率度过整个育龄期，她们终身平均生育的孩子数称为总和生育率。

生育率是反映妇女生育强度的重要指标，它是影响人口增长速度的核心因素，同时也是制订人口计划和进行人口预测的重要指标。从全世界范围看，自20世纪60年代中期以来，妇女总和生育率降幅较大，2010年的《世界人口数据表》显示：2010年全球平均每个妇女生2.5个孩子，发达国家为1.7个，欠发达国家为2.7个，最不发达国家为4.5个，而扣除中国后的欠发达国家为3.1个。中国的总和生育率不到世界平均水平的一半，而且比发达国家的平均水平还要低许多。世界各国生育率的下降，降低了年轻人口在总人口中所占的比例。

从全世界范围看，第二次世界大战之后，人们的平均预期寿命延长了20岁左右，科学技术的进步和医疗水平的提高大大延长了人类预期寿命，在发展中国家，平均预期寿命从40岁延长到60多岁，而发达国家的平均预期寿命已接近80岁。

二、全球老龄化带来的挑战

全球老龄化给发达国家和发展中国家都带来了巨大的挑战。这些挑战分别是政府财政挑战、劳动力短缺挑战、经济增速放缓挑战、医疗资源分配挑战、传统家庭伦理道德挑战。

1. 政府财政挑战

各国不断下降的生育率和不断延长的平均寿命直接导致更低的纳税劳动者对退休受益人的“供养”比。更低的供养比反过来导致所得税预扣的退休成本更高。各国政府只有几种有限的对策：提高税收、削减退休养老金，但无论哪种政策都难得人心。到2050年，大多数国家的供养比很可能会下降至2∶1以下，就个人收入方面，这意味着更多的人只领养老金却不纳税。到2050年，欧盟官方的预测认为，全部养老金和老年人健康保险金的支出成本将上升到GDP的17.8%，这一预测尚属较为乐观的预测。

2. 劳动力短缺挑战

生育率下降导致普遍的劳动力短缺。以日本为例，日本是全球老龄化程度最严重的国家，截至2017年，日本65岁以上老人达3515.2万，占总人口总数比例为27.7%，高居全球榜首。不少日本老年人达到60岁退休年龄后，仍选择继续上班，活到老做到老。如果你去东京旅行，会发现不少出租车司机是“银发一族”。退休后坚持工作的老年人可分为两大类，一是不为赚钱，只为丰富第二人生，发挥余热；二是被生活所迫，坚持劳作以维持生计。

3. 经济增速放缓挑战

随着人口趋势转向疲软，生产率增长将在推动总体GDP增长的过程中扮演更重要的角色。然而，生产率已经走低，老龄化劳动力将对GDP增长造成消极影响。在美国，60岁以上的人口每增加10%，人均GDP增长将下滑5.5%；对于欧洲地区而言，55岁以上的工人比例每增加1%，年均劳动生产率将减少0.2%~0.6%。

4. 医疗资源分配挑战

在世界范围内，全球老龄化将加剧医疗资源的竞争，如何在有限的卫生资源之间进行公平分配将成为现代社会中一个非常重要的挑战。以中国为例，中国的医疗卫生制度还不完善，对老年人的医疗卫生加大投入，意味着要相应地减少对初级卫生保健和公共卫生的投入。投在老年人身上的医疗资源将与其他种类的医疗资源构成竞争关系。如何合理地配置相互竞争的各种医疗资源，构成了医疗资源分配挑战。

5. 传统家庭伦理道德挑战

传统的家庭养老模式下，全球老龄化将给传统家庭带来伦理道德挑战。仍然以中国为例，由于20世纪80年代，我国开始严格实行计划生育政策，这导致很多中国的家庭结构演变成4－2－1或4－2－2的模式：即一对夫妇养育一个或两个孩子，同时要赡养四个老人。由于普遍的社会保障和养老保险制度尚未建立，中国的家庭结构模式将给成年人带来巨大的养老压力。

三、全球老龄化应对策略

全球老龄化问题日趋严重，使得世界各国无论是发达国家还是发展中国家都积极提出应对老龄化的策略。目前应对老龄化问题的策略主要有以下四个方面。

1. 将实施健康老龄化战略纳入长期规划

将实施健康老龄化战略纳入国民经济和社会发展的长期规划。习近平同志在党的十九大报告中提出“实施健康中国战略”，将维护人民健康提升到国家战略的高度。报告明确提出“积极应对人口老龄化……推进医养结合，加快老龄事业和产业发展”，健康中国离不开健康老龄化。

2. 出台鼓励或奖励生育的政策

国家应出台鼓励或奖励多生孩子家庭的政策。孩子是老龄化社会最有价值的资源，许多发达国家都具有为“家庭津贴”提供充足资金的悠久传统和其他鼓励增殖人口的激励机制。这种传统似乎正在广为传播。因此，许多发达国家采用减税的办法，降低家庭生活成本，鼓励家庭生育孩子和照料老人。

3. 改革养老资金积累制度

国家养老金积累模式，应当从现收现付制向完全积累制进行转变。现收现付是代际转移，在职职工为上一代人支付养老金，在职职工的养老金则由下一代人支付。而完全积累制是以收定支，在职时完全积累，自己支付，退休后按月支付，支付水平取决于过去的积累数额。

4. 家庭养老和社会养老相结合

走家庭养老和社会养老相结合的养老道路。建立以家庭养老为基础，社区养老服务网络为辅助，公共福利设施养老手段为补充，社会保险制度为保障的居家养老体系，把老年人自身、家庭、社会和国家作用有机地组合起来，使之发挥出最佳效用。

第二节　老年服务与管理的兴起

导入情景

2018年年初，阿里巴巴的一则招聘启事赚足了“吃瓜群众”的眼球：“年薪40万元，60岁以上，广场舞KOL（关键意见领袖）、社区居委会成员优先。”

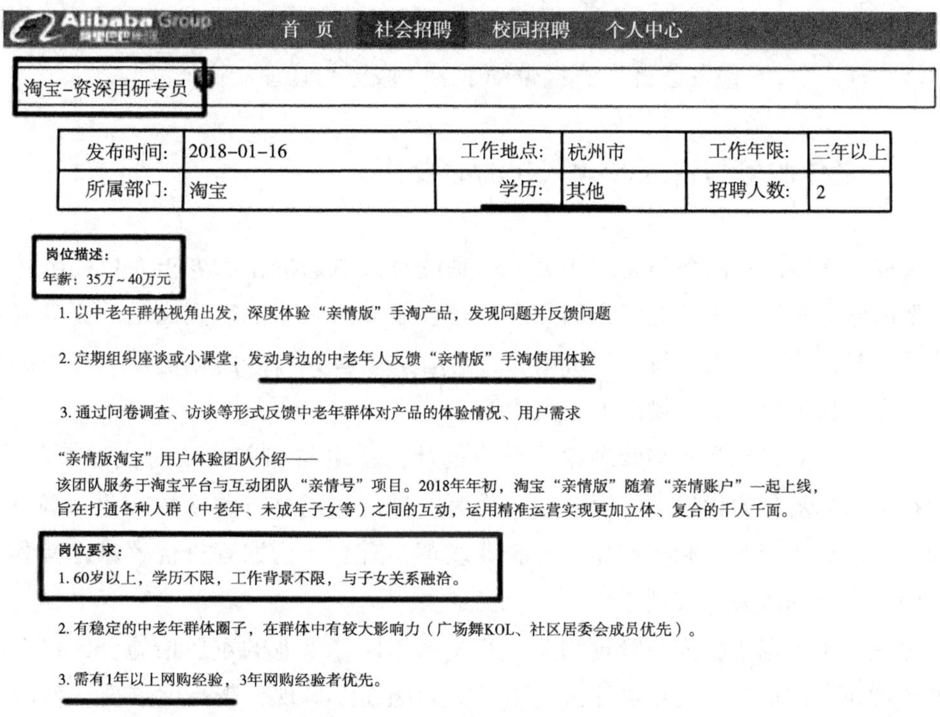

Alibaba Group 阿里巴巴集团　首 页　社会招聘　校园招聘　个人中心

淘宝-资深用研专员

发布时间:	2018-01-16	工作地点:	杭州市	工作年限:	三年以上
所属部门:	淘宝	学历:	其他	招聘人数:	2

岗位描述：

年薪：35万～40万元

1. 以中老年群体视角出发，深度体验“亲情版”手淘产品，发现问题并反馈问题

2. 定期组织座谈或小课堂，发动身边的中老年人反馈“亲情版”手淘使用体验

3. 通过问卷调查、访谈等形式反馈中老年群体对产品的体验情况、用户需求

“亲情版淘宝”用户体验团队介绍——

该团队服务于淘宝平台与互动团队“亲情号”项目。2018年年初，淘宝“亲情版”随着“亲情账户”一起上线，旨在打通各种人群（中老年、未成年子女等）之间的互动，运用精准运营实现更加立体、复合的千人千面。

岗位要求：

1. 60岁以上，学历不限，工作背景不限，与子女关系融洽。

2. 有稳定的中老年群体圈子，在群体中有较大影响力（广场舞KOL、社区居委会成员优先）。

3. 需有1年以上网购经验，3年网购经验者优先。

4. 爱好阅读心理学、社会学等书籍内容者优先；热衷于公益事业、社区事业者优先。

这则招聘启事让不少年轻人惊呼自己辛辛苦苦一年挣的钱竟比不上“广场舞大妈”！殊不知，阿里高薪聘请的并非普通的“广场舞大妈”，而是那些具有稳定的中老年群体圈子，并在群体中有较大影响力的人。

情景分析

“银发经济”是专门为老年人消费服务的。“银发产业”又称老年产业、老龄产业，其范围十分广泛，包括卫生健康服务、家政服务、日常生活用品、保险、金融理财、旅游娱乐、房地产、教育、咨询服务等各个领域。据阿里发布的银发族网购报告显示，截至2018年重阳节前夕，淘宝上共计有3000万名中老年使用者（年龄50岁以上），和年轻人一样，他们也喜欢购买各种好看的衣服、潮流的3C产品（信息家电）。而阿里的这轮招聘也是为了让淘宝更懂老年人，让淘宝跟老年用户的关系更亲密。这也揭示了“银发经济”已成为阿里布局的新领域。

我国老年群体数量庞大，老年人用品和服务需求巨大，老龄服务事业和产业发展空间十分广阔。据预测，2050年中国老年人口将占全球老年人口近25%；2014—2050年，中国老年人口的消费潜力占GDP的比例将从8%左右增长到33%左右。老年服务业制度、标准、设施、人才队伍建设都将因此得到蓬勃发展的机会，以此为基础的居家养老、社区养老、机构养老、医养相结合等养老服务体系也将得到更好的发展。简言之，“银发经济”直接带动了老年服务与管理产业的兴起。

一、老年服务与管理产业兴起的必要性

首先，发展老年服务与管理相关产业是应对人口老龄化和老年人口高龄化挑战的重要战略。长期以来，老年人的商品、社会服务需求不能得到满足。充分发展老年产业，扩大市场需求，拉动经济增长，可有效缓解人口老龄化对社会经济的负面影响，是迎接人口老龄化挑战的必由之路。

其次，发展老年服务与管理相关产业是社会稳定与和谐的“时代呼唤”。老年产业在人口老龄化的背景下应运而生，作为一项新兴的、有前途的行业，必将大有所为。发展老年产业有利于深化国有企业改革，有利于为家庭排忧解难，有利于缓解下岗、失业的压力，有利于维护社会稳定。

再次，发展老年服务与管理相关产业是老年保障事业的重要措施。人口老龄化速度的加快，市场针对老年群体供给不足的问题逐渐显现，需高度重视“健康老龄化”问题，其最终目标是提高大多数老年人的生命质量。

最后，发展老年服务与管理产业可以促进社会经济可持续发展。随着我国老龄人口数量的增多、老年人收入的增长以及生活质量的提高，老龄人口恩格尔系数呈现下降的趋势，消费结构也呈现出新的变化。发展老年产业可以更好地满足老年人的消费需求，增进社会的文明程度和推进社会的进步。在刺激市场需求的同时，扩大就业领域，缓解就业压力，从而减轻和克服人口老龄化所带来的负面影响，促进老龄化过程中社会问题的解决。

二、老年服务与管理市场的培育路径与机制刺激

发展老年服务与管理产业的根本目的在于提高老年人的生活质量，使产业结构与日益增加的老年人口的需求结构、消费结构相适应。随着我国老年消费市场规模、消费能力、消费观念的不断转变，发展老年产业不仅是这一群体的现实需求，更是促进社会经济健康有序、可持续发展的需求。

1. 老年服务与管理市场的培育路径

老年产业的兴起源于老龄化及老年人对市场的需求，全方位关注老龄消费群体的需求情况，在了解老年群体的生理、心理特征以及其购买力的基础上研究老年人的消费模式，有利于开拓老年用品市场和服务市场，培育途径主要有以下三个方面。

第一，消费由生产提供，并通过市场来实现，因此应该正确引导老年人的消费观念、创造老年人消费环境，拉动老年人的消费需求，更好地培育老年消费市场。老年消费市场的发展需要适应人口转变形势发展的需要，应当根据老年人口群体的基本需求特点，挖掘老年市场潜力，突出“返老还童”的市场，请老年人设计商品等。

第二，为老年人口提供力所能及的服务，需建立老年机构护理设施和形成老年产品行业，如建立托老所、日间照料中心、老年公寓、老年康复中心等老年养老服务设施；开发老年医疗保健产品、老年生活用品、老年玩具、老年服饰等，为进一步开发老年产业提供思路。

第三，市场与政府相结合共同推动老年产业的发展，形成促进老年产业发展的机制，制定相应的扶持优惠及配套政策。如有学者提出应以社区为主体，建设“上门服务合作社”“养老院”“老人健康长寿服务社”等，通过建立养老超市、老年公寓等实现老有所养、老有所医、老有所为、老有所学、老有所教、老有所乐的目标。

2. 老年服务与管理市场的机制刺激

我国老年产业同西方发达国家的老年产业发展过程相似，其兴起与发展是一项系统工程，既要有客观的外在条件，也应有产业发展本身的内在动力。除了对市场消费需求有敏锐的关注外，还应关注老年产业起步与发展中所涉及的宏观与微观层面的内在机制的刺激。

第一，政府在老年产业发展中的作用不容忽视。各级政府和有关部门需将老年产业发展纳入议事日程，宏观调控方面需规划指导、政策扶持、监管结合，如分阶段适时出台相关政策与措施来引导社会资本注入，支持多种成分、多种形式的生产或服务型企业发展，积极组织并引导老年产业健康成长。

第二，在老年产业的发展过程中，单靠政府的作用难以实现老年产业在市场规模、社会功能、市场专业化等方面的全方位发展，还需充分发挥市场和社会的作用，特别是通过社会化、产业化的新思路、新制度、新模式推动市场经济体制的发育与完善。

第三，从老年产业结构本身的发展来说，我国老年产业尚处于起步阶段，目前开始涉及养老服务、医疗保健、教育、房地产、金融、旅游等多元化领域，要想方设法增强老年产业的竞争力，建立老年产业评价机制。

我国对老年产业的研究起步较晚，因而研究基础较为薄弱，但经过 20 多年的系统理论与实证探讨，国内对于老年消费市场与老年产业的研究已成为一个热点，成果数量逐步增加，取得了长足的进步。这主要体现在对人口老龄化与老年市场之间的关系、老年消费市场的细分、老年市场的潜力与特征、老年产业的界定与所涉及的基本领域、老年产业的发展现状与存在的问题、发展对策及老年市场的培育、未来老年产业发展体系的设想等研究的成效凸显。

3. 老年服务与管理产业的研究方法

研究老年市场与老年产业，关键是从理论与实践层面加深探究与认识，强化前瞻性的研究，注重定性与定量、宏观与微观研究的结合。并结合当前老年服务与管理产业的特点，从以下四个方面深入研讨。

第一，老年人的消费需求直接影响老年产业的发展以及产业结构调整。因此，老年消费经济学研究显得尤为必要。诚然，消费需求受需求的主体、消费能力以及消费意愿影响，学界需对老年消费在社会再生产中的地位、消费能力、观念、特点、消费心理及行为、影响老年消费因素、老年消费需求规律等经济问题进行专项细化研究，通过关注退休后老年人口的消费与储蓄的变化，分析老年人口消费结构的基本概况与主要特征，找出影响老年人口扩大消费的因素及影响提供老年产品与服务供给的因素，预测未来一段时间老年消费结构的变化，有助于培育老年市场，振兴老年产业。

第二，信息化社会的快速发展以及对老年产业相关定量研究的强烈呼吁，促进了对老年市场的大量数据信息收集整理及挖掘运用。在正确认识我国具体国情的基础上，借鉴国外发达国家相对成熟的经验，因地制宜、有的放矢，形成合理有效的老年社会产业结构变动的经济政策。

第三，消费结构变迁、产业结构调整离不开更为具体的对老年市场与老年产业的有针对性的探究，特别是研究未来老龄社会需求导向的产业结构将发生哪些重要的变化并对不同人口情景的产业结构进行模拟分析；在有理论推导的同时，也要有对未来老年产业相关的产业结构调整的具体分析，包括老年医疗与生活服务行业、老年食品与日用品行业、老年房地产行业、老年旅游与娱乐行业、老年教育行业等典型分析。实事求是，想方设法，加强试点，发挥示范效应，推广个案经验。

第四，老年产业研究的专业化离不开对老年产业与社会经济发展以及相关产业的关联性研究，离不开对老年产品生命周期的分析，要建立以老年消费需求为依据的产业化发展策略，通过更系统、深入、全面的研究来指导实践。

第三节　国内外老年服务与管理的现状

导入情景

党的十九大报告指出，积极应对人口老龄化，构建养老、孝老、敬老政策体系和社会环境，推进医养结合，加快老龄事业和产业发展。10月18日，江苏盱眙县桂五镇敬老院院长李银江代表在聆听了习近平总书记所作的十九大报告后，为自己今后的工作定下了一个新目标，“要让村里的老人们活得更有滋味”。

从1980年入党至今，37年来，李银江时刻铭记自己是一名共产党员。在这位基层党员心里，对老人尽孝、对老百姓尽心，就是对社会尽责，对党和国家尽忠。

“桂五镇有近百名无人照顾的孤寡老人，谁来养？”自从接下敬老院这个重担，李银江一天没休息过，“每天早上给行动不便的老人送饭，中午带他们出去晒太阳，晚上为他们洗脚，老人们都把我当亲儿子一样看待呢”。

31年前，29岁的李银江受命筹建盱眙县桂五镇敬老院，亲手运砂石、扛木材、砌砖头，在荒地上建起一座敬老院，做起了孤寡老人的“儿子”。在他心中，老人们的晚年幸福是最大的事。“31年了，先后有69位五保老人在敬老院去世，我当了69次‘孝子’。”

把孤寡老人当亲人养，李银江一直悉心尽力。“老人们大都来自农村，一辈子忙惯了，来到养老院，突然闲下来肯定不适应，怎样才能让他们活得舒心呢？”凭借自己长期与老人打交道的经验，他在敬老院建了个“农疗园”，“辟出几块荒地，一处种粮，一处种菜，一处养鱼。愿意种的，工分制，劳动1小时计1分，每分3元。这样老人们既有了生活动力，又赚到了钱，最多1年能拿到3000多元哩。”

每天晚上，只有确认每位老人都睡好了，李银江才能放心休息。“党代表是一份沉甸甸的责任，只要村里还有孤寡老人，我就得让他们的日子过得有滋有味！”李银江说。

（资料来源：光明日报，2017年10月24日06版，《要让村里的老人活得更有滋味》）

情景分析

党和政府历来高度重视老龄工作。党的十八大和十八届三中、四中、五中全会以及“十三五”规划纲要都对人口老龄化、加快建设社会养老服务体系、发展养老服务产业等问题提出明确要求。各地区各部门加大投入、扎实行动、积极推动老龄事业发展，应对人口老龄化工作取得了显著成效。同时，我们的政策措施、工作基础、体制机制等还存在明显不足，同广大老年人过上幸福晚年生活的期盼差距较大。党的十九大报告中提出，构建养老、孝老、敬老政策体系和社会环境，推进医养结合，加快老龄事业和产业发展。这为新时代中国特色养老事业指明了方向。

一、我国目前老年服务与管理现状

我国《“十三五”国家老龄事业发展和养老体系建设规划》中指出：“十二五”时期我国老龄事业和养老体系建设取得长足发展。《中国老龄事业发展“十二五”规划》《社会养老服务体系建设规划（2011—2015 年）》确定的目标任务基本完成。老年人权益保障和养老服务业发展等方面的法规政策不断完善；基本养老、基本医疗保障覆盖面不断扩大，保障水平逐年提高；以居家为基础、社区为依托、机构为补充、医养相结合的养老服务体系初步形成，养老床位数量达到 672. 7 万张；老年宜居环境建设持续推进，老年人社会参与条件继续优化；老年文化、体育、教育事业快速发展，老年人精神文化生活日益丰富；老年人优待项目更加丰富、范围大幅拓宽，敬老养老助老社会氛围日益浓厚，老年人的获得感和幸福感明显增强。

表 1－1　“十二五”期间老龄事业发展和养老体系建设主要指标完成情况

主要指标	完成情况	预期目标	完成率（%）
城镇职工基本养老保险参保人数（亿人）	3. 54	3. 57	99
城乡居民基本养老保险参保人数（亿人）	5. 05	4. 5	112
企业退休人员社会化管理比例（%）	81. 1	80	101
离退休人员养老金待遇年均增长率（%）	10. 7	7	152
农村五保供养平均标准年均增长率（%）	15. 3	7	219
城乡居民基本医疗保险参保人数（亿人）	13. 3	13. 2	101
每千名老年人拥有养老床位数（张）	30. 3	30	101

续 表

主要指标	完成情况	预期目标	完成率（%）
基层老年法律援助覆盖率（%）	98	75	131
老年协会城乡社区创建率（%）	81.9	87.5	94
老年教育参与率（%）	3.5	5	70
老年志愿者占比（%）	10	10	100

资料来源：中华人民共和国中央人民政府网，《国务院关于印发“十三五”国家老龄事业发展和养老体系建设规划的通知》。

“十三五”时期是我国全面建成小康社会决胜阶段，也是我国老龄事业改革发展和养老体系建设的重要战略窗口期。这一时期将面临老年服务与管理的艰巨任务与严峻挑战。

严峻形势。预计到2020年，全国60岁以上老年人口将增加到2.55亿人左右，占总人口比重提升到17.8%左右；高龄老年人将增加到2900万人左右，独居和空巢老年人将增加到1.18亿人左右，老年抚养比例将提高到28%左右；用于老年人的社会保障支出将持续增长；农村实际居住人口老龄化程度可能进一步加深。

明显短板。涉老法规政策系统性、协调性、针对性、可操作性有待增强；城乡、区域老龄事业发展和养老体系建设不均衡问题突出；养老服务有效供给不足，质量效益不高，人才队伍短缺；老年用品市场供需矛盾比较突出；老龄工作体制机制不健全，社会参与不充分，基层基础比较薄弱。

有利条件。任何事情都有两面性，有挑战也会有有利条件。具体有利条件是：党中央、国务院高度重视老龄事业发展和养老体系建设，“十三五”规划纲要对积极应对人口老龄化提出明确要求。经济社会平稳健康发展，供给侧结构性改革加快推进，公共服务和民生保障能力不断增强，科技创新成果加快推广应用，劳动年龄人口仍较为充足，社会参与老龄事业发展积极性不断提高。

二、国外老年服务与管理现状

对于日本、德国、丹麦等国外发达国家，在老年服务与管理的人才培养方式、队伍建设、资金政策等方面具体现状如下。

1. 高校开设养老护理专业培养专门人才

学校教育作为人才培养的重要环节，对养老护理人才的培养也同样适用。日本、德国的学校教育都不同程度地开设了养老护理专业，为广大学生提供能够系统学习养老护理知识的重要方式。其中，尤以丹麦的养老护理专业学校教育最为完善，已经有了较为成熟严格的体系设置，课程内容涉及范围广而细；德国的高校对于养老护理专业的培养要求十分严格；日本高校在养老护理专业教育方面相对较弱。值得注意的是，这三个国家的护理专业学校教育课程设置中，都遵从理论与实践相结合的方式，其中，德国的实践学习课时，甚至高于理论学习的课时。

护理类高校普遍开设养老护理专业，理论与实践结合，培养出专业化、实践性强的养老护理高校毕业生，将成为养老护理人才培养的重要措施。

2. 发展养老护理职业教育培养专门人才

养老护理人才队伍的培养，不仅需要依赖高校专业教育的发展，还需要发挥职业教育的作用。

在德国的养老护理人才培养体系中，职业教育是其中重要的组成部分。养老服务行业可以根据行业的实际需求进行规划，自主设计养老护理人员职业培训的课程内容、考核标准等，政府除给予强大的资金支持以外，不施加过多的干预。这种培养方式的发展，不仅为德国其他行业人员向养老护理行业的转换提供了方便畅通的渠道，也为德国养老服务行业护理人员的培训，提供了高度匹配的培养基地。大力发展养老护理人员的职业教育模式，必将成为建设养老护理人才队伍的重要方式。

3. 内外结合扩大养老护理人才队伍

作为高度发达的资本主义国家，日本和德国在解决养老护理人员缺口巨大的问题上，都不约而同地采取了外部引进与内部激励相结合的方式。在外部引进方面，两国都通过修改相关雇佣规定或就业政策，鼓励非本国人员进入本国从事养老护理工作；而在内部激励方面，德国不仅设置了大量辅助鼓励的措施，更详细调查了本国养老护理人员的从业现状，重点激励占重要比例的“全职妈妈”从事养老护理工作。丹麦在挖掘潜在养老护理人员方面，从老人的周边亲朋好友出发，以高昂的现金补贴和替代性护理服务，鼓励与老人关系紧密且有服务能力的人参与到护理服务中，缓解养老护理人员的紧缺问题。

各国在引进外国人员从事养老护理工作的同时，在详细分析本国养老护理人员队伍从业人员现状的基础上，充分挖掘本国可以从事养老护理工作的劳动力，相信这将是适合各国国情的重要解决方案。

4. 政府大力资助养老护理人才培养

在日本、德国的养老护理人员培养体系中，政府均扮演着重要的资金辅助角色。无论是高校教育还是职业教育，两国政府都不同程度上给予了资金支持，为养老服务行业的企业发展和护理人员的培训提供了强有力的幕后支持。养老服务行业由于自身具有高成本的特点，行业内企业在创立之初很难存活，如果没有政府高额度的资金支持，企业很容易在寻求人力成本方面采用最少投入的方式，这将造成企业服务水平的低下，进而影响老人享受的服务水平，减少客源，造成恶性循环，最终导致企业无法经营。

因此，政府大力资助养老护理人员的培养作为养老服务企业生存的重要条件，应当受到各国政府的高度重视。

第四节　老年人服务需求发展的概况

导入情景

我国城乡对互助养老的探索分别始于1991年天津市新街村的“老年人互助小分队”和2008年河北省肥乡区的“互助幸福院”。在地方探索和推广的基础上，国务院办公厅2011年印发了《社会养老服务体系建设规划（2011—2015年）》，提出“积极探索农村互助养老新模式”。此后，各部门、各地区积极出台政策措施，加快探索与实践。2013年到2015年，中央专项彩票公益金安排30亿元支持建设农村互助幸福院。2016年5月，习近平总书记在中共中央政治局第三十二次集体学习时强调，妥善解决人口老龄化带来的社会问题，事关国家发展全局，事关百姓福祉，需要我们下大气力来应对。同年6月，国务院办公厅出台的《关于全面放开养老服务市场提升养老服务质量的若干意见》“倡导‘互助养老’模式”。同年12月，习近平总书记在中央财经领导小组第十四次会议上重点提及让老年人老有所养、老有所依。截至2016年底，全国已有社区互助型养老设施7.6万个。养老问题是总书记一直看重、关注的问题，发展互助养老，既节约成本，又符合中国文化传统，成为现有养老服务体系的有益补充。

（资料来源：求是网：【十九大·理论新视野】，《发展互助养老 积极应对人口老龄化》）

情景分析

老年人服务需求已经足够引起社会关注。习近平总书记在党的十九大报告中提出：“积极应对人口老龄化，构建养老、孝老、敬老政策体系和社会环境”。老龄化是挑战，也是机遇。老年人不是社会的负担，而是社会的资源。积极应对老龄化，就要消除“衰退”“退化”和“丧失”等消极的老年形象，让老年人通过互助养老贡献社会、实现自我，从“健康”“保障”和“参与”三大维度重塑世界卫生组织界定的“积极老龄化”概念。

一、积极老龄化与互助养老

社会积极老龄化的推进，将会刺激养老服务行业的发展，在国家政策支持、市场需求的激励基础上，养老服务产业将会飞速发展。在这个过程中，互助养老的模式将会发挥重要的积极作用。

互助是在互惠基础上以关系为纽带所形成的一种社会交换行为。互助养老是建立在互助文化基础上的家庭、家族、邻里、社区成员之间在生活照料、精神慰藉等方面的互助活动。互助养老的施助者主要是低龄、健康老人，受助者主要是高龄、体弱老人和独居、空巢老人。

按照互助养老主导者，可将各地互助养老实践分为四种类型。一是政府主导型，如邯郸的“互助幸福院”模式；二是自治组织主导型，如昆明的“巧手暖暖团”模式；三是社会组织主导型，如上海的“老年生活护理互助会”模式；四是家庭主导型，如武汉的“合租互助”模式。

二、发展互助养老的必要性

1. 发展互助养老是我国解决养老服务供需矛盾的需要

我国以居家为基础、社区为依托、机构为补充、医养相结合的养老服务体系初步形成，城乡、区域养老体系建设不均衡问题较为突出。同老年人多样化、多层次的养老服务需求相比，有效供给不足，人才队伍短缺，亟须通过发展互助养老，开发老年人力资源。

2. 发展互助养老是我国养老模式创新和比较选择的结果

互助养老是综合家庭养老和社会养老两大基本模式优点的新型养老模式。家庭养老是由家庭成员提供养老资源的养老方式，是“在家养老”和“家庭成员养老”的结合。社会养老是由社会提供养老资源的养老方式，包括居家养老、社区养老和机构养老，三者分别由“在家养老”或“在社区养老”或“在机构养老”和“政府、社会组织、企业、志愿者等养老”的不同结合方式形成。

预计到2020年，我国独居和空巢老年人将增加到1.18亿人左右，纯粹依靠家庭养老显然不现实。多数地区政府为经济困难的高龄、失能老人购买居家养老服务，但该种服务有服务小时数限制，多数老人还是享受不到无偿或低偿的服务，而购买有偿服务的意愿和能力又比较有限。“十二五”期末，我国社区养老服务设施在城市社区基本全覆盖、农村覆盖率超过50%，尚未覆盖的多是地广人稀的地区，继续建设将会面临投入效率不高的问题。多数老年人不符合入住公办养老机构条件，将面临收费低的民办养老院服务质量差不想住，而服务质量高的民办养老院收费高住不起的尴尬境地。

3. 互助养老能够有效弥补家庭养老和社会养老的不足

互助养老具有就地养老、整合资源、地缘相近和成本较低等优点，符合大多数老年人的养老意愿和我国的互助文化传统，因而更容易被接受。

4. 发展互助养老能够明显改善老人生活质量

实践证明，互助养老提高了老年人汲取社会资源的能力，满足了老年人的日常交往、精神慰藉等较高层次的需要，通过丰富多彩的文化娱乐活动，提高了老年人参与社会活动的积极性，是积极应对人口老龄化的较优选择。

三、老年服务需求解决具体举措

1. 家庭保健服务

社区保健医生或护士提供的专业或辅助专业人员的护理照料。他们负责分配监督用药、更换衣物、康复理疗、提供个人卫生服务。在有些社区，家务和保健服务结合在一起。服务人员可以一身兼两职。

2. 送饭上门

这种服务就是人们常说的“轮子上的饭菜”，提供一顿午餐给住在家里的老人或不能买菜做饭以及需要此类帮助的高龄老人。老人们可以享受每周五天的营养配餐而且志愿送饭的人也可以借此机会登门看望老人。“轮子上的饭菜”会给老人的生活带来全新的变化。送饭上门使得很多需要养老设施照料的老人能够选择生活在家里，实现“居家养老”。

3. 定期探望

志愿者、居委会工作人员、中小学生定期探望“空巢家庭”的老人和住在养老设施的老人。探望者可以与老人一起做老人们喜欢或需要的事情，如一起玩牌、下棋、看电视、聊天或一起做手工，等等。一般来说探望者应事先得到专业人员的培训和辅导，使他们懂得老人的需求并且愿意作为一个好的倾听者。对于没有亲人和朋友在身边的老人而言，探望者对老人就显得更加重要。定期探望这一服务项目会在一定程度上丰富老人们晚年的精神生活，使他们感到社会的关怀，感到晚年生活的意义，有益于老人们的身心健康。

4. 电话服务

很多独居的老人害怕自己在家摔伤了无人知道。通过每天固定的时间打电话给独居在家的老人，确认老人安然无恙，从而帮助减轻老人们的焦虑，及时发现问题。如果固定时间老人打算外出，他们一般要事先通过电话通知服务的志愿者。如果在确认的时间老人家的电话没有应答，而且老人也并未事先打过招呼，则会有人立即到老人家去确认具体情况。电话确认服务可以监控老人的健康状况，提供与老人的连续接触，使老人们感到有人在关心他们。

5. “生活在线”服务

社区服务中心开设几种应急响应呼叫系统方便老人通过报警和响应系统寻求帮助。“生活在线”服务的定购者可以在手腕上或脖子上带一个“纽扣”。当“纽扣”一被按下，“生活在线”中心就会自动接收电话。当收到电话后，“生活在线”的工作人员会打电话到老人家里。如果没有人应答，他们就会打电话给老人的监护人（比如朋友或亲戚），要求到老人家确认情况，同时派出社区服务人员前往老人家中。监护人发现情况异常后会打电话给中心寻求进一步帮助。

6. 交通和陪伴服务

有条件的社区可以为老人提供“门到门”、灵活的交通工具服务，老人们可以选择小轿车、小客车、大客车等车型。这种服务有时称为拨电话搭车。老人们一般提前24小时打电话给中心调度办公室，并且告知用车的时间和地点。司机把老人从家里接出来送去医院、诊所、银行、商店，等等。有的社区提供陪老人外出服务，以保证老人的安全。

7. 老年食堂

社区为老年人开设老年食堂，为60岁以上的老人提供饭菜，老年食堂应该设在一个社区的中心地带，为老人提供一顿午餐。除了营养餐以外，还包括消费导向、健康和营养信息咨询、艺术和手工，等等。老年食堂不仅满足老人的营养需要，也为老人提供了聚会、交流、交朋友的场所。对老年人来说，有时，聚会比饭菜本身更重要，老人们在这里庆祝自己的生日，度过假期，甚至找到伴侣、举行婚礼。

8. 法律服务

老年人所需求的房屋出租、消费者权益保护、准备遗嘱、财产纠纷等法律服务与日俱增。很多老人一辈子都没接触过法律。他们有的觉得打官司太累而且律师费用太贵，有的害怕同律师打交道，有的还没有意识到自己所拥有的法律权利。社区服务中心为老人开展法律服务，通过老年中心的律师或律师事务所的专职律师，为老人提供法律咨询，对低收入的老人进行义务法律帮助。

9. 再就业服务社区服务中心

老年人才交流中心开设专门帮助那些希望再就业的老人寻求职业或工作介绍的服务项目，这些工作可以是全日制或半日制的。发挥那些有特长、身体健康、愿意继续为社会做贡献的老人的积极作用。

10. 老人日托中心

如果有的老人不能在家独立居住，但又不愿意去养老院，去日托中心或许是个解决问题的好办法。日托中心可以满足比如老人的社交、心理和康复服务、体育锻炼、娱乐活动等各种需要。老人每天可以坐班车到中心来，中午在中心一起吃饭，中心对老人提供了方便的照料和服务。

11. 咨询服务

生活中老人往往需要通过咨询服务来解决遇到的各种问题，诸如个人和家庭、矛盾、退休、财政、生活安排、购物消费指导等，通过社区咨询服务，提高老年人晚年的生活质量，从而使老人的个人权益得到最好的尊重和保护。保护（庇护）服务这一服务通常由法律服务中心或公共机构来提供，用来保证老人的合法权益。

以上十一项服务都属于老年服务行业的服务范围。

案例分析

在南京某老小区六楼阳台的一只超大的保险柜里，10 万元一捆的现金整齐地码放着，共有 1300 万元……这些可都是被骗老年人的养老钱，但也只是“平台旅游会销”保健品诈骗犯罪团伙骗来的一小部分。

2018 年 6 月，在公安部指导和江苏省公安厅指挥下，目前国内最大的以免费旅游为幌子、利用保健品诈骗老年人的犯罪案件告破。据了解，有 38 个“旅游会销”平台被打掉，638 名犯罪嫌疑人落网。

廉价产品吹成特效药高价卖，638 人落网

打着虚假公益组织的旗号，将十几元的廉价产品包装成中央高级干部的“特供”药品，再以高出原价三四十倍的价格推销行骗……有受害人报案称，某公司以这个方法专骗老人，常州警方调查发现，背后操盘者是一个以南京东鼎生物科技公司（以下简称“南京东鼎”）老板陈某涛为首，推销保健品诈骗钱财的公司化犯罪集团。案情上报后，江苏省公安机关随即开展“利剑3号”专案行动。

2018年6月，江苏省公安厅调集1300余名警力对南京、常州、苏州、镇江等地的犯罪窝点实施规模化打击。在安徽、浙江、上海、四川等地警方的配合下，共打掉38个非法销售平台，查处200余家违法“经销商”，一举摧毁这个特大保健品诈骗犯罪集团。包括南京东鼎老板陈某涛在内，已有638人落网，另外搜查扣押资金3000多万元，冻结涉案资产近亿元。

据调查，南京东鼎公司总部位于南京市雨花台区锦绣街，下设人事、财务、采购、仓管、招商、服商、企划、招聘八个部门，有员工500余名，主要销售“国泰同康”“寿之宝5A口服免疫球蛋白”“覆膜365”这三个品牌的保健品。工商、食药监等部门调查发现，这三类产品每瓶的成本仅为10～16元，且均无任何保健功能。而该团伙虚构为中央高干特供、特效的药品，每瓶的售价高达400元左右，属于明显的欺诈行为。

受害老人：这三步让我们一步步入坑

“我和老伴儿入坑差不多是走了‘三步’。”72岁的常州市民包大爷讲述自己的经历。

第一步，“将军养生基地”免费旅游。2017年11月，包大爷和老伴儿吴阿姨看到一张传单，称“爱心助老健康工程工作委员会”将在某大厦举办老年公益活动，报名即可免费旅游。“报名的时候每人要先交2800元办一张终身会员卡，”吴阿姨说，“办卡就送一台养生破壁机、一把智能拐杖、一台饮水器，还有一箱保健品，每年还能免费旅游一次。主办方自称是爱心助老健康工程工作委员会，有红头文件，我们觉得很正规，再说送的4样东西加一次免费旅游可不止2800元，挺划算的。”包大爷说，2018年3月他们接到通知参加三天两晚的天目湖免费旅游，当时全国各地共100名老人齐聚天目湖某酒店，而此时的该酒店已被包装成了“将军养生基地”。

第二步，“免费体检”+养生讲座。免费旅游的第一天，主办方的小伙子、小姑娘全程陪同参观景点，顺便套取老人们的经济实力等信息。第二天晚饭后，主办方请“专家”进行健康养生讲座。“讲座结束后，就给我们做了体检，前后用了2个多小时。”包大爷说。负责体检的医生、护士其实是主办方工作人员冒充的，主办方根据套取的老人们的身体情况自行制作检测数据。第三天是高潮。“上午游玩，下午开会讲体检报告，推销保健品。”吴阿姨说。“医生”看了她的报告，说问题很严重，除非吃他们的产品，否则后果不堪设想。吴阿姨的身体的确不怎么好，就想买点产品试试。包大爷说：“那个医生说我身体不错，不用花很多钱，讨价还价后给我开了1.5万元的产品。”

第三步，送货上门，顺便带走货款。所谓的“爱心助老健康工程工作委员会”，其实是南京东鼎及其经销商编造出来的，老年人现场购买的保健品每瓶成本不过10多元，可每瓶的售价400元左右。当天下午，很多老年人买了金额不等的保健品，最多的五六万元。很多人跟包大爷夫妇一样，没带那么多现金也没带银行卡。“开单后，他们派人派车先把我们和买的保健品送到家，再跟我们去银行取钱。”包大爷说。

健康专家初中毕业，当了6年婚庆主持

据常州市公安局刑警支队副支队长吕勤俭介绍，“爱心助老健康工程工作委员会”和“将军养生基地”都是南京东鼎及经销商包装出来的。所谓“健康专家”“医生”等，也是找人冒充的。

45岁的卞某河是辽宁阜新人，他初中毕业后到浙江打工，后来回老家干了6年婚庆主持人，2015年在网上函授考取中级营养师。2018年3月，被南京东鼎招为讲师。“公司提供PPT，先是夸大老年人的病情，夸大保健品的特效；再给老年人‘对症下药’，各种病都能用产品治愈。”卞某河说，在南京东鼎他有一堆头衔，“卞某河教授毕业于中国药科大学，医学博士，中国老年保健协会会员……”在南京东鼎旗下的各个基地，共有八个这样的“健康专家”，轮流负责讲座。

幕后老板在南京有26套房

警方调查发现，南京东鼎公司法定代表人为陈某涛，实际控制人是他儿子小陈和儿媳葛某。“我们审计发现，这家公司每日营业额达70万元左右，账目可用资金常年维持在两三千万元。”常州市公安局刑警支队支队长盛世麟说，集中收网行动开始后，民警先在小陈办公室的保险箱内搜出390万元现金，又在其内室搜出10万元。

民警在南京暗访时了解到，陈某父子在南京某老小区六楼租了套两居室，但从没住过。收网当天，民警找到这处房子，在阳台上发现一只被布盖起来的超大保险柜。打开后，只见10万元一捆的现金整齐地码在里面，细细数下来竟有1300万元之多。

思考题：

1. “银发经济”时代到来如何防止老年人坠入“银发经济陷阱”？

2. 针对空巢老年人购买保健品被骗新闻屡见报端的情况，你认为老年人的实际需求到底是什么？该如何应对？

第二章

老年服务管理的目标与评估

章节导读

在郑州市航海西路与文化宫路交叉口，郑州市老年公寓内，近300名老人日夜生活在这里。而老年公寓，也以给老人建一个幸福的家为宗旨，十多年来，初心不改。

把老人当亲人

2015年53岁的王玉先来到老年公寓工作，担任一名养老护理员。自那天起，她就不分昼夜，和老人们吃住在一起，却从未有过不满与抱怨。

2017年9月，一位生活不能自理的老爷爷住进802房间，老人上下床需要搬抱，大小便失禁，只有手能活动，有时候这边刚铺好尿片，不出一分钟，老人就会把扎好的尿袋扯出来。老人晚上不睡觉的时候，还会不停吵闹。

王玉先正好是照顾这位老人的护理员。她每天早上为老人穿戴整齐，洗脸刷牙剃胡须，尿湿了就立马给他换上干净的衣裤；晚上整理好床铺，为老人洗脚并安顿老人睡觉，忙碌一天的她也从不嫌弃老人吵闹或是刚整理过的床铺又被弄脏了，而是一直以包容的心去接受、去照顾这位老人。

久而久之，王玉先会认真观察老人的需要，有时不等老人开口她就能把老人要的东西递到面前，这时的老人会露出欣慰的笑容。

王玉先护理的另一位老人在刚来的时候，左侧臀部有大块褥疮。当时褥疮表皮已破，红色血肉裸露在外，护理难度很大，给其翻身时不能碰着也不能压着，更不能不翻身。为保持老人卫生，王玉先采用干湿分离法扎尿袋，避免出现尿液浸湿褥疮的情况。她勤观察、勤翻身、勤清理，经过四个多月的细心照顾，老人压疮面积变小，情况一天比一天好转。

像这样的护理员，在郑州市老年公寓还有很多。每一位养老护理员背后，都有无数这样感人的故事。“细心、耐心、贴心、孝心、责任心”，这便是这里所有人员秉承的服务宗旨。

四大特色　同德共生美好

郑州市老年公寓成立于2004年，14年以来，老年公寓不断探索，总结出“四大特色服务”。

专业护理，为老人提供更好的服务。郑州市老年公寓配备经专业培训的护理人员，根据老人需要提供不同层次的护理服务，包括端饭、洗头、洗脚、洗澡、修剪指甲、穿脱衣服、清洗衣物、帮助上厕所、聊天按摩、陪同外出散步等，全方位、多层次照料护理老人。护理部主任每天至少查房四次，为老人护理服务质量保驾护航。公寓亲情式专业护理得到老人和家属的一致好评。

特色餐饮，让老人“舒心”。郑州市老年公寓聘请技术精湛的专业厨师，为入住老人提供营养合理、味道可口、卫生保健的饮食。老人用餐实行点餐制和包餐制，每两周更新一次菜单，根据老年人需求和季节变化及时更换食谱，提供糖尿病人、高血压病人专用餐等丰富多样的餐饮服务。餐厅独立包间在逢年过节或者老人生日时能为家属提供方便快捷的包桌服务，让老人吃得舒心、家属放心。

社工服务，让老人生活丰富多彩。郑州市老年公寓成立了社工科，坚持以敬老孝老、助人自助为服务理念，坚持以关注公寓入住老人和员工等群体发展、推动社会公益为目标，秉持社会工作专业伦理，运用个案、小组等专业工作技能，定期开展公寓老人及员工的减压、康娱、兴趣小组、老年大学等活动，丰富老人和员工生活，活跃公寓气氛，营造深厚的“家”文化氛围，创建文明、和谐的公寓新风。此外，社工科还组织社会各界的志愿者团队前来为老人做志愿慰问活动，排解老人内心孤独，奉献爱心力量。

医疗团队，为老人的健康护航。郑州市老年公寓与医院合作，拥有现代化诊疗设备，设有外科、内科、妇科、中医科、康复科等临床科室以及检验科、影像科等医技科室，为入住老人提供检查、诊断、治疗等全方位优质医疗服务。而且，有著名专家坐诊，医护人员每天两次查房，24 小时值班，方便老人看病拿药，实现了医养结合的养老模式

（资料来源：郑州日报，2017 年 10 月 17 日 02 版，《为老人建一个幸福的家》）

根据本章所学知识，请思考：

1. 在上述案例中，“细心、耐心、贴心、孝心、责任心”的服务宗旨对服务人员的影响有哪些?

2. 上述案例中的“四大特色服务”实现了老年服务与管理的哪些目标?

学习目标

1. 了解我国养老服务业发展的目标。
2. 掌握我国老年服务与管理的评估。
3. 掌握我国老年服务与管理的伦理。

第一节 老年服务与管理的目标

导入情景

2017 年国务院发布了《“十三五”国家老龄事业发展和养老体系建设规划》，旨在积极开展应对人口老龄化行动，推动老龄事业全面协调可持续发展，健全养老体系。《规划》中提出，“十三五”时期是我国全面建成小康社会决胜阶段，也是我国老龄事业改革发展和养老体系建设的重要战略窗口期。

《“十三五”国家老龄事业发展和养老体系建设规划》分析了当前我国养老体系的形势，明确了指导思想。高举中国特色社会主义伟大旗帜，全面贯彻党的十八大和十八届三中、四中、五中、六中全会精神，深入贯彻习近平总书记系列重要讲话精神和治国理政新理念新思想新战略，认真落实党中央、国务院决策部署，统筹推进“五位一体”总体布局和协调推进“四个全面”战略布局，牢固树立和贯彻落实创新、协调、绿色、开放、共享的发展理念，坚持党委领导、政府主导、社会参与、全民行动，着力加强全社会积极应对人口老龄化的各方面工作，着力完善老龄政策制度，着力加强老年人民生保障和服务供给，着力发挥老年人积极作用，着力改善老龄事业发展和养老体系建设支撑条件，确保全体老年人共享全面建成小康社会新成果。

情景分析

制定实施《“十三五”国家老龄事业发展和养老体系建设规划》是贯彻落实党中央、国务院关于积极应对人口老龄化决策部署的重要措施，对于保障和改善民生，增强老年人参与感、获得感和幸福感，实现全面建成小康社会奋斗目标具有重要战略意义。

老年服务与管理是国家老龄事业发展和养老体系建设的重要组成部分和有力支持，《规划》的发布不仅体现了政府对养老事业的重视，更为老年服务与管理的目标指出了明确的方向。

一、老年服务与管理的基本目标

人口老龄化是世界性问题，对人类社会产生的影响是深刻持久的。我国是世界上人口老龄化程度比较高的国家之一，老年人口数量最多，老龄化速度最快，应对人口老龄化任务最重。满足数量庞大的老年人口多方面需求、妥善解决人口老龄化带来的社会问题，事关国家发展全局，事关百姓福祉，需要我们下大气力来应对。

1. 满足老年人多方面需要

尊重老年人，是中华民族一直以来的优秀传统。“老吾老，以及人之老”，关爱老年人，让他们老有所养、老有所依，不只是子女的责任，更是全社会的任务。如何不让老人发出“人谁不顾老，老去有谁怜”的感慨，而是让他们拥有“莫道桑榆晚，为霞尚满天”的生活，就需要订立目标满足老年人的需要。

美国著名社会心理学家马斯洛提出了马斯洛需要层次理论，他将人的需要分为五类，分别是：生理的需要（Physiological Needs）、安全的需要（Safety Needs）、情感和归属的需要（Love and Belonging）、尊重的需要（Esteem）和自我实现的需要（Self – actualization）五类。马斯洛认为，这五类需要依次由较低层次到较高层次排列。我们可以运用马斯洛的理论去考量老年人的需要，分层次理解不同老年人的不同需要。

（1）生理的需要

生理的需要是老年人最基础性的问题之一，也是关系到老年人幸福的首要大事。主要体现在以下两个方面。

身体健康。完善医疗保险制度，制定切实可行的老年人医疗优惠政策，是满足老年人生理需要的重要保障。

基本生活的需要。建立健全老年人社会保障制度，通过公共养老机构等方式让每位老年人安享晚年。

（2）安全的需要

老年人身体和精神各方面的机能逐渐衰退，心理上的安全感也随之降低。让每一位老年人都能生活得安心、静心、舒心，都能健康长寿、安享幸福晚年，需要大力推进养老服务业制度、标准、设施建设，构建家庭、社区、机构、社会联动配合的养老服务体系，更好满足老年人养老服务需求，解决他们的后顾之忧。

（3）情感和归属的需要

老年人对于外界快速的变化往往难以适应，极易陷入孤独、失望的情绪中。应制定家庭养老支持政策、建设扶助老年人慈善服务体系、完善农村留守老人关爱服务。让老年人找到老有所依的归属感，度过人生最后阶段。

（4）尊重的需要

弘扬中华民族尊老、敬老的优良传统，将孝亲敬老纳入社会主义核心价值观宣传教育，在全社会形成孝亲敬老的文化风尚，让每一位老人都得到应有的尊重。

（5）自我实现的需要

老年人是一个特殊的群体，拥有大量的空余时间，精神生活需求旺盛。组织开展的文化休闲娱乐活动要有持续性和周期性，要想方设法培养和调动老年人的文化娱乐兴趣爱好。依照老年人不同的兴趣和爱好，经常组织开展科学、健康、形式多样的老年文化活动，丰富老年人的精神文化生活。全社会都应该创造老年人发挥积极作用的条件，鼓励老年人发挥余热，保持老当益壮的健康心态和进取精神，引导他们作出新贡献。

由此可见，老年人的需要是多样化的、多层次的，不同的老年人的需要也是不同的，这就需要政府、社区、养老机构等相关责任者一起努力，达到满足老年人多方面需要的目标。

2. 解决老龄化带来的社会问题

相关调查统计显示，到2020年我国60岁以上老年人口将达到2.55亿人左右，高龄老年人将增加到2900万人左右。如此严峻的老龄化形势，带来的最直接的社会问题就是养老问题，还有由此衍生出的一系列问题。所以，解决好养老问题是解决老龄化带来的社会问题的关键点和核心。

（1）政策先行保障

习近平总书记在中共中央政治局第三十二次集体学习时强调，坚持党委领导、政府主导、社会参与、全民行动相结合，坚持应对人口老龄化和促进经济社会发展相结合，坚持满足老年人需求和解决人口老龄化问题相结合，努力挖掘人口老龄化给国家发展带来的活力和机遇，努力满足老年人日益增长的物质文化需求，推动老龄事业全面协调可持续发展。

应对老龄化社会带来的各种养老问题，就要做到建立健全各项政策制度。首先要完善养老保险制度。对于退休人员基本养老金标准要根据社会情况及时适当地提高，建立合理调整基本养老金的机制。其次要健全医疗保险制度。完善大病保险和医疗救助制度，促进城乡居民基本医疗保险的覆盖。最后要提高社会救助水平。符合最低生活保障的老年人应该按规定纳入社会救助制度等保障范围。对于临时救助问题，应该做到及时有效。

（2）合理进行规划

科学客观地分析我国现今养老状况，充分利用有利条件，补齐短板，规划未来。针对我国基础薄弱的养老体系，应分层次、分阶段厘清问题，抓住重点进行工作。既要有短期目标解决当下问题，又要有长期规划保障未来发展。

（3）发展养老服务

健全养老服务体系是应对日益严峻的老龄化社会问题的必然途径，也是对老龄事业发展和养老体系建设的更好支持。开展居家社区养老服务，使家庭养老成为养老的强大支持力量；推进社区养老服务建设，加强城乡社区养老服务设施硬件的建设；在提高公办养老机构水平的同时，支持社会力量兴办养老机构，以提升质量为前提发展养老机构服务。形成以居家为基础、社区为依托、机构为补充、医养相结合的养老服务体系。

（4）协调统筹发展

建立健全民政等相关政府部门和其他机构的协调配合，明确监管机制的责任归属，做到统筹兼顾，协调发展。促进老龄事业发展和养老体系建设城乡协调、区域协调，发展服务保障等制度，实现协调可持续发展。

二、老年服务与管理的成长目标

加速养老服务的发展，使其成长环境更加优化，管理结构更加合理。完善养老服务政策体系、加强养老服务业的评估管理，使市场监管机制有效运行。培养优秀服务人才，使老年服务质量明显改善，满意度显著提高，是养老服务管理发展的又一个进阶目标。

1. 提高养老机构服务质量

提高养老服务的社会贡献能力，改善老年服务的质量水平，就需要养老机构在管理和人才培养使用方面更加合理，从而实现多样化的养老服务。

（1）制定养老机构管理办法

对于公办养老机构，首先要保证有困难、有生理缺陷的老年人的入住需要。从规章制度上，对本机构的护理、医疗、财务、膳食等各方面进行标准化的严格管理。

同时，还要鼓励社会力量以各种方式参与公办养老机构建设，完善各类设施建设。

对于社会力量兴办的养老机构，深化简政放权、放管结合、优化服务改革。通过法规和各类政策，支持养老产业的创新创业，激发活力。以开放养老服务市场为前提，在加强机构活力的同时不忘政府的监管作用。尽快制定相关政策标准，多树立标杆式机构，在理论和实践中摸索出更适合当前中国养老机构的服务管理模式。

（2）建立养老机构服务标准

明确老年人的护理等级和相应的服务内容，坚持以人为本为每位老人提供个性化服务。争取尽快建立全国统一的服务质量标准和评价体系，将服务质量监管落到实处。通过一系列评估活动，从质量和数量两个方面来了解老年服务机构提供的服务是否合乎需要，提供服务的方式方法是否有效，服务对象是否满意，从而进一步改进服务。通过社会公示等方式，加强养老服务机构的自我质量监控意识。结合第三方评估平台，全方位提高老年服务管理的质量水平。

2. 培养老年服务优秀人才

老年服务的最终落脚点还是人的服务，所以建设一支专业化的人才队伍是老年服务管理的坚实保障。加强专业人才的培养，吸收社会各界力量，不断壮大老年服务与管理的人才队伍，最终实现服务质量水平的提高。

（1）重视老年服务管理相关专业人才培养

开设老年服务管理的专业教育。各大高校、职业学院在有条件的情况下，多开设老年服务与管理专业。培养具有老年社会工作、老年机构管理、老年服务护理、老年心理健康等方面的理论知识和实践技能的专业人才，掌握老年人相关的政策法规，能够胜任老年人服务与管理工作岗位的高级应用型专业技术人才。鼓励有兴趣的社会人士从事老年服务工作，开设专门的培训班，进行专业化、体系化的培训，使他们可以达到高素质从业标准。

（2）对老年服务管理人才进行总体规划，争取建设可以开发、利用的高效体系

制定老年服务人才的激励机制，鼓励社会各界参与到老年服务当中来。加强老年服务建设，对专业人才实施有效奖励办法，提高他们的生活待遇和职业自豪感。引入信息化方式对人才进行管理，及时处理相关问题，防止人才流失。建立一支管理有度、服务有效的专业化队伍。

（3）支持社会各界志愿者加入老年服务管理中来

鼓励医疗、法律、管理、社会工作等领域的从业者主动申请志愿者，一方面用专业知识指导老年服务管理者，另一方面开阔老年服务行业的视野。通过鼓励志愿者参与，引发全社会的关注，从而吸引更多人加入，形成人才引入的良性循环。

3. 健全养老机构体制机制

顺应时代要求，推动养老机构实施改革。在工作中主动应对转变，以老年人需要为导向，以市场为动力，发展多样化的机构种类。通过完善规章制度，适应创新思路，推出个性化服务增强养老机构活力。形成服务管理的思路大格局，加强全生命周期养老准备转变，发挥有关社会组织力量，为养老机构提供有力支持。

三、老年服务与管理的发展目标

养老服务管理既是全面建成小康社会的一项重要工作，也是新时代中国特色社会主义的要求。增强老年人的获得感和幸福感，强化全社会养老敬老的意识，最终实现全面推进发展养老事业不是一蹴而成的，需要各方面的努力和配合。

1. 发挥老年人的积极作用

（1）树立积极的老年观

“老骥思千里，飞鸿阅九州。”年老并不意味着行将就木，老年人也应该有自己的追求和理想。引导老年人拥有健康的心态和积极进取的精神，让他们发挥才能，一方面老人们能为社会作出贡献，另一方面也让老人们的心态更加积极正面。老年人的品行、经验、威望，在家庭中、社会中都起着重要的作用，要为老年人创造条件，展现这些方面的能力，树立终身发展理念。

（2）支持老年人就业创业

鼓励老人在力所能及的范围内就业，通过法律保障他们的各项劳动财产权利和安全健康，免去老人的顾虑。支持老年人自主创业，通过政策帮扶，对有贡献的老人进行奖励，体现老有所为的目标。对有意愿和条件的贫困老年人，可以进行实用技术培训，支持他们通过劳动脱贫致富。支持老年人参与社会公益事业和社区建设等活动，营造“老有所为”的社会环境。搭建老年人才服务平台，拓宽老年人参与社会的渠道。

（3）推广老年教育事业

增加老年人特色文化项目，面向社会广泛开展各类群众性老年文化项目。积极推进老年大学的兴办，加强老年教育支持服务，鼓励高校开设老年教育部门。培养老年人积极的价值观，根据他们的需要开设项目专业，真正实现老有所乐。

2. 推进老龄产业健康发展

随着老年人特殊需求的迅速增长，以满足老年人特殊需求的养老服务设施、日常生活用品和社区服务等新型产业开始出现，“银龄产业”“银发产业”逐渐受到重视。

（1）重视老年产品的开发和研制，解决老年人生活中的问题

真正从老年人的需要出发，结合新科技、新成果，为他们的生活便利提供帮助。对于专门服务于老年人的生产企业和研发单位，出台相应的政策支持其发展。对于具有特殊需要的失能、失智、残障等老人，在老龄用品研发上要给予政策性支持。

（2）增加老年人用品的类型供给

老年产品不仅仅涉及健康管理等方面，还应该结合时代的变化和市场的需求有所增加。对于一些新科技产品，通过技术性改革，让老年人也可以使用，实现真正的共享共建。在活跃市场的同时，加强老年用品市场监管。把住质量关，以测试评估为手段，保障老年人的权益。出台相关类别性能质量标准，让老龄产品和老龄产业更加规范。

3. 形成全社会敬老氛围

（1）建设老年宜居环境

建立适宜老年人居住的环境，是一个社会老年服务水平提高的表现。宜居，既体现在硬件设施方面，也体现在人文关怀的环境当中。首先，对于老年人住房安全出现问题的，在各类房屋改造工程中要优先考虑；其次，在保证养老服务设施安全的前提下，加入绿色生态环境的融入；最后，为老年人提供便捷的配套服务，让他们在自己的日常生活圈内就可以解决医疗、保健、教育等需要，基本公共服务需求能够在社区得到满足，体现人文关怀。

秉持社会工作专业伦理，运用个案、小组等专业工作技能，定期开展老人的减压、康娱、兴趣小组等活动，丰富老人生活，活跃气氛，营造深厚“家”文化氛围，创建文明、和谐的新风。此外，社工科也要组织社会各界的志愿者团队前来为老人做志愿慰问活动，排解老人内心孤独，奉献爱心力量。

（2）提高养老敬老意识

从宣传树立优良家风做起，增强家庭教育，提高社会成员自觉承担家庭责任的意识，为家庭养老奠定思想基础。在单位，要把尊老敬老纳入个人道德考评，督促子女养老责任的履行。对孝敬老人的模范人物，要给予公开表彰和宣传，树立楷模式标杆。老人为家庭和社会作出了积极的贡献，应当在年老时得到回报照顾。老吾老以及人之老，让老人真正实现老有所养、老有所依、老有所乐、老有所为、老有所学，不仅仅是子女的责任，也应该是全社会的责任。

（3）弘扬助老社会风尚

习近平总书记强调，要把弘扬孝亲敬老纳入社会主义核心价值观宣传教育，建设具有民族特色、时代特征的孝亲敬老文化。调动全社会积极应对人口老龄化，带动关爱老人、尊重老人的社会风气。利用媒体、学校等影响较大的组织和单位，抓

住传统节日时机，开展形式多样的宣传活动。在社区等基层组织，通过多样化、创新性的策划，发动更多群众参与敬老活动，弘扬助老社会风尚。

知识链接

《〈"十三五"国家老龄事业发展和养老体系建设规划〉解读》，http：//www.gov.cn/zhengce/2017－03/15/content_5177770.htm

第二节　老年服务与管理的评估

｜导入情景｜

国务院办公厅印发的《关于全面放开养老服务市场提升养老服务质量的若干意见》中，对加强养老服务行业自律提出了具体要求，要求民政、质检等部门进一步完善养老服务标准体系，落实养老机构综合评估和报告制度，开展第三方评估并向社会公布，评估结果与政府购买服务、发放建设运营补贴等挂钩。

2018年1月1日，上海市人民政府办公厅印发了《上海市老年照护统一需求评估及服务管理办法》的通知，通知显示，为规范本市老年照护统一需求评估工作，根据《上海市老年人权益保障条例》，特制定本办法。对具有照护需求且符合规定条件的老年人，按照全市统一的评估标准，依申请对其失能程度、疾病状况、照护情况等进行评估，确定评估等级。评估等级作为申请人享受长期护理保险待遇、养老服务补贴等政策的前提和依据。

｜情景分析｜

在人口老龄化的大背景之下，全社会都在加快推进老年服务体系的建设步伐。面对不同状况的老年人和快速发展的养老机构，从中央到地方都意识到了提升养老服务质量的重要性。加快建立全国统一的服务质量标准和评价体系，完善安全、服务、管理、设施等标准，加强养老机构服务质量监管是时代提出的又一项重要任务。

通过评估来了解老年人的状况和需要，衡量机构的服务水平和质量层次，有助于老年人获得更好的照顾，更有利于整个养老服务行业服务水平的提升。

一、老年人状况评估

老年人是老年服务的对象，更是在服务工作中需要了解的对象。通过生理、心理以及需要等方面的评估，可以科学认知老年人的基本状况和个人需求。通过这些资料，养老机构或者相关部门能够对老年人分类、分级，满足不同人群的不同需要。

1. 老年人生理状况评估

老年人因为年龄不同，所以对养老服务的需要和期待也不同。不同的健康状况，也会导致老年人对生活服务的不同要求。为老年人提供养老服务，就必须对他们的生理状况进行评估。无论是入住养老机构，还是享受其他养老政策，都要先了解老人的基本状况，再做出相应的决定。

（1）个人基本情况

对老年人个人基本情况的了解，可以帮助社区进行分类管理，为下一步更有针对性的服务打下基础。对于机构来说，老年人基本情况的调查登记，更是必须履行的程序之一，以便能够在老年人入住养老机构后为其提供个性化的服务照顾计划。一般来说，老年人个人基本情况的内容主要包括：老年人基本信息、老年人家庭情况、疾病史、健康和精神状况的自评、生活环境、服务需求等（如表 2－1 所示）。值得注意的是在养老机构或者社区照顾中，这些状况的调查，尤其是后几项，要定期更新信息，以便提供更及时的服务。

表 2－1　　老年人能力评估基本信息情况表

项目	内容	项目	内容
姓名		居住情况	
性别		主要亲属	
出生日期		疾病史	
民族		健康现状	
宗教信仰		精神状况	
婚姻状况		是否残障	
文化程度		90 天内住院/意外记录	
退休前职业		其他需要说明的事项	
经济来源			

（2）日常自理能力

老年人受到衰老、疾病等因素的影响，自理能力也出现了衰退。在社区照顾和机构养老当中，要对老年人从生活照顾的角度划分类别，评估其日常自理能力，便于提供更有针对性的服务。根据我国民政行业标准对老年人能力评估的划分，可以划分为0（能力完好）、1（轻度受损）、2（中度受损）、3（重度受损）四个等级。能力完好的老人无须他人照顾，自理能力正常；轻度或中度依赖的老人需要一定的设施和人力照顾，具有部分自理能力；重度依赖的老人则需要他人完全的照料，生活完全不能自理（如表2－2所示）。同样，老人的日常自理能力也需要定期、及时地调查、更新信息，以便为他们提供良好的照顾。

表2－2　　老年人能力评估表

评估事项、内容与评分	程度等级				
	能力完好	轻度受损	中度受损	重度受损	判断评分
（1）进餐：使用餐具将饭菜送入口、咀嚼、吞咽等活动	独立完成	—	需要协助，如切碎、搅拌食物等	完全需要帮助	
评分	0	0	3	5	
（2）梳洗：梳头、洗脸、刷牙、剃须、洗澡等活动	独立完成	能独立地洗头、梳头、洗脸、刷牙、剃须等；洗澡需要协助	在协助下和适当的时间内，能完成部分梳洗活动	完全需要帮助	
评分	0	1	3	7	
（3）穿衣：穿衣裤、袜子、鞋子等活动	独立完成	—	需要协助，在适当的时间内，能完成部分穿衣	完全需要帮助	
评分	0	0	3	5	
（4）如厕：小便、大便等活动及自控	不需协助，可自控	偶尔失禁，但基本能如厕或使用便具	经常失禁，在很多提示和协助下尚能如厕或使用便具	完全失禁，完全需要帮助	
评分	0	1	5	10	
（5）活动：站立、室内行走、上下楼梯、户外活动	独立完成所有活动	借助较小的外力或辅助装置能完成站立、行走、上下楼梯等	借助较大的外力才能完成站立、行走，不能上下楼梯	卧床不起，活动完全需要帮助	
评分	0	1	5	10	
总评分：					

2. 老年人心理状况评估

心理健康对于老年人来说，主要指的是心态的正常。在经济高速发展的今天，社会的复杂、家庭的变化，都让老年人这一群体的特殊性显现了出来。除了要应对衰老带来的身体不便以外，心理上的认知水平也受到衰老的影响。虽然年龄已大，但是很多老年人依然需要处理一些人际关系、解决家庭问题，适应角色变化的生活。这些复杂的情况交织起来，都对老年人的认知、适应能力产生影响。在养老服务当中，也要重视评估老年人的心理状况，关注他们的精神生活。

（1）一般精神状态

随着年龄的增大，老年人的心理机能在慢慢衰退，他们在认知、情绪、心理活动方面可能会出现问题。在对老年人具体的心理问题进行评估前，应该先了解他们的一般精神状态。

在对老年人进行一般精神评估的时候，可以使用多种方法。美国 Folstein（佛思登）在 1975 年提出的简易智力状态检查量表（MMSE，如表 2－3 所示），通过 30 项题目测量老年人的记忆力、定向力、注意力、计算力等智力活动。简易智力状态检查量表是简单又通用的评估工具，主要用于老年人智能方面能力的测定，以及初步筛选老年痴呆问题。但是此量表的测量过于单一，除了智能问题外，对于老年人的性格、情绪等情感方面的心理无法评估。在实际服务中，由于老年人的个别差异化，可以采用访谈等质性研究方法了解老年人的心理情况。通过日常的观察、询问，以及定期的谈心，关注老年人应对和处理负面情绪、压力的能力，以此来测量老年人的心理状况。通过量表的量化方式和访谈观察的执行方式结合，更加准确地对老年人精神状况做出评估。

表 2－3　　简易智力状态检查量表（MMSE）

分数	项目
5（　）	1. 时间定向力 问：今天是？哪一年：____（1），季节：____（1），月份：____（1），日期：____（1），星期几：____（1）
5（　）	2. 地点定向力 问：我们现在在哪里？国家：____（1），城市：____（1），城市的哪一部分：____（1），建筑物：____（1），第几层：____（1）
3（　）	3. 即刻回忆、记录三个词 说：仔细听，我要说三个词，请你在我说完以后重复。准备好了吗？三个词是球（停一秒钟），旗子（停一秒钟），树（停一秒钟）。请马上重复这三个词是什么？ ________（1） ________（1） ________（1）

续　表

分数	项目
5（　）	4. 注意力与计算力 问：从100减去7，顺序往下减，直至我让你停止。100减去7等于？ ______（1） 继续：______（1） ______（1） ______（1） ______（1）
3（　）	5. 回忆那三个词是什么？ 问：我刚才让你记的那三个词是什么？ 每个正确加一分。 ______（1） ______（1） ______（1）
2（　）	6. 命名 问：这是什么？ （展示铅笔）______（1），（展示手表）______（1）
1（　）	7. 语言重复 说：我现在让你重复我说的话。准备好了吗？瑞雪兆丰年 你说一遍______（1）
3（　）	8. 理解力 说：仔细听并按照我说的做。 左手拿着这张纸（1），把它对折（1），把它放在您的右腿上（1）。
1（　）	9. 阅读 说：读下面的句子，并照做。 闭上你的眼睛（1）
1（　）	10. 写 说：写一个句子。 ______（1）
1（　）	11. 画画 说：照下图画（1） 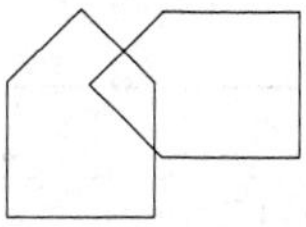

总　分______

注：总分范围为0～30分，正常与不正常的分界值与受教育程度有关。

文盲（未受教育）≤17分；小学程度（受教育年限≤6年）≤20分；中学（包括中专）程度≤22分；大学（包括大专）程度≤23分。

1. 日期和星期差一天可算正确。2. 即刻回忆只许主试者讲1遍；不要求受试者按物品次序回答。为答第5题“回忆”做准备，可让受试者重复学习最多5次。3. 不能用笔算。若1项算错，则扣该项的分。若后一项正确则得该项的分。如100－7＝93（正确，得分），93－7＝88（应为86，不正确，不得分）。但如从88－7＝81（正确，得分）。4. 只许说一遍，只有正确、咬字清楚才记1分。5. 操作要求次序正确。6. 句子必须有主语、谓语，且有意义。7. 只有绘出两个五边形的图案，交叉处形成1个小四边形，才算对，计1分。

在评估老年人心理是否健康的标准方面，可以从以下五个方面进行考量。

第一，智力状况。认知能力基本正常，思维和感知能力正常，具有一般的记忆能力。第二，情感控制。情绪可以保持基本稳定，有一定自制力，人格健全。第三，社交能力。能与他人正常沟通交流，有自己的人际关系。第四，行为状况。无异常行为，能正确认知社会，与大多数人的心理活动一致。第五，适应能力。能够应对各类突发情况，可以基本适应环境的改变。如果老年人能够基本符合上面的标准，即心理比较健康；如果不能符合且相差颇大，就需要进行下面的心理问题评估。

（2）心理问题评估

岁月的流逝和逐渐衰老会使老年人的心理产生变化，而这些可能会带来一些心理问题。多年病痛的折磨、体力上的力不从心会使老年人产生消极人生态度；家庭矛盾、不适应身份角色变化经常让老年人心灰意懒，另外退休老人、失独老人、空巢老人等特殊情形下的老人，他们的心理也会产生各种各样的问题。有研究显示，60 岁以上的老年人群中精神障碍和精神症状较普遍，其中痴呆患病率为 4% ~7%，非痴呆性老年精神障碍患病率在 30% 以上。在非痴呆性老年精神障碍中，抑郁症患病率为 17% 左右，焦虑症患病率为 9% 左右，精神病性障碍或晚发型精神病患病率约为 7%。对老年人心理问题及时评估，有利于养老服务的专业介入。

抑郁症的评估。判定老年人是否有抑郁症的征兆，可以通过观察和量表两种方式。对于情绪低落的老年人可以观察其陷入悲伤的持续时间，询问其原因，如果时间较长且无重大事件导致，可以带老年人去进行初步的专业诊断。另外，还可以通过老年抑郁量表（GDS，如表 2 -4 所示）这一被广泛运用和认可的美国学者 Brink（布林克）等人提出的方法，对老年人是否处于抑郁状态进行测量。对老年人抑郁的判定，不能通过孤立的方法，既需要量化的科学判断，又需要长期跟进观察和深度谈话。

表 2 -4　　老年抑郁量表（GDS）

选择过去一周内最适合你的答案	
1. 你对你的生活基本满意吗？	是□　否□
2. 你是否丧失了很多你的兴趣和爱好？	是□　否□
3. 你感到生活很空虚吗？	是□　否□
4. 你经常感到很无聊吗？	是□　否□
5. 你对未来充满希望吗？	是□　否□
6. 你是否为无法摆脱头脑中的想法而烦恼？	是□　否□

续 表

选择过去一周内最适合你的答案	
7. 大部分时间你都精神抖擞吗？	是□ 否□
8. 你是否觉得有什么不好的事情要发生并且感到很害怕？	是□ 否□
9. 大部分时间你都感到快乐吗？	是□ 否□
10. 你经常感到无助吗？	是□ 否□
11. 你是否经常感到不安？	是□ 否□
12. 你是否宁愿待在家里也不愿出去做新鲜的事情？	是□ 否□
13. 你是否经常担心未来？	是□ 否□
14. 你是否觉得你的记忆力比以前差？	是□ 否□
15. 你是否觉得现在的生活很精彩？	是□ 否□
16. 你是否经常垂头丧气、无精打采？	是□ 否□
17. 你是否觉得像现在这样生活毫无意义？	是□ 否□
18. 你是否常为过去的事忧愁？	是□ 否□
19. 你觉得生活很令人兴奋吗？	是□ 否□
20. 你是否觉得学习新鲜事物很困难？	是□ 否□
21. 你觉得精力充沛吗？	是□ 否□
22. 你觉得你的现状是毫无希望的吗？	是□ 否□
23. 你是否觉得大部分人都比你活得好？	是□ 否□
24. 你是否经常把小事情都弄得很糟糕？	是□ 否□
25. 你经常有想哭的感觉吗？	是□ 否□
26. 你集中注意力有困难吗？	是□ 否□
27. 你喜欢每天早晨起床的感觉吗？	是□ 否□
28. 你是否不愿参加社交活动？	是□ 否□
29. 你做决定容易吗？	是□ 否□
30. 你的头脑还和以前一样清楚吗？	是□ 否□

每个提示抑郁的回答得一分，（问题 1，5，7，9，15，19，21，27，29，30 回答“否”，其他问题回答“是”表示有抑郁可能），0～10 分为正常范围；11～20 分为轻度抑郁；21～30 分为中度抑郁。

焦虑的评估。对焦虑的评估同样需要参考抑郁的评估方式，根据量表测量和观察跟进两个方面。量表可以采用焦虑自评量表（SAS，如表 2－5 所示），操作简单，可以较好反映老年人的焦虑感受及严重程度。更值得注意的是，严重的抑郁和焦虑可能会导致自杀。无论是家庭、社区还是机构，对于有自杀倾向的老年人都需要密切跟进。

表 2－5　　焦虑自评量表（SAS）

状态	没有或很少时间有	有时间有	大部分时间有	绝大部分或全部时间都有
1. 我觉得比平常容易紧张和着急				
2. 我无缘无故感到担心和害怕				
3. 我容易心烦意乱或感到恐慌				
4. 我觉得我可能将要发疯				
*5. 我感到事事都很顺利，不会有倒霉的事情发生				
6. 我的手脚发抖打战				
7. 我因头痛、颈痛和背痛而烦恼				
8. 我感到无力而且容易疲劳				
*9. 我感到平静，能安静坐下来				
10. 我感到我的心跳很快				
11. 我因阵阵的眩晕而不舒服				
12. 我有阵阵要晕倒的感觉				
*13. 我呼吸时进气和出气都不费力				
14. 我的手指和脚趾感到麻木和刺激				
15. 我因胃痛和消化不良而苦恼				
16. 我必须频繁排尿				
*17. 我的手总是温暖而干燥				
18. 我觉得脸发烧发红				
*19. 我容易入睡，晚上休息很好				
20. 我做噩梦				

SAS 采用 4 级评分，主要评定症状出现的频度，其标准为："1" 表示没有或很少时间有；"2" 表示有时间有；"3" 表示大部分时间有；"4" 表示绝大部分或全部时间都有。20 个条目中有 15 项是用负性词陈述的，按上述 1～4 顺序评分。其余 5 项（第 5，9，13，17，19）注 * 号者，是用正性词陈述的，按 4～1 顺序反向计分。

SAS 的主要统计指标为总分。将 20 个项目的各个得分相加，即得粗分；用粗分乘以 1.25 以后取整数部分，就得到标准分，或者可以查表做相同的转换。

SAS 标准分的分界值为 50 分，其中 50～59 分为轻度焦虑，60～69 分为中度焦虑，70 分以上为重度焦虑。

无论是老年人生理评估还是心理评估，都是完善老年服务管理统一标准的必要基础。此外，除了传统的量表、问卷以及质性研究方法外，老年人能力评估室这种通过器械评估的方法也渐渐推广开来。这种创新的评估方式，更加直观和便捷，对老年人的普适性也非常高。

二、养老机构评估

习近平总书记曾经提出："加快建立全国统一的服务质量标准和评价体系，加强养老机构服务质量监管。"老年服务机构质量评估，是提高养老机构服务质量不可或缺的一个环节。民政部门应当建立养老机构评估制度，定期对养老机构的人员、设施、服务、管理、信誉等情况进行综合评价。《"十三五"国家老龄事业发展和养老体系建设规划》中提出："建立健全养老机构分类管理和养老服务评估制度，引入第三方评估，实行评估结果报告和社会公示"。对养老机构和主管部门来说，引入第三方评估既是国家政策的导向，也是更为科学和有效的评估途径。

1. 第三方评估

养老机构第三方评估指的是，申请除养老机构和相关政府部门以外的第三方机构进行的评估。一般比较常见的第三方机构是一些专业的科研机构，承担有关质量评估的四个方面的内容。一是设立评估标准，通过调研，设立科学合理的指标评价体系；二是评估程序规则，对机构的日常运行进行定期的评估和监督；三是硬件设施的评估，督促机构对不符合标准的设施进行维修或更换；四是对入住老年人的评估，根据老人的具体情况制订服务方案，并跟进后续服务。

养老机构的第三方评估为政府主管部门、养老机构本身和老年人都带来积极的正面影响，为养老质量服务水平的提高架设了有利的平台。于政府主管部门而言，第三方评估可以更具效率地将养老机构的情况进行整理，便于快速获取相关信息。而且第三方机构的方法、流程都非常专业，这能帮助政府部门提高管理养老机构的精确性。对于养老机构而言，第三方评估在管理程序、流程等各个方面帮助其调整方向和模式。这种评估也让养老机构有了自我审视的自觉性，根据市场、政策以及老年人需求的变化，随时调整相关的各项环节，增强了养老机构自我生存和发展的能力。用更科学的方式，了解自己的服务对象，改善养老机构老年服务质量。于老年人而言，如前述的生理、心理评估，可以非常细致、科学地把他们的需求反映给机构，使他们得到更适合自己的照顾。通过老年人满意度的及时反馈，实现动态变化需要的满足。从根本上说，养老机构运行良好、服务质量提高，最终受益的还是老年人。

2. 评估方法

（1）评估的总体方法

评估的方法一般有定量和定性两种。定量的评估方法一般是通过量表和问卷获取机构相关信息，然后建立指标体系，从而可以通过数字，直观地反映养老机构的各项情况。定量的方法便于统一标准，而且科学的指标体系具有普适性，可以实现对养老机构量化管理。但是，在方法运用的过程中，抽样、建模等技术性问题如果出现错误，就会导致整个结果的偏颇。服务质量等一些主观性较强的评估，也无法用数字单一地体现出来。定性的评估方法则一般采用观察、访谈的方式，可以更细致、更深入地挖掘各类问题。但是，由于主观色彩过重，很容易影响调查结果。方法上耗费的时间较长，可能会使评估失去时效性。一般来说，可以将定量与定性的方法相结合，以量表的指标体系测量为主、辅以访谈等方法，扬长避短，将评估的正向效果最大化。

（2）评估的具体模式

目前评估的具体模式方面，以服务质量评价为主的评估模型占最主要地位。下面介绍一种质量评价体系模式——质量管理方案，作为养老机构服务质量评估的参考。

质量管理方案又叫 PDCA 循环（如图 2－1 所示），是美国质量管理专家戴明博士提出的，所以又称戴明环。PDCA 循环的含义是将质量管理分为四个阶段，一是计划（Plan），根据机构的具体情况提出评估方案和实施计划；二是执行（Do），将第一步的评估计划付诸实践；三是检查（Check），确认是否达到了先前的目标；四是处理（Action），将那些成功的部分标准化，而未处理的问题再转入下一个循环。

图 2－1　质量管理方案

质量管理方案的模式形成了一个问题解决的循环机制，可以高效、准确地处理各类问题。应用于老年服务管理当中，可以把老年人的需求作为导向，同时实现了过程的监督控制，最后又以老年人的满意程度形成标准。这对完善老年服务质量评估方法，提供了很好的思路和模式。

三、社区评估

对社区养老服务管理的评估，是建立在居家社区养老服务之上的。通过对社区进行评估，可以根据科学统一的标准，了解社区老年人的基本情况和养老需求，制订社区的服务方案。以社区老年人物质服务、心理服务以及公共服务为内容，通过评估的方式发现不足，积极改进，以求为老年人提供质量更好的服务。

1. 社区需要评估

依据中华人民共和国民政部发布的民政行业标准《老年人能力评估》，结合地方具体政策，对本社区老年人进行评估。通过大量收集信息，了解社区内老年人的总体数量、分布等概况信息，以及每位老人的基本情况和养老需求。在此基础上，可以将老年人分类管理，制订适合本社区的养老服务方案，达到中央提出的“创新服务模式，提升质量效率，为老年人提供精准化个性化专业化服务”的目标。

在社区老年人评估中，需要收集大量的信息，后续也需要大量的分析和更新。复杂的工作需要更简便化的处理方式，社区评估中引入“综合信息平台”的概念，让各类信息通过平台处理、记录，提高社区老年服务管理的效率。

2. 社区服务评估

除了可以使用前述的方法对服务质量进行评估以外，在社区老年服务的评估中，硬件设施也是很重要的一个方面。对社区养老设施按照规定进行登记、定时检查，及时维修、更换出现问题的设备。根据社区老人的养老需要配备相应设施，对于社区无养老服务设施或现有设施未达到规划要求的，应该通过购置、置换、租赁等方式建设。通过评估发现问题，及时与相关部门沟通寻求支持，从硬件上保障居家社区养老服务顺利运行和推进。

知识链接

《中华人民共和国民政行业标准——老年人能力评估》，http：//www. yanglaocn. com/shtml/20171019/1508362978112930. html

第三节 老年服务与管理的伦理

导入情景

组织一百多人的老年艺术团到各家养老院“巡回演出”，老人们说她带来了美；为16位抗战老兵、26位孤寡老人提供免费入住，为156位三无老人、困难老人和残疾人累计减免费用100余万元，她是1000余位老人心中最美的女儿；她，一年内两次受到习近平总书记亲切接见，是新中国成立以来唯一获得“全国文明家庭”荣誉称号和“全国道德模范”荣誉称号的养老院长……

她，就是“中国好人”“全国孝亲敬老之星”“全国道德模范”，徐州长芝养老连锁机构最美养老院院长周长芝。

当记者问道：“这么多年你是怎样坚持下来的？这背后究竟是什么力量在支撑着你？”

“是母亲的遗愿！是老人的期盼！是领导们的厚爱！现在可以说还有我心中的梦想！一切困难和挫折、风险和压力和人的生命相比，真的都不算什么……所以，无论我遇到多么大的困难和挫折，当我想到身上肩负的这么多责任，我都会坚持下去。”

“面对一个个在夕阳中渴望关爱的老人，我会影响和带动更多的人，我们一起用爱和责任陪伴他们享受生活、用爱和责任陪伴他们变老！热爱老人、热爱养老事业已经融进我的血液，融进我的生命！让每位老人享受到生命的真爱和尊严！用生命影响生命、用生命感动生命！”

谈到梦想和将来的打算，周长芝说：“做好养老事业就是我的中国梦！”她要再办一个更大的集养老、医疗、老年康复、老年大学、老年娱乐等项目于一体的“周长芝爱心护理院”，让更多需要照顾的“爹娘”安度晚年。“我要为祖国的养老事业奋斗到生命的最后一刻！”

（资料来源：中国社会报，2017年12月29日001版，《最美养老院长周长芝》）

情景分析

周长芝院长用自己的爱和专业精神温暖了老人，也温暖了整个社会。老年服务工作琐碎又细致，服务对象是老年人，更需要耐心体贴。将老年服务标准化的重要内容之一，就是要明确老年服务与管理伦理，提高服务人员的职业道德和思想境界。

一、老年服务伦理的思想基础

老年服务伦理指的是老年服务人员所应具有的伦理修养和道德要求，既是一种道德评价标准，也是一种职业行为规范。老年服务伦理是老年服务人员的基本素质，是从业者的内心信念，更是直接作用于服务质量的重要影响因素。从态度上说，用心去服务和仅抱着完成任务的心态，带来的结果是完全不同的，老年人的感受也完全不同。提高老年人服务管理行业的伦理道德，首先要从思想上加强建设。

1. 孝亲文化的精神

孝，是中华民族自古的美德，是宝贵的精神财富。从二十四孝的动人故事到“以孝治天下”的政治提倡，孝已经成为每个中国人最基本的道德规范。《诗经·大雅·下武》有云：“永言孝思，孝思维则”，孝顺自古就是衡量一个人最重要的标准，也是刻于我们心上不能忘却的使命。一个人若不孝，无论是事业、家庭、交际关系都会受到影响，也会遭到社会的唾弃。百善孝为先，面对这些虽然已经年老病弱但是曾经为社会作出过贡献的老人，能发自内心地善待他们才是美德最大的表现。

在如今的社会，我国自古提倡的孝道、孝亲精神非但没有过时，反而随着时代的变化不断发展，彰显出历久弥新的“气质”。习近平总书记曾经指出：敬老爱老是中华民族的传统美德。要把弘扬孝亲敬老纳入社会主义核心价值观宣传教育，建设具有民族特色、时代特征的孝亲敬老文化。在去除古代“愚孝”的封建糟粕，保留传统孝文化的本质下，现在弘扬的孝亲精神更加纯粹，也更能体现正能量的社会主义核心价值观。

孝亲不仅仅是对自家老人的孝，“老吾老，以及人之老”，全社会都要有接纳、尊重、帮助老年人的关爱意识。老年服务其实就是代表社会在工作中去践行孝亲精神，赡养为社会作出过贡献的老人，这是职业的使命；面对垂垂暮年的老人，传承中华民族的传统孝亲美德，并将之运用于自己的工作中，这是职业的责任；尊重老年人，让他们度过幸福的晚年，共享社会发展的成果，这是职业的光荣。身为老年服务管理人员一定要从思想上武装自己、丰富自己，从根本上提高自己对老年服务管理工作的职业理解，认同老年服务管理工作的价值，理解老年服务管理工作的社会作用。

2. 职业道德的修养

职业道德是指从业人员在职业活动中应该遵循的行为准则，是同人们在职业中紧密联系的体现职业特征的道德准则和规范。无论从事哪一个行业，都要遵循职业内的道德规范，在工作中体现自己的责任心。在服务行业当中，对自己服务对象的理解、体谅、专业、照顾，每个细节都能体现出敬业精神和职业品德。

良好的职业修养是每个从业人员必备的素质和品质，也是对社会所负的道德责任与义务。老年服务的职业道德也就是老年服务伦理的体现，是老年服务职业的人在其职业活动中必须遵循的、与老年服务活动相适应的行为准则，是调整老年服务人员与老年人之间规范的总和。作为老年服务人员，应该谨遵职业道德规范，并且将其内化到自己的行动之中。在这些敬老的优秀模范服务人员身上，我们看到了无微不至，而无微不至来自职业习惯，职业习惯又来自良好职业道德修养的积累。由此可见，从思想上为老年服务伦理打好基础，就要从培养职业道德修养做起。

二、老年服务伦理的要求

1. 树立正确的老年人观

老年人观就是对老年人的基本看法与基本观点，既包含着对整个老年人群体基本认知和价值观的宏观层面，也包含着对老年人个体的本质理解与认识的微观层面。老年人观影响着老年服务管理的工作理念，决定着老年服务与管理的方式方法及成效。作为一名老年服务管理人员，树立正确的老年人观是工作的起始，也是老年服务管理伦理的最基本要求。

（1）宏观层面的老年人观

在老龄化的社会大环境下，老年人无疑是社会的重要组成部分。习近平总书记强调，要着力增强全社会积极应对人口老龄化的思想观念。要积极看待老龄社会，积极看待老年人和老年生活，老年是人生命中的重要阶段，是仍然可以有作为、有进步、有快乐的重要人生阶段。对于老年群体的认知，应该从“以老年人为本”出发，从老年人的权利出发，从老年人的利益出发，满足老年人的合理需要，让老年人在全社会对他们的尊敬下感受到温暖的关怀。

对于老年群体所共有的特殊性要予以理解，无论是身体上的不便还是心理上的问题都应该学会设身处地、换位思考。对于老年群体所共有的需求要予以满足，无论是想得到照顾还是学习新知识都应该尽量帮助。对于老年群体所共有的问题要予以关心，无论是权益保障还是应对社会歧视都应该得到重视。值得注意的是，现在有的人，通过“老年人摔倒碰瓷”“老年人爱占便宜”等个别事件，不分真伪地对老年人污名化，这是对整个老年人群体的不尊重。身为老年服务人员，更要杜绝这种偏见和错误认知，从心出发理解、尊重老年人。

(2) 微观层面的老年人观

虽然老年群体有很多共性，但是不能将所有老年人一概而论，用统一的标准去对待他们。由于存在年龄上的差异，几乎所有的服务管理人员都无法从经验视角去体会老年人的感受，更不用提真正的感同身受，每一位老人的感受、心理、需要各有不同，我们的理解方式、做事方法也应该有所不同。

首先要了解老年人的特点、性格。通过老年人的健康、社会地位、受教育的程度及当时的环境等客观指标，结合与老年人交谈的内容，充分认识、理解老年人的性格特点以及形成的原因。身为老年服务管理人员，更要以此为标准照顾老年人，也要从此入手解决每一位老年人的问题。

其次要了解老年人的需要。反映老年人问题的香港电影《桃姐》中，Roger（罗杰）将豆腐乳买给了桃姐，桃姐吃得比那碗很“腥”的燕窝要开心很多。并不是将你认为好的给了老年人，他们就是幸福的，而是将老年人最需要的给了他们，这样他们才会感到幸福。

最后要将态度落实到行动中。积极的老年人观，反映到老年服务管理人员的具体工作中就是对老年人无微不至的照顾。例如，当老年人想改变饮食并且需求合理时，要把老年人的想法和厨房工作人员主动联系、沟通，尽可能满足老年人的饮食需求，等等。

2. 加强服务的专业性

老年服务管理人员相比于其他老年照顾者有一定优势，其中最重要的就是专业性。如何将对老年人的一片好心用行动表达出来？如何用技巧和知识更有效地处理老年人的各类问题？如何在标准化中寻求服务的个性化？这些都是老年服务管理人员需要用专业知识解决的问题。

(1) 明确专业态度

身为一名老年服务管理人员，是否用专业性的态度对待老年人是服务专业与否的最重要标准之一。专业性的态度会让老年人对服务人员产生信任感，会让服务质量的标准提高，也会加强服务人员本人的职业自觉意识。

要平等地对待每一位老人，这里的平等并不是指使用同样的方法对待每一位老人，而是要坚持同等的工作态度。不能因为这位老人“好伺候”而另一位“难伺候”就影响服务质量，保持一致的态度会让服务人员更具权威性，也有利于工作的开展。

要尊重每一位老年人的独特个性，面对他们不同的需求要用不同的方法来应对。明确每一位老人都享有基本权利，在满足的基础上尊重他们自己的个人意愿。既要把老年人当成“老年人”来尊重，也要抛开对老年人的偏见来看待老年人。

要树立“一切以老年人为中心”的宗旨，从老年人的角度来考虑问题。不仅要为老年人做好基础护理和服务，还要端正自己的服务态度，树立良好的形象，努力提高老年人的满意度。

（2）善用专业方法

要有广泛的知识储备。老年服务管理人员除了要具有基本的护理知识、沟通技巧外，还要熟知一些其他的专业技能。老年服务管理工作内容复杂、烦琐，并不是单一的方法知识就可以解决问题。老年社会工作、老年人医疗急救、老年心理学等，凡是涉及老年工作相关的知识都应掌握。比如社会工作中的很多方法技巧就对老年服务管理工作很有帮助：个案、小组、社区社会工作的三大方法为老年服务管理工作提供了服务模式；怀旧、生命回顾等具体方法为老年社会工作提供了介入视角；临终关怀等特殊辅导技巧为老年服务管理工作提供了内容的完整性。另外，对这些方法知识的学习不应该是孤立的，应当互为补充、融会贯通，将理论运用到实践当中。

要有充实自己的学习意识。老年服务管理工作需要的知识涵盖各个方面，而这些懂知识、会技能的专业人才，也是实现高质量老年服务的条件和保障。所以如何服务得更专业，如何护理得更细致，就需要认真学习有关知识和技能，提高老年服务管理工作水平和能力。除了以科学的态度认真学习研究、改进和发展养老服务专业理论和技能外，还要边工作边“充电”，学习各种相关学科的知识，如人文、美学、心理学、管理学等相关知识和老年服务管理的基本操作技能。在工作中要多做总结，通过自我经验的累积和反思提高自己也是学习的一种方式。另外，老年人既是服务对象也应该是学习的对象，通过与他们谈心，学会换位思考问题，不断提高自己的思想境界。

案例分析

老年人的问题被选择性关注，或部分源于话语权的转移

没有话语权的人容易被挑刺?

其实观察“老人新闻”中的跟帖，就会发现几乎全是从年轻人的视角谈问题，很少有老年人的自白。实际上根据 CNNIC（中国互联网络信息中心）2011 年的数据，中国的网民构成中，35 岁以下占据 82.3%。不仅如此，随着网络媒体更倾向于移动端的趋势，我国手机网民整体上更偏年轻化，50 岁以上网民占比仅为 7.2%。

当信息平台被一种人群主导时，那么信息焦点难免是这个群体眼中的焦点，信息中的利益偏好难免是这个群体的偏好，信息评判中的价值观难免反映这个群体的价值观。就好比西安老人坐在女子身上这条新闻，虽然很不可靠，但能在几天内就有三万跟帖，数万读者痛骂“为老不尊”。但同是西安，之前一条“老翁给生病女青年让座，

称年轻人也不容易”就只有一百来条跟帖，同样地，“老人送公车让座年轻人蛋雕”“老人给让座乘客发红包内有两元钱和感谢卡”等新闻也得不到太多的关注。

（资料来源：腾讯评论　今日话题，2013 年 11 月 25 日第 2623 期，《老人变坏？还是老人被污名》）

思考题：

1. 老年人被选择性关注的原因是什么？
2. 如何树立正确的老年人观？

第三章

老年社会保障服务与管理

章节导读

党的十九大报告提出“积极应对人口老龄化，构建养老、孝老、敬老政策体系和社会环境，推进医养结合，加快老龄事业和产业发展”的要求，为老龄事业和产业发展描绘了蓝图。国家统计局发布的老年人口统计数据显示，2017年末，我国60周岁及以上人口24090万人，占总人口的17.3%，其中65周岁及以上人口15831万人，占总人口的11.4%。从1999年进入人口老龄化社会到2017年，我国老年人口净增1.1亿，其中2017年新增老年人口首次超过1000万。

当前，我国居家为基础、社区为依托、机构为补充、医养相结合的养老服务体系已初步形成，但仍存在社会化服务供给不足、农村养老难、医养结合落地难、资金筹措难、人才供给不足等问题。

（资料来源：光明日报，2018年3月22日15版，《积极应对人口老龄化加快养老服务体系建设》）

学习目标

1. 了解社会保障的概念、构成以及特征。
2. 理解老年社会保障的类型以及实施方式。
3. 掌握我国老年社会保障的内容与存在的问题和解决的办法。

第一节 社会保障管理概述

导入情景

人社部、财政部联合下发《关于2018年调整退休人员基本养老金的通知》，明确从2018年1月1日起，为2017年底前已按规定办理退休手续并按月领取基本养老金的企业和机关事业单位退休人员提高基本养老金水平，总体调整水平为2017年退休人员月人均基本养老金的5%左右。

据介绍，此次调整，继续统一采取定额调整、挂钩调整与适当倾斜相结合的调整办法。定额调整体现社会公平，同一地区各类退休人员调整标准基本一致；挂钩调整体现“多缴多得”“长缴多得”的激励机制，使在职时多缴费、长缴费的人员多得养老金；适当倾斜体现重点关怀，主要是对高龄退休人员和艰苦边远地区退休人员等群体予以照顾。文件印发后，各地区将按照国务院部署、结合本地区实际，制定具体实施方案，报人社部、财政部审批后抓紧组织实施，尽快把调整增加的基本养老金发放到退休人员手中。

据介绍，此次调整是国家继2016年、2017年连续两年统一调整企业和机关事业单位退休人员基本养老金以来，继续同步安排适当提高企业和机关事业单位退休人员养老金水平，是保障和改善民生水平的重要措施，进一步体现了机关事业单位和企业养老保险制度的“并轨”，预计将有1.14亿名退休人员受益。

（资料来源：中国新闻网，2018年3月23日，《两部门：2018年退休人员养老金上调5%左右》）

情景分析

事实上，在过去的十几年中，养老金调整已经成为一种常态机制，而养老金增长率也始终保持了较快的速度。对此，清华大学公共管理学院杨燕绥教授告诉《经济参考报》记者，这主要是由于过去退休人员工资基数低。“养老金调整机制应当与通货膨胀率挂钩，从而保障养老金购买力。2017 年养老金增长率是 5.5%，2018 年养老金增长率可能是 5%，未来可能是 4.5%，呈现与通货膨胀率持平的状态。”

自古以来，总有一部分社会成员陷入贫困，很多时候他们无法通过自己的力量改变这种状态，为了帮助这些个人和家庭脱离贫困，维护社会稳定，国家逐渐承担起救助和帮扶的责任，从而建立起社会保障制度。社会保障（Social Security）一词最早出自美国 1935 年颁布的《社会保障法》，自此之后社会保障一词被有关国际组织和大部分国家所接受，1601 年英国颁布了《济贫法》，19 世纪 80 年代，德国为适应工业化社会的发展，建立了社会保险制度。社会保障是现代国家基本的社会经济制度，是社会安定的重要保障，也是社会文明进步的重要标志。它是经济发展的“推进器”，是维护百姓切身利益的“托底机制”，也是维护社会安全的“稳定器”。

一、社会保障制度的概念

由于各国的国情和历史条件不同，在不同的国家和不同的历史时期，社会保障制度的具体内容不尽相同。

美国 1999 年出版的《社会工作词典》将社会保障定义为：“社会对那些遇到了已经由法律做出定义的困难的公民，如年老、生病、年幼或失业的人提供的收入补助。”《新大不列颠百科全书》对社会保障的定义是：“社会保障是对病残、失业、作物失收、丧偶、妊娠、抚养子女或退休的人提供现金待遇。”国际劳工局对社会保障的界定是：“社会保障即社会通过一系列的公共措施对其成员提供的保护，以防止他们由于疾病、妊娠、工伤、失业、残疾、老年及死亡而导致的收入中断或大大降低而遭受经济和社会困窘，对社会成员提供的医疗照顾以及对有儿童的家庭提供的补贴。”在中国，一些学者根据自己的理解也给社会保障下了不同的定义。陈良瑾教授在《社会保障教程》中将社会保障定义为“国家和社会，通过国民收入的分配与再分配，依法对社会成员的基本生活权利予以保障的社会安全制度”。葛寿昌教授在《社会保障经济学》中认为“社会保障是社会（国家）通过立法，采取强制手段，对国民收入进行分配和再分配形成社会消费基金，对基本生活发生困难的社会成员给予物质上的帮助，以保证社会安定的一种有组织的措施、制度和事业的总称”。郑秉文在《社会保障分析导论》中提出“社会保障是与社会主义市场经济的体制基础相适应，国家和社会依法对社会成员基本生活予以保障的社会安全制度”。郑功成教授认为“社会保障是国家依法强制建立的、具有经济福利性的国民生活保障和社会稳定系统；在中国，社会保障应该是各种社会保险、社会救助、社会福利、军人保障、医疗保健、福利服务以及各种政府或企业补助、社会互助保障等社会措施的总称”。

根据上述概念，我们将社会保障的概念归纳为：社会保障是为保障民生以及促进社会进步，由国家和社会以立法为依据出面举办，由政府机关和社会团体组织实施，对因各种经济和社会风险事故而陷入困境的人群以及有物质和精神需求的全体公民提供的、福利性的物质援助和专业服务的制度和事业的总称。

就上述概念，社会保障的基本内涵应包括如下几个层次。

1. 社会保障的目的是保障民生和促进社会进步

社会保障制度建立之初，其目的是为在工业化进程中陷入困境的人士提供最基本的生活保障。这一保障民生的作用现在仍是社会保障制度的主要功能。但是，随着社会和经济的发展以及人的价值的提升，促进社会进步越来越成为社会保障制度的出发点和归宿。

2. 社会保障的依据是国家立法

世界各国建立社会保障制度的成功经验都是以立法为先导，通过强制性法律规定建立统一的社会保障体系，用法律的形式明确规定各方的权利和义务关系，唯有这样，才能确保制度的顺利运行，才能实现社会的公平和正义。

3. 社会保障的责任主体是国家和社会

国家是社会保障的最终责任主体，其责任表现为：

（1）国家通过立法提供法律保障。

（2）国家出面举办社会保障项目并进行统一的宏观管理。

（3）国家通过预算提供财政保障。

在国家作为社会保障的最终责任主体之外，社会也越来越成为负有一定责任的主体，其表现形式是：

（1）在全社会的范围内，对社会保障起监督的作用。

（2）在一定范围的社区中出面举办补充型的保障项目；以非营利性社团的形式参与社会保障项目的组织实施。

4. 社会保障的获益主体是全体公民

社会保障制度建立之初，保障的对象是社会的弱势群体，并且他们现在仍是社会保障的重点对象。但是在社会和经济发展进程中，选择性的保障越来越为全民性的保障所替代，全体公民都有从国家和社会获得帮助的权利。

5. 社会保障的内容包括经济保障和服务保障

经济保障是指通过现金给付或援助的方式来满足公民基本生活需求；服务保障是指通过劳务援助、技术培训、信息咨询、心理慰藉等非现金、非物质型的帮助。

二、社会保障体系的主要构成

社会保障作为一种国民收入再分配形式是通过一定的制度实现的。我们将由法律规定的、按照某种确定规则经常实施的社会保障政策和措施体系称为社会保障制度。为满足社会成员的多层次需要，相应安排多层次的保障项目，具体可分为社会救助、社会保险、社会福利和社会优抚等。从其保障的范围和程度看，社会救助是最基本的，是社会保障的最后一道防护线和安全网。社会保险是社会保障制度的一个最重要的组成部分。社会福利有广义和狭义之分，狭义的社会福利从其保障对象看，与社会救助非常接近，而广义的社会福利是指提高广大社会成员生活水平的各种政策和社会服务，旨在解决广大社会成员在各个方面的福利待遇问题。社会优抚则是针对军人这一特定群体实施的。

1. 社会救助

社会救助（Social Assistance）是指国家和其他社会主体对于遭受自然灾害、失去劳动能力或者其他低收入公民给予物质帮助或精神救助，以维持其基本生活需求，保障其最低生活水平的各种措施。社会救助是我国社会保障的核心内容之一。它包括城乡居民最低生活保障、灾害救助、医疗救助、农村特困户救助、五保供养、失业救助、教育救助、法律援助等内容。对受助对象而言，社会救助即是保障和实现他们的生存权。

2. 社会保险

社会保险（Social Insurance）是一种为丧失劳动能力、暂时失去劳动岗位或因健康原因造成损失的人口提供收入或补偿的一种社会和经济制度。社会保险由政府举办，强制某一群体将其收入的一部分作为社会保险税（费）形成社会保险基金，在满足一定条件的情况下，被保险人可从基金获得固定的收入或损失的补偿，它是一种再分配制度，它的目标是保证物质及劳动力的再生产和社会的稳定。社会保险的主要项目包括养老社会保险、医疗社会保险、失业保险、工伤保险、生育保险等。社会保险具有如下五个特征：

（1）社会保险的客观基础，是劳动领域中存在的风险，保险标的是劳动者的人身。

（2）社会保险的主体是特定的，包括劳动者（含其亲属）与用人单位。

（3）社会保险属于强制性保险。

（4）社会保险的目的是维持劳动力的再生产。

（5）保险基金来源于用人单位和劳动者的缴费及财政的支持。保险对象范围限于职工，不包括其他社会成员。保险内容范围仅限于劳动中的各种风险，不包括除此以外的财产、经济等风险。

3. 社会福利

广义的社会福利是指提高广大社会成员生活水平的各种政策和社会服务，旨在解决广大社会成员在各个方面的福利待遇问题。狭义的社会福利是指对生活能力较弱的儿童、老人、母子家庭、残疾人、慢性精神病人等的社会照顾和社会服务。

社会福利①所包括的内容十分广泛，不仅包括生活、教育、医疗方面的福利待遇，而且包括交通、文娱、体育等方面的待遇。社会福利是一种服务政策和服务措施，其目的在于提高广大社会成员的物质和精神生活水平，满足其需求。同时，社会福利也是一种职责，是在社会保障的基础上保护和延续有机体生命力的一种社会功能。

4. 社会优抚

社会优抚，又称军人保障，是指政府和社会组织，对革命烈士家属、军人及其家属、革命伤残军人及其家属、参战致残的民兵民工，通过资金和服务等形式所给予的优待和抚恤。社会优抚是一种带有褒扬性质的社会保障，它不仅可以保证优抚对象的生活水平达到一定的标准，还有利于增强全民的国防意识，稳定和壮大国防力量。

社会优抚，主要包括牺牲、病故军人抚恤金，烈军属、复员军人补助费，伤残军人抚恤费，见义勇为者奖励等。

三、社会保障的特征

1. 社会性

社会保障是现代社会中涉及全体社会成员而非少数人的一项制度安排。其社会性特征表现为如下方面：

（1）社会保障应对的是带有普遍性的社会问题。

（2）社会保障的对象不是社会中的少数人，而是覆盖社会全体公民。

---

① 本书中所使用的社会福利主要是指广义的社会福利。

（3）社会保障基金来源于全社会，不论是雇主和职工的缴费纳税，还是政府的财政补贴，其源头都是社会成员的劳动创造。

（4）社会保障的运作越来越向社会化方向发展。

2. 福利性

（1）从社会目标的角度讲

社会保障是国家和社会经由制度的安排，为促进国民个人的发展和全社会的平等、安定、进步、繁荣而推行的福利措施。其中心价值观是强调人的尊严和生活的质量，肯定每一个人都有使用公共救助和其他社会服务的权利。

（2）从经济关系的角度讲

社会保障是国家和社会通过国民收入再分配的途径，对保障对象提供的经济支持和专业服务。社会保障的管理经营部门和机构是非营利性的，他们提供的或是直接的货币或物质性的援助，或是无偿、低偿性的服务。在保障措施实施过程中，被保障者的所得一定大于他的所费。

（3）互济性

社会保障是借助国家和社会的力量对国民收入进行再分配的一种形式。其基金来源于雇主和劳动者的缴费或纳税，以及国家政府的财政支持。管理部门收取的基金不是等额地用于缴纳者，而是根据不同的项目规定，将社会财富在不同社会群体之间进行横向的转移支付或纵向的转移支付。

由于社会成员遭受经济和社会风险事故的情况不同，通过社会保障的互济互助，能够解决不同社会成员的特殊需要，帮助他们渡过难关，维持正常的生活。

（4）强制性

社会保障的强制性特征表现在两个方面：

其一，强制参加，即依据法律规定属于保障计划覆盖范围的劳动者及其用人单位，都必须参加到计划中来，当事人没有任意选择的权利，也不能任意退出。

其二，强制缴费，即凡符合有关社会保障税法或社会保障统筹法律、法规的缴纳条件的个人和团体，都必须按要求纳税或缴费，否则将受到法律的制裁。

第二节　老年社会保障体系及现状

老年社会保障是相对于传统的家庭养老而言的，是国家和政府通过立法和行政措施以及各种社会力量的主动参与保障老年人生活的社会性途径，是解决老龄化问题的一项基本的社会措施，也是国家和政府的基本职责之一，其重要性与社会发展、社会进步相联系，在社会保障体系中占有十分重要的地位。老年社会保障是各个学科都在关注的热点。社会保障学界更加注重老年社会保障的资金以及政策管理；而从老年服务与管理专业角度看，则更多地关注社会保障对老年人生活的支持和影响作用，以及如何改进和完善该项制度，从而更加符合老人的养老需求和社会的良性发展。

一、老年社会保障的概念以及重要性

1. 老年社会保障的概念

老年社会保障是指对退出劳动领域或无劳动能力的老年人实施的社会保护和社会救济的措施。老年社会保障内容广泛，具体包括收入保障（退休金或养老金）、医疗保障、最低生活保障、住房保障以及生活、保健服务等。

2. 老年社会保障的对象

社会中的老年公民。对于老年人通常有两个指标作为评判依据：生理功能的衰退（生理衰老）；社会功能的下降。在社会保障中，退休年龄一般以日历年龄为标准，以达到国家法定的退休年龄作为老年人的标准。我国一般按照国际通行的 60 岁的标准计算。但是随着中国老龄化不断发展变化，我国延迟退休已逐渐展开。从 2018 年开始，女性退休年龄每 3 年延迟 1 岁，男性退休年龄每 6 年延迟 1 岁，直到 2045 年同步达到 65 岁。

二、老年社会保障的必要性

1. 劳动者个人及家庭养老的局限性

随着人口流动的加剧，以及家庭结构的日趋小型化，家庭负担老人的经济供养和照护的功能不断弱化，老年人所面对的问题必然走向社会化解决的道路。

2. 城市化和工业化进程加剧了老年人的经济困难

（1）人们一旦退休，立刻退出劳动领域，这导致老年人群体收入的下降，根据我国的情况，城市老人大部分可获得养老金和退休金的保障，但是农村老人一旦退出劳动领域其经济状况会受到较大的影响，甚至会导致部分老年人经济困难。

（2）加重子女的经济负担，老年人离开劳动领域后，收入减少，甚至有的老人没有任何收入，在中国传统的家庭养老的机制下，儿女要承担照顾老年人经济的责任。

（3）“经济活动”的时间缩短，“非经济活动”时间相应延长，随着老年人寿命的延长，高龄老人越来越多，与之相应的人们退休后的“非经济活动”的时间也在不断延长。

（4）大多数劳动者无法凭个人的收入积蓄养老，随着社会财富的不断增加，人们收入与物价水平都在上涨，这就导致仅凭劳动者个人的收入积蓄很难追赶物价增长的速度。

三、老年社会保障的重要性

1. 发展老年社会保障是社会发展、社会全面进步的必然要求

老年社会保障是通过社会化的方式对老人提供的养老制度保障。社会化养老是随着社会变革以及社会化大生产而产生的，是针对传统家庭养老而言的。随着社会的发展，传统的家庭养老功能不断趋于弱化，社会财富的积聚与分配只有国家才能做到。

2. 老年社会保障是社会保障最为核心的部分

老年社会保障是为了保障老年人的晚年生活，其直接服务对象是老年人，但是衰老是每个人必经的人生阶段，因此制度覆盖的是全体劳动者，是每个人都需要的。

3. 老年社会保障应对的是确定的、不可避免的风险

从生命周期角度看，老年是人生中劳动能力减弱的时期。这与其他的现象有着本质的差异，比如失业，失业不意味着劳动力的丧失，而年老则是劳动力的不断下降，具有不可逆性。从这个意义上讲，由年老引起的劳动力的下降和丧失，导致经济收入的下降，是人生中确定的以及不可避免的风险。

四、现代老年社会保障的类型

随着工业化社会的发展，目前世界上大多数国家都建立社会保障制度。正如前文所讲，社会保障制度的核心是社会保险制度，社会保险覆盖面广，对社会所起的稳定作用强。老年社会保障制度作为社会保障的重要组成部分，也不例外。因此，我们根据目前社会养老金的筹集管理和发放方式，将现代老年社会保障制度总结为如下四种模式。

1. 投保资助型老年保障模式

投保资助型养老保险起源于德国 1889 年通过的《老年、伤残和遗属养老保险法》，它实施的前提条件是工业化已取得一定成效，有较雄厚的物质基础，强调养老是个人的事，应以自保为主，国家给予补贴。通过立法强制实施，强调雇主和雇员按既定的比例定期缴纳养老保险费，形成社会保险金。当资金收入不够支出时，国家财政给予补贴。财政资助表现在财政拨款、税收和利率上给予支持。雇主与雇员负担的比例因国情不同有所区别：有的采取等比形式，即劳动者与雇主各缴纳保险费的50%，如美国，德国个人负担与雇主负担分别为6.20%、9.30%（1995年，下同）；有的采取级差形式，即劳动者多缴，如阿根廷劳动者缴工资的11%，企业主不缴，或雇主多缴；如意大利雇员缴本人工资收入的8.34%，企业主缴纳工资总额的21.3%。实行多层次退休金，一般有二层次或三层次，如果加上个人自愿储蓄，养老金层次更多。

投保资助型养老保险。追求的社会目标是通过“人人为大家，大家为人人”的原则，使受保人不致陷入贫困。

（1）模式特点

其一，国家颁布养老保险法，作为实施此项保险的法律依据。

其二，保险基金来源多元化，即雇主与雇员依法定期按比例缴纳养老保险费，形成保险基金，当收支不平衡时，国家财政给予资助，有效地加强了基金后盾，以确保被保险人享有保险待遇和养老保险长期正常的运转。强调权利与义务的统一，承担义务是取得享受权利资格的前提条件，不投保者不能受益。

其三，实行多层次养老金。社会退休金的层次分普遍养老金、雇员退休金和单位补充退休金，其中雇员退休金起主导作用。享受保障的退休者待遇（退休金），其数量通常与工作业绩、工资收入、缴纳保险费的时间长短和多少挂钩，具有较大的激励作用。

其四，设立专门机构对养老保险进行统一管理，包括建立相应的组织机构，负责制定实施各项具体政策及确保保险基金的增值、保值工作，并进行监督检查。

其五，投保资助型养老保险带自保与互保双重性，既带有自保性质，又不完全是自保性质。当劳动者自己供款不能保证自己生活时，还需依靠国家补足，政府要承担兜底的任务。

（2）投保资助型老年保障模式的评价

实行投保资助型养老保险制度的国家，包括以德国为代表的欧洲大陆国家及美国和战后重建的日本。从处理公平与效率的关系来看，更强调效率，兼顾公平。投保资助型养老保险在长期实施过程中，随着时间的推移也逐渐显露出一些问题：一是过分强调“选择性原则”，共济性质较弱，不同职业群体之间的再分配难以实现；二是为了更好体现权利与义务的一致、保险费收支平衡和保障职工的生活，使养老保险更复杂化，不容易被一般被保险人理解；三是采取现收现付制[①]（pay - as - you - go），随着人口老龄化程度的提高，社会负担越来越重，未来将有超越各方面承担能力的趋势。

2. 福利国家型老年保障模式

福利国家型养老保险起源于1945年英国《贝弗里奇报告》，后为瑞典及北欧一些国家仿效。采取此保障类型的国家的前提条件，必须是劳动生产率水平高于国际平均水平，个人国民收入、国民素质和物质生活等方面均有较高的水平，并借助财政、税收、金融等经济杠杆的调节作用，以强大的社会福利刺激需求，推动经济发展。

（1）模式特点

其一，强调养老保险待遇的普遍性和人道主义。如瑞典强调只要年满65岁，不论其经济地位和职业状况，都可以获得同一金额的基本养老金。如退休前收入较低或工龄较短而影响附加年金的数额。则政府给予补贴，其年金与贡献关联度比较弱。此外，退休人员除了享受基本年金（普遍年金）外，还享受与收入相关的年金。

其二，基金来源于一般税收，基本上由国家和企业负担，个人不缴纳保险费或缴纳低标准的养老保险费。如瑞典退休者在工作期间不必缴纳任何保险金或保险税，或缴纳低标准的社会保险费。

其三，崇尚公平，不惜以牺牲效率为代价。从享受待遇条件看，首先必须具备公民资格条件，其次才是在该国居住一定期限。如规定凡在该国居住一定期限的公民，不论他们收入、工作和经济情况如何，都依法有按统一标准享受普遍养老金的权利。

其四，养老保险作为社会保险的一项主要内容，是建立在社会立法的基础上依法管理、依法监督执行的，因而养老保险管理形成了法制化，制度化和社会化。

（2）对福利国家型老年保障模式的评价

福利型养老保险过分强调了普遍性和福利性，即所谓“从摇篮到坟墓”的全盘保障。最突出的是养老保险费支出在国民总产值中所占的比重数字庞大且呈现刚性上升趋势。像瑞典为19.48%，比利时为21.72%。而投保资助型的美国和加拿大仅

---

① 现收现付制是指养老金的资金按照需求的多少收取，随时收取，随时发放，即先期的养老金由现期的收入来支付的办法，一般是以工薪税或专项收费的方式收取，做到收支平衡，略有结余，资金运行周期一般是一年。从人口结构看，现收现付制度是代际赡养，即工作一代负担退休一代。

为7.53%和7.12%。也就是说，高福利需要有高税收来支撑，财政才能成为强大的后盾。但高税收政策给这些国家的财政和社会经济造成了日益沉重的负担，高福利的增长速度超过经济增长速度，成本费用提高，社会效率降低，商品国际竞争力下降，这样便导致了经济增长速度放慢。标准太高，发放标准的统一，与工作年限和个人所缴纳保险费无关，严重影响了劳动者的积极性，容易把部分公民养成懒汉，甚至平均风蔓延，随着人口老龄化发展，更会加剧经济的矛盾，最终结果是为了公平而牺牲了效率。

3. 强制储蓄型老年保障模式

强制储蓄型老年保障模式以强制储蓄为核心，政府强制雇主、雇员为雇员储蓄社会保障费用，以满足雇员个人各种社会保障项目的支付需要。在这其中又细分为新加坡模式和智利模式。新加坡模式是一种公积金模式。该模式的主要特点是强调自我保障，建立个人公积金账户，由劳动者于在职期间与其雇主共同缴纳养老保险费，劳动者在退休后完全从个人账户领取养老金，国家不再以任何形式支付养老金。个人账户的基金在劳动者退休后可以一次性连本带息领取，也可以分期分批领取。此外，在新加坡劳动者退休前也可以在特准范围内将公积金用于购买住房、支付医疗、教育费用等。国家对个人账户的基金通过中央公积金局统一进行管理和运营投资。除新加坡外，东南亚、非洲等一些发展中国家也采取了该模式。智利模式作为另一种强制储蓄类型，同样强调自我保障，并且采取了个人账户的模式，但与新加坡模式不同的是，个人账户的管理完全实行私有化，即将个人账户交由自负盈亏的私营养老保险公司管理，规定了最大化回报率，同时实行养老金最低保险制度。该模式于20世纪80年代在智利推出后，也被拉美一些国家所效仿。

（1）模式特点

其一，雇主、雇员共同缴费或只有雇员缴费。根据国家立法，由雇主和雇员双方按规定及工资的一定比例缴纳保险费，政府不提供资助，所缴资金存入雇员账户。

其二，权利与义务高度对称。由雇主与雇员按一定比例共同缴纳资金完全用于雇员养老、医疗、住房等开支，支取与之前所缴金额多少有关。

其三，政府提供的财政转移支付较少。除非由政府和私人管理的保险基金公司出现亏损，政府才支付最低额度的投资收益担保。

其四，保障水平基本上取决于社会保险基金的实际投资收益率。

其五，社会保险基金运营有公营和私营两种模式。

（2）对强制储蓄型老年保障模式的评价

实现了无须国家财政拨款的养老保险；积累了充足的老年社会保险基金；实现

了较大范围的社会化养老保险。资金充足，管理水平高，有吸引力；将养老保险的公积金与解决居民住宅问题结合起来。缺点是忽视公平，难以体现社会保险的保障功能。

4. 国家保险型老年保障模式

国家保险型老年保障模式又称国家统包型社会保障制度，以“国家统包”为核心，由政府对福利进行直接分配，社会保障事务由国家统一办理，社会保障费由国家和企业负担，职工个人不必缴纳社会保障费用。

（1）模式特点

其一，通过国家宪法将社会保障确定为国家制度，公民所享有的保障权利是由生产资料公有制保证的，并通过社会经济政策的实施取得。

其二，社会保障支出由政府和企业承担，其资金来源由全社会的公共资金无偿提供，由于国家已事先做了社会保障费的预留和扣除，个人不再另缴保障费。

其三，保障的对象是全体公民，宪法规定，每个有劳动能力的人都必须积极参加社会劳动，对无劳动能力的一切社会成员提供物质保障。

其四，工会参与社会保障事业的决策和管理。

（2）对国家保险型老年保障模式的评价

这一保障模式的宗旨是最充分地满足无劳动能力者的需要、保护劳动者的健康并维持其工作能力。但是，这种模式过分强调公平，使国家财政负担过重，企业负担也过重，企业竞争力下降，劳动力缺乏合理流动，职工个人也缺乏自我保障意识。

上述这四种社会保障模式同中有异，异中有同，各有优缺点。采用哪一种保障模式，要根据本国的经济水平、经济体制以及政治、文化和历史传统选定。目前，随着社会经济和人口的不断变化，各国的社会保障制度也都随之产生变化和微调。

五、老年社会保障体系构成

老年社会保障的体系构成主要包括：社会救助，养老保险，医疗、护理保险，社会福利。

1. 社会救助

社会救助在老年社会保障体系中起到托底作用，主要是保障老年人最基本的生活需求。老年人作为容易受到社会变革冲击的弱势群体，是各个国家社会救助的主要对象之一。但是基于不同国情，各国老年社会救助内容也不尽相同。德国针对老年人的社会救助除了生活费用救助外还提供适当的社会保险和丧葬费。中国则主要针对“三无”老人，即法定扶养义务人或者虽有法定扶养义务人，但是扶养义务人无扶养能力的；无劳动能力的；无生活来源的，提供“五保”供养，即保吃、保穿、保医、保住、保葬（孤儿为保教）。社会救助在整个社会保障体系中保障水平是最低的，只能维持受助者的基本生活。要注意一点，社会救助不是不平等的施舍，随着社会的不断发展，社会救助的根本理念发生巨大转变，从怜悯的理念向尊重公民基本生存权利的理念转变，有尊严的、平等的社会救助理念是现代文明发展的必然结果。目前，很多国家正在逐步建立“普惠发展型”老年社会救助体系。

2. 养老保险

养老保险（Endowment Insurance）是国家依据相关法律法规规定，为解决劳动者在达到国家规定的解除劳动义务的劳动年龄界限或因年老丧失劳动能力而退出劳动岗位后而建立的一种保障其基本生活的社会保险制度。目的是以社会保险为手段来保障老年人的基本生活需求，为其提供稳定可靠的生活来源。

老年社会保障的基础是老年人经济上的保障，主要体现为公共养老金制度，而公共养老金制度的主体部分就是养老保险。这是现代社会解决老年人经济需求的一个重要措施与渠道。老年人其他各个方面的社会保障都与经济保障有着必然的联系，因此可以说养老保险是老年社会保障的核心之一。

3. 医疗、护理保险

随着年龄的增加，老年人身体状况与年轻时相比呈现下降的趋势，医疗以及护理的需求持续增加，医疗、护理保险就显得十分重要。医疗保险可以分为基本医疗保险、补充医疗保险和个人医疗保险。基本医疗保险属于老年社会保障的一部分。医疗保险具有社会保险的强制性、互济性、社会性等基本特征。因此，医疗保险制度通常由国家立法，强制实施，建立基金制度，费用由用人单位和个人共同缴纳，医疗保险金由医疗保险机构支付，以解决劳动者因患病或受伤害带来的医疗风险。老年人除对医疗的需求不断增加以外，生活自理能力也会随年龄的增加而逐渐降低，随着高龄化的不断加剧，以及老年人失能失智现象的增多，传统的保障和照护方式已经不能应对这种情况。在这种背景下，部分国家在第二次世界大战之后开始实施护理社会保险，并且很多国家都将护理保险和基本医疗保险结合在一起，组成老年人长期照护体系。而社会护理保险也已成为老年社会保障体系中最新的一部分。

4. 社会福利

社会福利是老年社会保障体系中重要的组成部分之一，其保障水平也是整个体系中最高的。如果说社会救助是“雪中送炭”，那么我们也可以认为社会福利（广义的）是“锦上添花”。它的产生晚于社会救助和基本医疗保险，但是早于护理保险。它主要是为老年人提供各种福利性的服务，同时关注老年人精神层面的需要。例如，目前世界各地都在举办的第三年龄大学，就是为了满足老年人接受继续教育的需要。另外，很多国家制定的老年人住房标准以及为老年人免费进行的适老住房的改造等都属于老年社会福利的范畴。

第三节　老年社会保障服务与管理

一、老年社会保障的基本原则

1. 享受保障的权利与资格条件对应的原则

享受保障的权利与资格条件对应不是权利与义务的完全对等，而是权利和义务的结合。在世界各国，实施这一原则的具体形式有以下四种。

（1）享受老年社会保障权利和劳动义务对等的原则

条件是劳动者达到一定的年龄退休。根据这一条件，确定老年社会保障的条件和待遇水平时，必须以劳动者退休前所做劳动贡献的时间和贡献的大小为依据。

（2）享受保障权利与投保对等的原则

遵循这一原则的国家，一般要求享受老年社会保障的人也同时承担保险费用。一般情况下，缴纳保险费用的时间越长，享受到的老年保障待遇越高；超过法定的投保年限，可以享受更高的待遇，例如瑞典，法定退休年龄为 65 岁，但是可以选择在 61 ~ 70 岁开始任何时候退休。参保人从 61 岁开始领取收入型和积累型养老金，延迟领取将提高领取待遇水平。一般情况下，66 岁退休领取的养老金比 65 岁高出 9%，67 岁比 65 岁高出 20%。日本则规定不够投保年限不能领取养老金。

（3）享受养老保障待遇与工作贡献相联系的原则

养老金与福利待遇和工资标准、职位高低、行业工种、特殊贡献等有关。例如法国规定从事危险职业的可提前退休，不减退休金；中国也有对于特殊工种的提前退休制度，对于对国家和社会有特殊贡献的人员也会有特殊的津贴制度。

（4）享受老年社会保障的权利与国籍和居住年限有关

这一原则主要是对应部分实行全民保险的国家，只要是本国居民或者在本国居住达到一定年限即可享受相关的保障，并不与投保年限和工作时间挂钩，例如澳大利亚和新西兰。

2. 保障基本生活水平的原则

当老人退出工作领域之后，养老金成为其主要的生活来源。为了保障老年人的生活，养老金必须能满足老年人的基本生活需求。养老金购买力受通货膨胀等经济因素影响，所以应适时调整养老金和救济金水平。养老金的上涨一般有两种方式。

（1）养老金随物价上涨自动提高

这种方式可以保持养老金不贬值的状态，但是在物价波动频繁的时期会增加机关部门工作量。

（2）养老金随物价上涨不定期调整

这种方式既可以保障老年人的生活，也不会带来过大的工作量。

3. 分享社会经济发展成果的原则

老年人的社会保障水平必须随着在职职工工资水平和其他社会成员收入和生活水平的提高而相应的提高。原因在于：老年人在社会的发展中作出了历史贡献；社会发展要体现公平原则。

二、老年社会保障的实施方式

1. 养老保险金给付条件和计算方法

（1）养老保险金给付条件

世界上绝大多数国家的养老保险金的给付条件是复合型的。

其一，以年龄和投保（缴费）年限作为受益条件。如德国，63 岁、投保 35 年或 65 岁、投保 15 年；法国，60 岁、投保 37. 5 年。

其二，以年龄、工龄和投保年限为受益条件（ 必须同时满足三个条件）。如英国。

其三，以年龄和居住期限为受益对象。如丹麦。

（2）养老金的计算方法

其一，绝对金额制（均一制）：将被保险人及其直系亲属按不同标准进行分类，每类人按同一绝对金额发给养老金。与退休前工资多少无关。

其二，薪资比例制：以被保险人退休前某段时期内的平均工资或最高工资数额为基数，再根据投保年限，按一定比例计算养老金。若与投保年限无关，养老金的计算通常是工资基数乘以一定比例，这个比例或根据收入，或根据工龄长短来确定。

多数国家对养老金数额进行限制，原则是不超过本人在职时的收入。特殊职业的被保险人，养老金待遇较高。

2. 养老保险金的给付范围、项目

各国根据自身的经济发展水平和社会需求来确定。在一些国家，养老金的给付范围除了被保险者本人外，还包括无收入的配偶，未成年子女及其他由被保险人抚养的直系亲属。项目除了基本养老金之外，还有低收入补助、未成年子女补贴等。

3. 老年健康保障的实施方式

随着人口老龄化程度不断加剧，在各个国家和地区，除了传统的保障老年人的经济生活外，对于医疗健康以及照护的重视程度越来越高。

（1）国家从立法角度建立医疗护理制度。

1965 年美国国会通过《医疗保障法案》，授权各州建立老年救助制度、支持老年福利项目，建立联邦老年津贴制度，减免老人税负，推行老年医疗关怀政策。1994 年德国设立社会护理保险，是新增加的一项社会保险项目。规定对超高龄老人、严重残疾老人、护理需要较强的老人，按照“共同承担援助义务”的社会保险原则提供护理救济。

（2）建立分层次的医疗保健社会服务体系。

对于能够接受居家照顾的老人，各个国家都秉承着使老年人能够更长时间生活在自己熟悉的社区这一国际通行的理念，实施居家养老。在这一体系中，医疗保健服务主要在社区中完成，例如“预防性健康照护”是英国居家养老服务的重要组成部分，主要由家庭医生扮演老年人社区生活的第一接触者角色，实施基本的健康照护。此外，还有社区护士、区域护士、健康家访员、社区精神护士、心智障碍者护士等在社区范围内提供专业照护。美国居家养老服务中有一种“医—护—养”做法，其“PACE 计划”形成了一个全方位的照顾计划，为老年人提供的医疗相关服务包括紧急照顾服务、看护服务、初级医疗照顾、住院治疗、护理院照顾等，以及预防性、恢复性、治愈性和护理性服务。这其中，非营利组织在老人居家养老方面发挥了积极作用。日本居家养老服务采用的是“长期介护”与多样化的服务产品。2000 年日本开始实施的“介护保险制度”，提出重视居家养老介护服务，“目标就是让高龄者尽可能在自己家里，在已经住惯的社区养老，整个社会养老服务体系要为此提供支援”。日本通过社会福祉士、看护师、保健士等专业人员为本社区的居家老人提供综合性、持续性的介护服务，如评价高龄者的身心状况和服务需求、收集社区居家养老信息、指导和帮助制订居家养老服务计划等。对于居家无法照顾的老人，主要由专门的机构进行医疗康复服务。

4. 社会福利服务的主要方式

主要包括两大部分，即现金资助和福利服务。实行现金资助的国家属于少数，多数国家是实行有关日常生活和医疗方面的费用资助。一些西方发达国家，老年人福利集中体现在各种福利服务上，主要包括以下几个方面。

（1）生活服务

如美国、德国、瑞典、英国等国的生活商谈、咨询指导、信息提供、饮食配送等。在瑞典，老年人看戏、看电影、参观博物馆、乘坐公交车等均可享受半价优待。

（2）住宅服务

如美国的慰问家访，德国、日本的家务在宅代行，英国的家庭服务等。瑞典的家居老人还可以从国家获得贷款和住房补贴，用以改善自己的居住条件。

（3）设施服务

如美国的收容设施，法国、英国、瑞典的老人公寓，法国的高龄者住宅和中长期滞留中心，英国的食堂、美容理发室、谈话室等，日本的老人之家、老人福利中心、老年福利院、临终关怀医院等以及瑞典的特别护理养老院。由于老年人平均寿命的延长，老年人的医疗和护理服务需求迅速增加，如今，护理服务已成为衡量老年人福利水准的一个重要标志。

三、我国的老年社会保障服务

1. 城市老年社会保障

（1）社会救助

20 世纪 90 年代中期以前，我国的社会救助制度主要在农村实施，城镇中的救助对象则是“无依无靠、无生活来源、无法定抚养人的孤寡老人、孤儿及部分特殊对象，凡有单位的城市居民及其家庭均不在政府救助的范围”。改革开放后，国有企业改革，市场经济体制得以确立，城镇出现了新的贫困人群，其中包括下岗失业人员和部分丧失收入的退休人员，原有的救助制度难以适应社会发展的需要，在此背景下，20 世纪 90 年代中期以后，针对这类弱势群体的城市居民最低生活保障制度得以发展。1997 年国务院发出《国务院关于在全国建立城市居民最低生活保障制度的通知》，在全国范围内推行城市居民最低生活保障制度。1999 年国务院再次颁发《城市居民最低生活保障条例》，规定“对无生活来源、无劳动能力又无法定赡养人、扶养人或者抚养人的城市居民，批准其按照当地城市居民最低生活保障标准全额享受”。此外，国家政策还规定对城乡低保家庭成员、五保户和其他经济困难家庭人员，资助其参加城镇居民基本医疗保险或新型农村合作医疗并对其难以负担的基本医疗自付费用给予补助。

（2）养老保险

我国的养老保险由四个层次（或部分）组成。第一层次是基本养老保险，第二层次是企业补充养老保险，第三层次是个人储蓄性养老保险，第四层次是商业养老保险。在这种多层次养老保险体系中，基本养老保险可称为第一层次，也是最高层次。

其一，基本养老保险。我国城镇人口的养老保险主要分两种，一种是针对城镇职工的，城镇职工养老保险，由企业和职工共同缴纳。企业缴纳基本养老保险费，以全部职工缴费工资总和作为缴费基数，缴费比例为20%；职工个人缴纳基本养老保险费，以本人上月工资作为缴费基数，缴费比例为8%。职工本人工资按国家统计部门规定的列入工资总额统计的项目确定。职工本人上月工资超过上一年在岗职工月平均工资300%的部分，不计入缴费基数。职工本人上月工资低于上一年在岗职工月平均工资60%的，按60%计算缴费基数。领取条件：本人达到法定退休年龄并办理了退休手续；所在单位和个人依法参加基本养老保险并履行缴费义务；个人累计缴费时间满15年。（养老保险若出现缴费中断现象，可延续缴费或者一次性缴费至15年，均可享受养老保险的相关待遇）

另一种保险则为城乡居民养老保险。是在2014年建立的，由之前的“新农保”和“城居保”两项制度合并而来。它跟职工养老保险不同，其参保范围是年满16周岁（不含在校学生），非国家机关和事业单位工作人员及不属于职工基本养老保险制度覆盖范围的城乡居民。城乡居民养老保险待遇由基础养老金和个人账户养老金构成。缴费标准目前设为每年100元、200元、300元、400元、500元、600元、700元、800元、900元、1000元10个档次，地方人民政府可以根据实际情况增设缴费档次。参保人自主选择档次缴费，多缴多得。国家依据经济发展和城镇居民人均可支配收入增长等情况适时调整缴费档次。政府对符合领取条件的参保人全额支付城镇居民养老保险基础养老金。其中，中央财政对中西部地区按中央确定的基础养老金标准给予全额补助，对东部地区给予50%的补助。地方人民政府应对参保人员缴费给予补贴，补贴标准不低于每人每年30元；对选择较高档次标准缴费的，可给予适当鼓励，具体标准和办法由省（区、市）人民政府确定。对城镇重度残疾人等缴费困难群体，地方人民政府为其代缴部分或全部最低标准的养老保险费。国家为每个参保人员建立终身记录的养老保险个人账户。个人缴费、地方人民政府对参保人的缴费补贴及其他来源的缴费资助，全部记入个人账户。个人账户储存额每年参考中国人民银行公布的金融机构人民币一年期存款利率计息。参加城镇居民养老保险的城镇居民，年满60周岁，可按月领取养老金。城镇居民养老保险制度实施时，已年满60周岁，未享受职工基本养老保险待遇以及国家规定的其他养老待遇的，不用缴费，可按月领取基础养老金；距领取年龄不足15年的，应按年缴费，也允许补缴，累计缴费不超过15年；距领取年龄超过15年的，应按年缴费，累计缴费不少于15年。人社部数据显示，截至2017年12月底，城乡居民养老保险参保人数51255万人，其中，领取待遇人数15598万人，月人均养老金125元，其中基础养老金113元。目前，城乡居民基础养老金全国最低标准为70元/月，这一标准是在2015年从55元的基础上调整并执行至今的。

其二，企业补充养老保险。由国家宏观调控、企业内部决策执行的企业补充养老保险，又称企业年金，它是指由企业根据自身经济承受能力，在参加基本养老保险基础上，为提高职工的养老保险待遇水平而自愿为本企业职工所建立的一种辅助性的养老保险。企业补充养老保险是一种企业行为，效益好的企业可以多投保，效益差的、亏损企业可以不投保。实行企业年金，可以使因年老退出劳动岗位的职工在领取基本养老金的水平上再提高一步，有利于稳定职工队伍，促进企业发展。

其三，个人储蓄性养老保险。职工个人储蓄性养老保险是我国多层次养老保险体系的一个组成部分，是由职工自愿参加、自愿选择经办机构的一种补充保险形式。实行职工个人储蓄性养老保险的目的，在于扩大养老保险经费来源，多渠道筹集养老保险基金，减轻国家和企业的负担；有利于消除长期形成的保险费用完全由国家“包下来”的观念，增强职工的自我保障意识和参与社会保险的主动性；同时也能够促进对社会保险工作实行广泛的群众监督。

其四，商业养老保险。商业养老保险是以获得养老金为主要目的的长期人身险，它是年金保险的一种特殊形式，又称为退休金养老保险，是社会养老保险的补充。商业养老保险的被保险人，在缴纳了一定的保险费以后，就可以从一定的年龄开始领取养老金。这样，尽管被保险人在退休之后收入下降，但由于有养老金的帮助，仍然能保持退休前的生活水平。商业养老保险，如无特殊条款规定，则投保人缴纳保险费的时间间隔相等、保险费的金额相等、整个缴费期间内的利率不变且计息频率与付款频率相等。

（3）老年福利

其一，老年教育。根据国务院办公厅2016年发布的《国务院办公厅关于印发老年教育发展规划（2016—2020年）的通知》（国办发〔2016〕74号）规定，积极推动老年教育事业发展，优先发展城乡社区老年教育；促进各级各类学校开展老年教育。在社区老年人日间照料中心、托老所等各类社区居家养老场所内，开展形式多样的老年教育。

其二，医疗保健服务。目前部分有条件的地区，由所在单位和社区为老年人免费进行健康体检；在三甲以上医院，为老年人就医开辟绿色通道；建立家庭医生签约服务，根据国务院、医改办等7部门制定的《关于推进家庭医生签约服务的指导意见》，要求2016年在200个公立医院综合改革试点城市开展家庭医生签约服务，优先覆盖老年人、孕产妇、儿童、残疾人等人群，以及高血压、糖尿病、结核病等慢性疾病和严重精神障碍患者等。到2017年，家庭医生签约服务覆盖率达到30%以上，重点人群签约服务覆盖率达到60%以上。到2020年，力争将签约服务扩大到全人群，形成长期稳定的契约服务关系，基本实现家庭医生签约服务制度的全覆盖。

其三，文化娱乐，生活照护服务。目前大部分城市社区建立了社区文化活动中心以及日间照料中心，为城市老年人提供文化娱乐活动；有的社区还为有需要的老年人提供家政以及送餐服务。为了更好地提高服务质量和效率，山东的民政部门正在大力加快“两台一网”① 的建设，通过互联网，为老年人及时提供服务对接。

其四，其他福利性优惠。目前在我国大部分城市，65岁以上的老人都能获得乘车以及进入公园的免费优惠；全国大部分地市还对高龄老人发放高龄津贴。

2. 农村老年社会保障

（1）农村社会救助

落实农村最低生活保障制度与扶贫开发政策有效衔接有关政策要求，确保现行扶贫标准下农村贫困老年人实现脱贫。对农村的五保户老人实行集中供养，由财政统一拨款。

（2）农村养老保险

其一，城乡居民养老保险。②

其二，失地农民养老保险。失地农民指因政府统一征收农村集体土地而导致失去全部或部分土地，且征地时对所征土地享有承包经营权的人员。规定年满18周岁及以上的失地农民可自愿参保，年龄以居民身份证登记的出生日期为准，征地时间以征地批文为准。对于男性年龄在60周岁以上，女性年龄在55周岁以上的失地农民，地方社会保障部门根据每年养老保险金水平，按15年期限，从政府土地征用收益中扣除一部分资金用于养老保险费用的支付，个人不负担缴费。从失地的当月起，开始领取养老保险。男性年龄在45～60周岁，女性年龄在40～55周岁的失地农民

① 山东省“两台一网”指的是“山东省养老管理平台、山东省居家养老公共服务平台和山东省养老服务信息网”。

② 这部分内容可参见城市养老保险部分。

应加入城镇灵活就业人员养老保险项目。灵活就业人员养老保险缴费年限与失地农民实际年龄之间的差额即为实际缴费年限。每年所需缴纳的费用由政府、集体、个人三方共同承担。政府负担的部分从政府土地征用收益中扣除再加专项的财政拨款，集体承担部分从土地补偿费和集体经济积累中提取，失地农民个人缴纳的部分每年定期自我支付。具体比例要合理，政府出资应在50%以上，集体出资应在30%左右，个人出资在20%左右，坚持政府保障为主，个人保障为辅的原则。失地农民达到缴费年限后，可以领取养老保险金。对于男性45周岁以下，女性40周岁以下的失地农民，当地社会保障部门的主要任务是促进劳动力再就业，应从集体获得的土地补偿费中，提出一部分就业培训专用资金，使失地农民掌握新的劳动技能，增加就业机会，加快就业进程。当这部分失地农民自谋职业后，应参加城镇居民养老保险项目，凭借失地农民身份证明，享受一定的养老保险缴费的优惠待遇。也应特别注意农村低保人员失地后的养老保险安排，对于失地低保人员，社会保障部门应不分年龄差别，对其实施城镇最低生活保障。

（3）老年福利

其一，医疗保健。在护理补贴方面，17个省（区、市）出台了相关补贴政策。以山东省为例，政策规定具有山东省户籍的，享受城乡低保或散居城市“三无”、农村五保待遇的，生活长期不能自理、能力等级为2~3级评定标准的老年人，每人每月不低于60元；在有条件的地区，实施家庭医生签约制度；在有条件的农村养老院开展医养结合服务。

其二，文化娱乐。目前在部分条件较好的农村建设社区文化活动中心，满足老年人的文化活动需求，有的地区还开展文化下乡活动，定期为农村输送电影、戏曲等文化产品。

其三，其他福利性优惠。部分地区为老年人发放高龄津贴；实施新农保，解决大病问题。

四、我国老年社会保障服务与管理存在的问题与解决对策

1. 存在的问题

（1）养老、医疗保障覆盖面窄、保障水平偏低

虽然近几年对老年人的养老和医疗保障力度加大，但就整个社会保障来说，我国社会保障水平偏低，目前整个社会保障支出只占我国财政总支出的12%，这个比例远远低于发达国家的30%~50%。我国老年人社会保障面临的财政压力较大，很

多地方的养老和医疗保险基金慢慢开始出现收不抵支的情况，很多老年人福利机构设施也比较落后。

（2）城乡差异明显

在社会保障方面，我国一直坚持“广覆盖、保基本、多层次、可持续”的方针，致力于推进城乡社会保障的均衡协调发展。但由于长期以来城乡发展的不协调，农村的社会保障仍然明显落后于城市。在养老保险方面，城镇大部分老年人基本养老水平高于农村老人；在医疗保险方面，农村医疗设备配置不齐，基础设施薄弱，医护人员的专业技能较差，这在我国中西部等边远贫困地区尤为突出；在社会救助和福利方面，城市老年人社会保障福利待遇明显高于农村，城市老年人教育、文化娱乐以及各项保障设施也比较齐全。

（3）管理体制不健全

到目前为止，我国虽然已初步建立了覆盖城乡的以养老保险、社会保险为主要内容的社会保障体系，但是对于其管理却不够规范，法律体系不够健全。同时，我国关于老年人社会保障的专门法律法规比较少，尤其是农村地区没有形成统一的社会保障法律体系，致使在很多方面只能依靠政策和行政手段来推行。

2. 解决对策

2017 年 10 月 18 日，习近平总书记在党的十九大报告中指出，要加强社会保障体系建设。全面建成覆盖全民、城乡统筹、权责清晰、保障适度、可持续的多层次社会保障体系。因此，在老年社会保障的建构方面应注意以下几点。

（1）大力发展生产力，增加财政投入

社会保障不仅是经济发展的产物，而且受到经济发展水平的制约。而解决这一问题的根本措施就是要大力发展生产力，增强我国的经济实力，从而加大财政对社会保障的投入力度，为老年人提供更好的社会保障和更优质的服务。

（2）建立完善的老年保障体系，缩小城乡差异

完善养老保险制度。制订实施完善和改革基本养老保险制度总体方案，完善社会统筹与个人账户相结合的基本养老保险制度，构建包括职业年金、企业年金，以及个人储蓄性养老保险和商业保险的多层次养老保险体系，建立更加便捷的养老保险转移接续机制。

健全医疗保险制度。健全稳定可持续筹资和报销比例调整机制，完善缴费参保政策。加快推进基本医疗保险全国联网和异地就医结算，实现跨省异地安置退休人员住院费用直接结算。巩固完善城乡居民大病保险，探索建立长期护理保险制度。开展长期护理保险试点的地区要统筹施策，做好长期护理保险与重度残疾人护理补

贴、经济困难失能老年人护理补贴等福利性护理补贴项目的整合衔接，提高资源配置效率、效益。同时重视和提高农村的老年保障层次和水平，满足农村老年人的不同需求。

（3）发挥政府管理作用，建构全民参与的社会保障体系

制定实施老年人照顾服务项目，鼓励地方丰富照顾服务项目、创新和优化照顾服务提供方式。着力保障特殊困难老年人的养老服务需求，确保人人能够享有基本养老服务。在全国范围内基本建成针对经济困难的高龄、失能老年人的补贴制度。对经济困难的老年人，地方各级人民政府逐步给予养老服务补贴。完善农村计划生育家庭奖励扶助和特别扶助制度。同时政府需要发挥积极引导和宣传作用，构建全面参与的社会保障体系。在重视国家责任的同时，也需要提高个人的责任意识。

知识链接

1. 中华人民共和国人力资源和社会保障部官网，http：//www.mohrss.gov.cn/
2. 郑功成．社会保障学［M］．北京：中国劳动社会保障出版社，2013.

案例分析

高先生带着年逾85岁、行动不便的母亲去所在社区服务中心，准备办理今年的养老金领取资格认证，却因系统维修失落而归；

章阿姨反映，为了能领取养老金，录制视频传给社区，被要求必须拿着身份证、眨眨眼睛说说话，证明自己还活着；

……

如何让认证工作更加合理便捷，让老年人多一份舒心？我们和大家一起探讨这一话题。

异地居住的老年人——自我证明很别扭

“这么大岁数了，领取退休金，每年还要跑回原工作地盖个公章，证明我还活着呢！”现年76岁的王阿姨快言快语。王阿姨退休后随老伴住在北京，工资关系却仍在河北石家庄市，为了领取养老金，需要本人从北京回石家庄办理资格认证。

“每次认证，工作人员将身份证上的照片与我本人进行比对，再让我签名。遇上人多的时候，柜台前排长队，都是老人家。”王阿姨说，“人年纪大了，模样发生变化，有时工作人员认为与照片不符，还要多方核实。”

采访中，老人普遍反映认证过程有些折腾，主要体现在两方面：一是年迈、行动不便的老人，苦于在各网点间奔波；二是退休人员人户分离、异地居住的增多，

异地居住老人认证更加不便。

北京通州区市民赵先生对此深有感触。赵先生的父母都年逾70岁，都面临异地认证问题。父母生活在北京，养老金领取资格仍在老家黑龙江省双鸭山市。按当地要求，70周岁以上离退休人员每年需进行两次资格认证，需要离退休人员本人持有效身份证件、一寸近期免冠照片及当地寄来的认证函，到居住地所在街道劳动保障工作机构办理认证手续，再将证明材料寄回老家的社保局，否则将暂停养老金发放。

纸质认证是许多地方采取的常规方式，这种传统方法虽简单易行、对硬件设备要求低，但耗时长、百姓跑腿麻烦，认证信函丢失现象也时有发生。

“收到信函后，需要到社区填写、盖章，认证过程确实挺折腾的。”赵先生说，每半年认证一次，以前还吃得消，但随着父母年龄增长，每次奔波越来越不易。

需要自己去证明自己健在，有的老人认为这是对他们人格和生命的不尊重。接受采访时，有老人坦言，“每次想到要去认证自己还活着，就感觉很不舒服。”

陕西退休、现居深圳的李大伯，每年可在家拿着印有清晰年月日的当天报纸或者日历牌，拍一张五寸彩色照片，然后邮寄回原单位社保办认证。虽然认证方式逐渐趋向便利化，但老人总觉得“举着报纸拍照”这事儿特别别扭。

相关部门——必须保证养老保险基金安全

领取养老金资格认证，给相关政府部门增加了不少工作量，给群众添了不少麻烦，为何还要“多此一举”？

据了解，从养老金实行社会化发放开始，我国各地均出台了离退休老人养老金资格定期认证制度。人社部在回应领取养老金的身份认证问题时表示，实行离退休人员养老金领取资格认证，是对欺诈冒领养老金的一种预防，对保证养老保险基金安全、保障广大离退休人员晚年生活，具有重要意义。

现实中，冒领养老金现象的确时有发生。早在2014年4月，相关部门就列举了7种骗取养老待遇的行为：退休人员死亡后，其直系亲属不按规定期限报备，冒领养老金；冒用他人档案材料或伪造人事档案材料参保退休骗取养老金；伪造死亡证明、虚构死亡时间，骗取养老金及丧葬费等等。时至今日，这些现象仍未杜绝。

今年4月，内蒙古包头昆都仑区公布一起骗领养老金事件，张某老伴去世后，未按规定到社保中心申报丧葬费。社保中心因不知情而继续为其老伴发放养老金，被张某悉数领取。自2014年6月到2017年8月案发，涉案金额达8万余元。

河南省郑州市社保局5月公布的一组数据显示，该市今年目前共清理追缴重复及冒领的人员11966人，追回养老金超1231万元。

进行资格认证，的确是想堵住养老金流失的漏洞。武汉大学社会保障研究中心副教授薛惠元说，当前各地区均不同程度存在冒领养老金的现象，现有的社会保险信息化管理水平不高，部分家属又有“公家便宜能占就占”心理，进行资格认证实乃不得已而为之。

人社部近日公布的《2017年度人力资源和社会保障事业发展统计公报》显示，到2017年末，我国基本养老保险覆盖人数超过9亿人，实际领取待遇人数接近1.6亿人。“养老金来源于社会养老保险的基金池，属于公共产品，合理监管是必要的。”薛惠元说。

（资料来源：人民日报，2018年6月19日20版，《老年人社保年审如何更便利（社会观察）》）

思考题：

1. 请查阅相关资料，分析一下中国养老金的构成以及领取方式。
2. 分组讨论，如何提高养老金领取的便利性和科学性。

第四章

老年服务与健康管理

章节导读

“二十一世纪是健康管理的世纪”！健康管理的优势越来越突显。

一、降低医疗费用的开支

健康管理参与者与未参与者平均每年人均少支出200美元，这表明健康管理参与者总共每年节约了440万美元的医疗费用。

二、减少了住院的时间

在住院病人中，健康管理参与者住院时间比未参与者平均减少了两天，参与者的平均住院医疗费用比未参与者平均少了509美元。在四年的研究期内，健康管理的病人节约了146万美元的住院费用。

三、健康管理是一个慢性过程，但回报很快

健康管理参与者在两年或者少于两年的时间内的投资回报为：参与者总的医疗费用净支出平均每年减少75美元。

四、减少了被管理者的健康危险因素

有两个或者更少健康危险因素的参与者数量从24%增加到了34%（随着年龄的增长，人的健康危险因素必然会增长）；有三个到五个健康危险因素的参与者数量从56%减少到了52%；有六个或者更多健康危险因素的参与者的数量从21%减少到了14%。

学习目标

1. 了解健康管理的发展现状。
2. 理解老年健康管理的方法。
3. 掌握老年健康管理的主要内容及主要步骤。

第一节　老年健康管理概述

导入情景

张阿姨，76岁。两年前申请临时救助金接受右眼白内障手术。近一个月来，出现左眼看东西模糊情况，确诊为左眼白内障，希望再次手术治疗。但是，张阿姨过去申请过救助金，现在不能再次申请，同时还担心自己手术后无人照顾。此外，由于张阿姨还患有风湿性关节炎，很少下楼走动，儿女在外地工作，不能时常陪伴左右，感到十分孤独无助。

问题：

1. 请对张阿姨进行健康评估，确定其目前存在的健康问题。
2. 对张阿姨进行健康评估时应当注意哪些事项？

我国在养老、医疗资源分配、长期照料服务等社会保障制度还不完善以及城乡二元结构尚未根本改变的情况下，怎样解决世界上规模最庞大的老年人群的各种困难及问题，是需要花大力气解决的严峻课题。

一、健康管理的概念

1. 健康管理的概念

健康管理理念首先在美国提出，目的是遏制不断增加的医疗费用，平衡不断增长的医疗健康需求和有限的医疗资源之间的矛盾。最早的健康维护组织由美国洛杉矶水利局于1929年组织并成立。1972年，以《社会保障法修正案》为依据，美国政府制定了健康管理的相关政策，并于1973年通过了《健康维护法案》。事实上，在美国超过 70% 的雇主为他们的雇员购买健康管理计划。伴随着人们对健康的重视，健康管理逐步发展起来。拥有健康是每个人的权利，是政府及相关部门维护社会公平性的职责所在。国内学术界以及相关政府部门对健康管理的界定各不相同，其中比较有代表性的观点如下。

国内学者认为：健康管理是指政府通过政策及管理过程干预，引导基层医疗卫生服务机构提供有关健康服务的项目，并经过监测、分析、评估、指导以及提供咨询等环节，促进个体或群体健康的过程。因此，调动个体、群体以及整个社会的积极性，由事后被动的治疗转化为事前主动的疾病预防是健康管理的目的所在。

而国外学者认为：健康管理，就是针对健康需求对健康资源进行计划、组织、指挥、协调和控制的过程，也就是对个体和群体健康进行全面监测、分析、评估、提供健康咨询和指导，同时对健康危险因素进行干预的过程。

总之，健康管理是基本医疗卫生保障不断深入发展的一个必然趋势，它能够更加有效地保障个人健康、降低医疗费用、提高人力资源质量。

2. 老年人健康管理的概念

老年人健康管理是将健康管理的范围和服务对象定位为65 岁及以上老年人，通过政府对老年人健康管理政策或规定的实施，以医疗机构、社区卫生服务机构、社会组织为载体，对老年人的健康进行的计划、组织、指挥以及控制的过程。老年人健康管理是政府发挥宏观调控职能，服务于老年人健康需求并有针对性的健康服务过程。这一过程包括对老年人健康信息的收集、整理，即老年人健康档案的建立，制订老年人健康管理计划，对老年人健康危险因素的干预和管理。

二、健康管理的科学基础

疾病特别是慢性非传染性疾病的发生、发展过程及其危险因素具有可干预性、健康管理的科学基础。每个人都会经历从健康到疾病的发展过程。一般来说，是从健康到低危险状态，再到高危险状态，然后发生早期病变，出现临床症状，最后形成疾病。这个过程往往很长，需要几年到十几年，甚至几十年的时间。而且和人们的遗传因素、社会和自然环境因素、医疗条件以及个人的生活方式等因素都有高度的相关性。其间变化的过程多且不易察觉。但是，健康管理通过系统检测和评估可能发生疾病的危险因素，帮助人们在疾病形成之前进行有针对性的预防性干预，可以成功地阻断、延缓、甚至逆转疾病的发生和发展进程，实现维护健康的目的。

在西方，健康管理计划已经成为健康医疗体系中非常重要的一部分，并已证明能有效地降低个人的患病风险，同时降低医疗开支。美国的健康管理经验证明，通过有效地主动预防与干预，健康管理服务的参加者按照医嘱定期服药的概率提高了50%，其医生能开出更为有效的药物与治疗方法的概率提高了60%，从而使健康管理服务参加者的综合风险降低了50%。健康管理不仅是一套方法，更是一套完善、周密的程序。通过健康管理能达到以下目的：一学，学会一套自我管理和日常保健的方法；二改，改变不合理的饮食习惯和不良的生活方式；三减，减少用药量、住院费、医疗费；四降，降血脂、降血糖、降血压、降体重，即降低慢性病风险因素。具体而言，健康管理可以帮助个人了解身体年龄，判断患病倾向，由医生提供健康生活的建议及行动计划。长期（终生）跟踪个人健康情况，最大限度减少重大疾病的发生。同时，及时指导就医，降低个人医疗花费，提高保健效率，最终达到提高个人生命质量的目的。

三、健康管理的特点

健康管理是指一种对个人或人群的健康危险因素（Health Risk Factors）进行检测、分析、评估和干预的全面管理的过程。主要有以下三个特点。

1. 健康管理以控制健康危险因素为核心，包括可变危险因素和不可变危险因素

可变危险因素是指通过自我行为改变的因素，如不合理饮食、缺乏运动、吸烟酗酒等不良生活方式，高血压、高血糖、高血脂等异常指标因素。不可变危险因素是指不受个人控制的因素，如年龄、性别、家族史等因素。

2. 健康管理与疾病三级预防并举

一级预防，即无病预防，又称病因预防，是在疾病（或伤害）尚未发生时针对病因或危险因素采取措施，降低有害暴露的水平，增强个体对抗有害因素暴露的能力来预防疾病（或伤害）的发生，或推迟疾病的发生。二级预防，疾病早发现早治疗，又称为临床前期预防（或症候前期），即在疾病的临床前期做到早发现、早诊断、早治疗的“三早”预防措施。这一级的预防是通过早期发现，早期诊断而进行适当的治疗，来防止疾病临床前期或临床初期的变化，能使疾病在早期就被发现并给予适当治疗，避免或减少并发症、后遗症和残疾的发生。三级预防可以防止伤残、促进功能恢复，提高生存质量，延长寿命，降低病死率。

3. 健康管理的服务过程是循环过程

健康管理的实施环节为健康监测（收集服务对象个人健康信息，是持续实施健康管理的前提和基础）、健康评估（预测各种疾病发生的危险性，是实施健康管理的根本保证）、健康干预（帮助服务对象采取行动控制危险因素，是实施健康管理的最终目标）。整个服务过程，通过这三个环节不断循环运行，以减少或降低危险因素的个数或级别，使被评估人群保持低风险水平。

从管理学的思维出发，老年人健康管理同样属于流程管理。政府相关部门以医疗卫生机构为载体，通过完善老年人健康服务过程，促进老年人健康水平的不断提高。一方面，因为老年人大多是离退休人员以及农村的老年群体，很少直接参与社会经济活动，而且我国的老年人数量已具有一定的规模，老龄化现象比较严重，老年人健康管理是构建和谐社会的重要组成部分，因此老年人健康管理具有服务对象广泛的特点。另一方面，老年人健康管理具有专业性的特点。因为很多老年人都患有一种或多种慢性病，而慢性病的治疗需要长期的过程干预，更需要专业的医疗卫生服务人员进行科学管理。特别是在老年人突发疾病的情况下，只有具备专业技能的人才能及时挽救老年人的生命。再次，老年人健康管理强调控制过程，具有预防与纠正同时进行以及健康检查跟进的特点。

四、实施健康管理的意义

生活方式包括饮食结构、工作、睡眠、运动、文化娱乐、社会交往等诸多方面。过重的压力造成精神紧张，不良的生活习惯，如过多的应酬、吸烟、过量饮酒、缺乏运动、过度劳累等，都是危害人体健康的不良因素。例如，对于长期从事办公室工作的人来说，长时间保持坐姿、运动不足、长期使用计算机等，会导致颈椎劳损、腰肌劳损、颈椎病、腰椎间盘突出、便秘、痔疮、皮肤损害等，过量饮用咖啡、浓茶、酒，吸烟，工作紧张，压力大，睡眠不足，睡眠质量差等，也会不同程度地导致健康受损。长此以往，会出现各种各样的病症。现代医学研究也表明，不少疾病病因主要不是生物因素引起的，而是由不良的生活方式、心理因素、环境因素等引起的，这种新的医学观念被称为“生物、心理、社会医学模式”。

健康管理就是运用信息和医疗技术，在健康保健、医疗的科学基础上，建立的一套完善、周密和个性化的服务程序，其目的在于通过维护健康、促进健康等方式帮助健康人群及亚健康人群建立有序健康的生活方式，降低风险状态，远离疾病；而一旦出现临床症状，则通过就医服务的安排，尽快恢复健康。健康管理不仅是一个概念，也是一种方法，更是一套完善、周密的服务程序，其目的在于使病人以及健康人群更好地恢复健康、维护健康、促进健康，并节约经费开支，有效降低医疗支出。国内外大量预防医学研究表明，在预防上花 1 元钱，就可以节省 8.59 元的药费，还能相应节省约 100 元的抢救费、误工损失、陪护费等。

健康管理就是一种追本溯源的预防医学。它针对个体及群体进行健康教育，提高自我管理健康的意识和水平，对与生活方式相关的健康危险因素进行评估监测，并提供个性化干预，大大降低疾病风险，降低医疗费用，从而提高个体生活质量。

五、老年人健康管理的必要性

老年人群是我国社会的重要组成部分，老年人的身体健康关系着千万家庭的幸福，也关系到美丽中国梦的实现。老年人健康管理的必要性主要体现在老年人健康管理具有较强的理论意义和现实意义。

老年人健康管理的理论意义主要体现在，其是公共服务理论、新公共管理理论、多元共治理论在老年人健康管理上的理论运用和体现。首先，从公共服务理论来看老年人的健康管理。无论从理论还是现实来看，老年人健康管理作为公共卫生服务的一种形式，具有消费的非排他性和非竞争性的特点。老年人健康管理的公共属性可以看作较广意义上的公共产品。从公共服务理论的角度来考虑，老年人健康管理具有提供主体多样性的特点。因为长久以来，在人们固有的思维和观念里，政府部门或其他公共部门是产生和提供公共服务的主要机构和主体。但现实中，除了政府等公共部门外，社会组织、私人组织或者是老年人自身都是公共服务的直接或间接的提供者，在整个老年人公共服务产生以及提供的过程中起到重要作用。从公共服务理论视角来说，老年人健康管理具有地域性的特点。老年人健康管理是公共服务的重要组成部分，具有一定程度的地域划分。这就表现为，全国性的老年人健康管理应当由中央政府负责，而地方性的老年人健康管理或服务应由地方政府提供。

其次，从新公共管理角度来考察老年人健康管理。处于新公共管理理论的角度，我国老年人健康管理的政府单一供给时代已经结束。新公共管理强调市场在资源配置中的基础性作用，主张采用市场竞争并发挥市场的高效作用，呼吁向企业学习。老年人健康管理应当是以老年人的需求为主要导向，提高老年人健康管理的服务质量，推动老年人健康管理的发展。新公共管理理论对我国老年人健康管理具有导向作用，具体表现在，第一，政府在老年人健康管理中主要承担引导、协调及沟通职能。第二，市场竞争机制的介入表明政府单一提供老年人健康管理的时代已结束，通过引入市场竞争机制，可以提高老年人健康管理的效率，降低老年人健康管理需求的成本投入。在老年人健康管理上，引入社会组织或企业等主体的参与，可以提高老年人健康管理的水平。第三，通过市场作用促进公共服务更加灵活多样。在老年人健康管理中，政府部门更多地扮演服务角色，通过政策、计划等引导老年人健康管理，完善和规范老年人健康管理流程。

最后，从多元共治理论看老年人健康管理。多元共治理论运用社会学、现代经济学的新知识对公共管理和公共行政理论进行新探索，是保守主义传统在公共管理理论上的具体化和深入化。它论证了多中心或社会自治的社会效率意义，为老年人健康管理提供了新的方法和视野。多元共治理论是公共事务自主治理理论，该理论强调公共物品以及公共服务供给主体的多样化，这样一来，公共物品的提供者可以是政府为主体的公共部门，也可以是社会组织等其他的民间力量。

从该理论出发，在老年人健康管理的过程之中应该健全多元合作机制或模式。老年人健康管理的多元合作模式可以打破单一中心供给制的权力格局，形成一个由多个权力中心组成的治理网络，共同承担一定范围内的公共服务供给职责。

老年人健康管理的现实意义主要体现在，有助于构建更加和谐的社会环境。首先，科学的老年健康管理是科学发展观的重要体现，同时也是以人为本的重要思想的具体写照；只有保证老年人的身心健康、家庭和睦，才能营造出更加和谐、有序的社会大环境。其次，积极开展老年人健康管理，有助于不断推进我国医疗卫生体制的改革，老年人积极参与健康管理，可以在一定程度上减轻子女的经济负担，形成一个以政府为主体的多元化合作管理模式，适当减少老年人医疗费用的同时，还有助于调控医疗费用过度上涨的现象，保证医疗卫生资源的合理使用。除此之外，实施老年人健康管理，还具有未雨绸缪、防患于未然的作用，在对老年人进行健康宣传教育的同时，让老年人更加重视老年常见疾病预防、控制等知识，从而做到早发现、早预防、早治疗，将疾病危害降低到最小致残、致疾程度；因此，这种具有前沿性的健康服务模式，在我国健康服务模式的转变上具有十分重要的意义，并且在一定程度上影响了我国医疗保险模式，为其提供了科学合理的发展思路，进一步巩固了老年人的健康权益，实现了我国医疗卫生体制的可持续性发展。

第二节　老年健康管理的内容与步骤

一、健康管理的主要内容

通过对健康管理及老年健康管理概念及特点的陈述，综合考虑，健康管理的主要内容包含以下四个方面：其一，个体或群体健康状况评估，包括相关信息的采集与整理，这部分工作旨在发现影响个体或群体健康的危险因素或相关因素，是开展健康管理工作的基础部分；其二，结合所收集的个体或群体健康状况信息，对发现的影响其健康水平的危险因素或相关因素进行专业评估与分析，此环节的工作旨在对健康危险因素或相关因素的认识与再次确认的过程；其三，针对上述健康危险因素或相关因素，制定相应的干预策略，同时为服务对象提供适时的健康咨询与指导，这是顺利进行健康管理工作的核心环节，是解决个体或群体健康问题的关键所在；其四，为这些个体或群体建立健康档案，完成后期的随访、追踪工作。老年群体或个体的健康管理工作的推进同样依照上述内容进行。

二、老年人健康管理的步骤

1. 老年人健康状况的评估

老年人健康状况的评估，除了身体、心理健康方面外，同时包含老年人在社会角色适应方面的评估。对老年人进行全面的健康状况评估，是促进老年人向健康老龄化、成功老龄化跨越的重要前提保证。伴随着年龄的增长，除了机体生理功能的日渐衰退外，部分老年人还承受着多种慢性疾病的长期困扰。由于这些客观因素的存在，在进行健康评估时，工作人员应当根据老年人的身心特点，遵循下列评估原则展开健康管理工作。

首先，了解老年人的身心变化。在机体生理功能方面，老年人机体新陈代谢的速度明显低于青年人，全身各系统均发生不同程度的退行性变化；与此同时，患有慢性疾病的老年人，还会导致机体分子水平、细胞水平、器官水平等方面的病理改变；工作人员要知晓老年人机体功能的变化，往往存在着生理变化与病理变化相互影响的现象，只有明确这一点，才能较为全面地收集老年人相关的健康资料。而在心理方面，老年人存在着身心变化不同步的特点，且心理变化有着明显的个体差异。

例如，在智力方面，老年人存在着学习新知识、接受新事物困难或反应速度明显减慢等特点；在记忆力方面，多数老年人表现为记忆内容困难、再认及回忆能力明显减弱的特点；在性格特征方面，进入老年期后，由于社会角色的转变，表现为系列退行性变化，如任性、孤独、焦虑甚至抑郁症的发生。

其次，能够准确解读老年人相关健康检查结果。多数情况下，老年人的健康相关检查来源于下列情况：第一，自身患有的某种或某几种慢性疾病的检查结果，例如糖尿病、高血压等疾病；第二，与机体自然衰老变化相关的检查，例如更年期的变化；第三，某些老年人服用某些药物，包括保健药品等对机体某项指标造成的影响。另外，就现代医学的发展，临床检查指标仅存在成人与儿童间的检查结果标准值的区分，尚不存在专门针对老年人的检查结果标准值的设定。老年人的某些检查结果标准值或参考值的判断通常情况可以通过年龄校正或划定参考范围的方法进行确定。

最后，了解老年人常见的、多发的慢性疾病的临床特点。伴随着年龄的增长，老年人全身各系统发生不同程度的变化，正因为机体功能的变化，步入老年期的人群在多种外在环境、内在因素的双重作用下，高血压、糖尿病、冠心病等成为常见且高发的疾病，同时也是威胁老年人生命健康、影响其晚年生活质量的重要因素。因此，从事老年服务行业的工作人员，认识与了解老年人常见且多发慢性疾病的临床特点，对其开展老年工作起到事半功倍的作用。

（1）老年人健康评估的方法

通常情况下，为了较全面地收集老年人的相关健康资料，对老年人进行健康评估时，较常用且容易操作的方法为：

①交谈法。交谈是利用文字、语言的方式与被访谈的老年人、家属、主要照顾者或者其亲友进行的谈话，通过交流的方式获得有关老年人的健康资料。在整个谈话过程中，工作人员要注意运用有效的沟通技巧，尽可能多地收集有效的信息资料。

②观察法。观察法是指工作人员根据一定的研究目的、研究提纲或观察表，用自己的感官和辅助工具去直接观察老年人，从而获得资料的一种方法。科学有效的观察具备目的性、计划性、系统性与可重复性四大特点。在实际工作中，工作人员要注意灵活运用自身感觉器官，通过视、触、叩、听、嗅等感官力，观察老年人的各种身体、心理变化及其与所处生活环境的和谐度的情况，以便及时发现其潜在的健康问题。

③体格检查。体格检查是指对人体形态结构和机能发展水平进行检测和计量。其具体内容包括：运动史和疾病史；机体形态指标测量；生理机能测试；身体成分

测定；特殊检查（化验、X 光、心电、脑电、肌电、超声心动、肌肉针刺活检等）。实际工作中，可以通过老年人的自身情况及具体需要，有选择地对老年人进行全面的身体检查。

④查阅健康档案。收集老年人的健康资料，翻阅其以往的病历、各种医疗检查报告、相关的检查结果等，可以帮助研究者获取更加全面的研究资料。

⑤测试。即使用针对某一方面设置的标准化量表或调查问卷，例如测定老年人的生活质量水平，可选取老年人生活质量评定表；评估老年人的心理状态，可选用汉密顿焦虑量表、老年抑郁量表等。值得注意的是，量表或者调查问卷的选择，需根据调查对象的实际情况来确定，同时还应考虑测试目的，选择可信度及效果俱佳的测量工具。

（2）老年人健康评估的注意事项

在日常工作中，对老年人进行相关健康资料的收集时，应当牢记以下五点。

第一，提供舒适的环境。多数老年人伴随着年龄的增长，机体各方面的感官能力下降，新陈代谢的减慢造成体温调节能力的改变等，可能导致获得的资料会受到不同程度影响。标准的物理环境应当是，冬季室温控制在 22 ~25℃，夏季室温控制在 20 ~23℃，全年湿度控制在 55% ~60%；日光照射良好但又不会直接照射老人，环境尽可能保持安静，避免各种噪声，必要时可设屏风以保护老年人的隐私。

第二，充足的评估时间。众所周知，到了老年期，多数老年人除了在行为表现速度上明显减慢外，其心理反应方面也会发生不同程度的变化，例如，听力障碍、视力下降等。因此，在对老年人进行健康资料的收集时，要多加注意，一方面整个评估过程不可太长，避免老年人体力不支而影响评估效果；另一方面，要给老年人充分表达的时间，评估过程不可催促，避免老年人过度疲劳，得不到较为全面、详尽的健康资料。

第三，注意采取合适的评估方法。对老年人进行健康评估时，不是单独选用一种方法来获取健康资料，而是依据老年人的不同特点，选取多种方法混合式地收集资料。例如，对于肢体活动功能障碍的老年人，进行体格检查时，应当尽可能选取使老年人较为舒适的体位进行；对触觉功能丧失的老年人进行评估时，需要加大刺激强度，同时要注意不可损伤老年人。

第四，良好的沟通技巧。与老年人建立友好的关系，取得对方的信任，是全面开展评估工作的重要保证。对老年人进行健康资料收集工作时，要充分考虑老年人的身体状况、语言表达能力、肢体运动情况等，以便工作人员选择合适的沟通技巧。例如，工作人员可以通过语气、语调的变化，非语言表达方式的运用等，引导老年人表达出最真实的感受，从而可以收集到完整、准确的资料。

第五，保证资料的客观真实性。在整个评估工作的进行过程中，资料的真实性是决定评估结果的关键。工作人员收集资料时，在全面细致的基础上，还要有批判的思维与能力，对收集到的资料准确地进行科学的判断，避免主观片面性，避免受到老年人自身评估的影响。

2. 整理与分析资料

（1）整理资料

整理也就是将资料分门别类，并以某一种或几种方法表示出来，以便于下一步的分析。对于各种数据，首先是分类，通常有两类：计数数据和计量数据，其中后者又有四种水平：类别的，顺序的，等距的，比率的。其次是对各种数据进行适当的整理，通常采用的方法有两种：频数分布表和频数分布图，其中前者有简单次数分布表、相对次数分布表、累积次数分布表、累积相对次数分布表、累积百分数分布表等，后者有散点图、线形图、条形图（也叫直方图）、圆形图（也称饼形图）之分。对于计数数据，通常按照一定的标准进行分类。比如对某一课题资料，可以按历史线索、不同的观点研究的问题性质和子课题进行分类，等等。

（2）分析资料

收集的资料必须科学分析，才能得出正确的结论。资料的分析是通过收集资料对研究对象的属性进行考察，以把握事物的本质特征、功能和规律性，并对研究对象做出正确的解释和得出合理的结论。

收集到的老年人健康相关的资料，可以按照 Fay Abdellah（法亚布德拉）的 21 个问题分类，或按 Marjory Gordon（玛奇里·戈登）的 11 个形态分类，但比较常用的是按照 Abramham Maslow（艾布拉姆·马斯洛）的 5 个基本层次需要来整理分类，然后作出相应的判断：

①无明显健康问题的老年人，应为其提供保持和促进健康的方法。

②发现健康问题的老年人，包括现存的或潜在的健康问题。

③合作性健康问题必须通过专业的医疗帮助，由专业医护人员及相近专业的工作人员合作解决。

3. 老年人健康状况的诊断

诊断过程是一个医学的专业活动过程，是对正常人的健康状态、劳动能力和某一特定的生理过程所做出的合理性判断。老年人健康状况的诊断，是通过前期的健康资料的收集与整理，对被评估的老年人生命过程中的生理、心理、社会文化、发展及精神方面所出现的健康问题作出的说明。

（1）老年人健康状况诊断的种类

①现存的：指对被评估的老年人此时此刻正在经历的健康问题的诊断。

②潜在的：指威胁老年人健康的某种或某些因素存在，此时如不加以处理就会发生的健康问题的诊断。

③可能的：对健康可能会造成威胁，但佐证资料不足，需进一步收集资料以便排除或确认的暂定的健康状况诊断。

④健康的：指从特定的健康水平向更高的健康水平发展的诊断。

⑤综合的：指由特定的情景或事件而引起的一组现有的或有危险的诊断。

（2）老年人健康状况诊断的陈述方式

完整且准确的诊断，其陈述方式包括三部分，即健康问题、导致健康问题的原因、健康问题的表现。但在实际操作中，可以在陈述健康问题时简化成两部分，即健康问题加原因或健康问题表现加原因。

（3）书写老年人健康状况诊断时的注意事项

①所提出的健康问题必须明确且简单易懂。

②所提出的健康问题必须与诊断一一对应。

③必须有明确的佐证资料作为诊断依据。

④导致健康问题的原因必须明确。

⑤所提出的健康问题能够利用所学专业知识及技能解决。

⑥在书写健康状况诊断时，避免使用容易导致法律纠纷的语句。

4. 制订健康管理计划

制订合理、适时的健康管理计划是及时有效的解决老年人健康问题的重要组成部分，它是一个解决问题的决策过程，目的是再次确认即将开展的工作是否合情合理。制订计划的首要步骤是对提出的健康问题进行排序，目的是确定要重点解决的问题。受评估的老年人可能存在不止一个健康问题，为其制订健康管理计划时应当按照问题的重要性和紧迫性排出主次。通常情况下，威胁最大的问题为首要解决的问题，其他问题依次排序。

（1）确定优先项目的原则

①重要性原则。一般而言，对老年人有重要影响的疾病或健康问题最值得首先关注，因为可以改善疾病或健康状况的行为最有意义。

②可变性原则。是指该行为是疾病或健康问题的主要原因，该疾病或健康问题的危险因素存在有效的干预方法，通过一定的干预措施，能有效促使其发生预期改变。

③有效性原则。从现有的资源、政策、环境条件、项目时间等方面分析优先项目和优先行为进行干预的可行性和有效性。

（2）确定优先项目的方法

通常选用简单易操作的四格表的方法确定优先项目，将待选项目按照重要性和可变性填入四格表，处于第一格的项目为最优选择（如图 4－1 所示）。

	重要	不重要
可变	第一格 最优选择	第二格 一般不予考虑
不可变	第三格 次优选择	第四格 不予考虑

图 4－1　四格表方法

（3）实际工作中可按照上述原则及方法将健康问题进行排序

①首优问题：是指会威胁老年人生命，需要立即采取行动去解决的问题。例如，痰液排出困难，严重影响呼吸。

②中优问题：是指虽不会立即威胁老年人的生命，但可能导致其身体上的不健康或情绪上变化的问题。例如，活动无耐力等问题。

③次优问题：是指老年人在应对其自身发展或日常生活时遇到的问题。例如，营养失调、娱乐能力缺陷等。

5. 实施老年人健康管理计划

实施是将计划付诸实现。从理论上讲，实施是在干预计划制订之后，按计划实施，但在实际工作中，特别是某些紧急情况下，所实施的计划往往会有悖于预先拟订的计划。因此，计划的实施是一个灵活、易变的过程。具体的计划实施的方法可归纳为以下几点：

首先，直接按照预先制订的干预计划为老年人提供健康照顾；其次，依据所服务的老年人的具体情况，将预订计划中的各项任务，逐一分工落实；最后，在实施计划的过程中，与老年人及其家属或主要照顾者进行交流，通过实时教育与咨询，不断地修正现有的计划，同时鼓励老年人参与到计划中来，发挥老年人自主性、积极性，学习一些简单易掌握的促进健康的知识与技能，从而达到维护自身健康的目的。

6. 评价

评价是有计划地、系统地将老年人目前的健康现状与预期计划中要达到的健康水平进行比较的活动。在老年人健康管理计划的实施中，评价的重点是服务人群的健康状况。下面将介绍此类评价的目的、主要内容、种类、主要方法、影响因素。

（1）评价的目的

健康管理评价的主要目的包括：

①确定健康管理计划的先进性和合理性。

②确定健康管理计划的执行情况。

③确定健康管理预期目标的实现及持续性。

④总结健康管理的成功与不足之处，提出进一步的研究假设。

（2）评价的主要内容

评价活动的首要步骤是全面收集一手资料。这些资料包含下列几方面的内容。

①身体功能方面：可以通过直接观察、体格检查及查阅相关健康资料等方式来了解老年人身体功能的变化情况，并以此为据推断其身体功能的变化与健康促进计划措施的关系。

②特殊人群或特殊情况的变化：在计划实施中，缓解或消除影响老年人健康状况的主、客观因素是最初制订健康促进计划的主要目标之一，这些目标达到与否，可以通过直接观察、与老年人交谈或查阅健康档案进行评价。

③社会适应、心理情感等方面的变化：这两方面内容一般难以评定，通常资料的收集依赖于工作人员在日常工作中与老年人正式的、非正式的交谈，以及观察、阅读相关资料等方法进行测评。除此之外，某些情况下也可以选用一些可信、效果较好的问卷或量表的方式来测定。以便可以全方位推断老年人个体或群体的变化。

（3）评价的种类

①形成评价：形成评价是对项目计划进行的评价活动，是一个完善项目计划避免工作失误的过程，包括评价计划设计阶段进行目标人群选择、策略确定、方法设计等，其目的在于使计划符合实际的情况。形成评价的方法主要有文献、档案、资料的回顾、专家咨询、专题小组讨论等。

②过程评价：过程评价起始于健康教育计划实施开始之时，贯穿于计划执行的全过程。过程评价的方法主要有查阅档案资料、目标人群调查和现场观察三种。

③效应评价：健康管理是通过改变目标人群的健康相关行为来实现其目的。效应评价正是对目标人群因健康管理项目所导致的相关行为及其影响因素的变化进行评价。与健康结局相比，健康相关行为的影响因素及行为本身较早发生改变，故效

应评价又称近中期效果评价。效应评价的内容主要包括四个方面：倾向因素、促成因素、强化因素、健康相关行为。

④结局评价：健康管理的最终目的是提高目标人群的生活质量。结局评价正是着眼于健康管理项目实施后所导致目标人群健康状况及生活质量的变化。

⑤总结评价：总结评价是指形成评价、过程评价、效应评价和结局评价的综合以及对各方面资料做出总结性的概括，能全面反映健康管理项目的成功之处与不足，为今后的计划制订和项目决策提供依据。

（4）评价的主要方法

①调查法：如座谈、访谈、问卷等。

②对比法：常用自身对比和相互对比。

③观察法：通过对病人实地观察，记录某些现象和数据，然后进行分析比较，以此评价护理效果。

④统计分析法：应用统计学原理处理调查数据，并应用统计学指标进行分析来描述、评价干预效果。

（5）影响评价的因素

在评价过程中，要特别注意防止偏倚因素的影响，常见的偏倚因素有以下五种。

①时间因素。时间因素又称历史因素。所谓的时间因素是指在健康教育计划的执行和评价过程中发生的重大的、可能对目标人群产生影响的事件，如与健康相关的公共政策的颁布、重大生活条件的改变、自然灾害或社会灾害等。

②测试或观察因素。在评价过程中，测试者本身的态度、工作人员对有关知识和技能的熟练程度、测量工具的有效性和准确性及目标人群的成熟性对评价结果的正确性均有影响。

测量者因素。暗示效应：测量者或评价者的言谈、态度、行为等使目标人群受到暗示，并按照测量者的希望进行表现的现象称为暗示效应。尽管测量者测量到的是测量对象当时的表现，但其知识、态度、行为等表现并非健康教育干预所致，而是接受暗示的结果。测量者成熟性：随着项目的进展，测量者及其他项目工作人员越来越熟练地开展项目活动，运用测量工具和技术测量的过程中可能会出现偏倚，表现为即使使用同种工具测量同样的内容，早期与后期的测量结果也存在差异。评定错误健康教育项目实施后，测量者的主观愿望是项目取得预期效果、达到预定目标。这种愿望可能导致测量者在效果评价中有意无意放松对评价标准的掌握，这也可能使表现出来的项目效果偏离真实情况。

测量工具因素。健康教育项目评价中的测量工具包括问卷、仪器、试剂等，其有效性和准确性也会直接影响对项目结果的准确评价。因此，在进行测量之前，应选择适宜的测量方法和工具，并检验工具的可靠性，以确保测量的有效性。

测量对象因素。测量对象成熟性在项目进行过程中，目标人群同样在不断成熟，更加了解并关注项目的内容，这可能导致测量结果与项目干预的真实结果出现差异。人们在得知自己正在被研究和观察而表现出的行为异乎寻常的现象称为霍桑效应。在健康教育项目评价中，霍桑效应也可能影响对项目效果的客观反映。

③回归因素：回归因素是指由于偶然因素，个别被测试对象的某特征水平过高或过低，但在以后的测试中可能又恢复到原有的实际水平的现象。在测试中，可采用重复测量的方法以减少回归因素对评价结果正确性的影响。

④选择因素。在评价阶段，如果干预组和对照组选择不均衡，可引起选择偏倚，从而影响观察结果的正确性。但在评价中，可通过随机化或配对选择的方法防止或减少选择偏倚对评价结果正确性的影响。

⑤失访。是指在实施健康教育计划或评价过程中，目标人群由于各种原因而中断被干预或评价。如果目标人群失访比例过高（超过 10%）或出现非随机失访，即只是其中有某种特征的人失访时，便可造成偏倚，影响评价结果。为此应努力减少失访，并对应答者和失访者的主要特征进行比较，以鉴别是否为非随机失访，从而估计失访是否会引起偏倚及偏倚的程度。

第三节　老年健康管理的方法

目前，国内外对健康管理具体实施方法的研究主要围绕着与健康维护、健康促进相关的产业进行，如健康保险、健康体检、健康疗养、社区公共服务等。

一、健康管理与健康保险

健康管理，最初也是最具发展潜力的推行方法是与保险行业的有机结合。健康保险是指保险公司通过疾病保险、医疗保险、失能收入损失保险和护理保险等方式对因健康原因导致的损失给付保险金的保险。从行业发展特点来看，多种因素驱动着国内健康保险市场发展。城市化推动下，居民潜在的医疗保障需求，对我国商业健康保险发展具有重大意义。随着我国社会保障制度改革的不断深化，商业健康保险在健全我国多层次医疗保障体系，满足人民群众日益增长的健康保障需求方面发挥着越来越重要的作用。目前，在商业健康保险领域，健康管理面临的主要困难包括医疗服务市场竞争不充分、健康保险信息系统不完善、保险公司自身管理水平低下等。

二、健康管理与健康体检

预防为主是贯穿于健康管理过程的中心思想。健康体检是以健康为中心的身体检查；通常情况下，医学专家认为健康体检是指在身体尚未出现明显疾病时，对身体进行的全面检查，又称为“预防保健性体检”。2009 年 8 月 5 日，中华人民共和国卫生部颁布卫医政司颁发〔2009〕77 号文件《健康体检管理暂行规定》提出健康体检是指通过医学手段和方法对受检者进行身体检查，了解受检者健康状况、早期发现疾病线索和健康隐患的诊疗行为。随着食品安全问题的日益凸显，人们越来越多地把注意力放在了自身健康情况的提前判断上，“有病早治、无病预防”的健康理念早已深入人心，患病求医向健康管理理念的转变也已经成为 21 世纪全球医疗卫生体系的重要指导思想。因此，我国各地医疗卫生机构相继推出以健康为中心的体检服务来满足广大人民群众的健康需求。以此为契机，健康体检自然变成了现代人进行健康管理的重要方法之一。

三、健康管理与健康疗养

疗养是指患有某种慢性疾病或身体虚弱的人群，在特定的医疗机构里接受的以修养为主的治疗方式。疗养一词最早出自《聊斋志异·蹇偿债》，“驹与雄马同枥，龁折胫骨，不可疗。有牛医至公家，见之，谓公曰：‘乞以驹付小人，朝夕疗养，需以岁月……’”。现代意义上的疗养，更加重视以改善、维护或促进群体或个体的全面健康状况为目标，通过对目标人群进行健康风险评估，分析出主要危险因素，以此为据制定干预措施，来降低生活方式引起的疾病发生，延缓慢性病及其并发症的继续发展，提高全民整体健康水平。目前，国内的健康疗养事业的开展是以疗养院为依托，要完成健康疗养的理想目标，传统的疗养院还存在着经营模式、知识结构、人才培养等诸多方面的问题，但是同时也面临前所未有的机遇；例如在疗养院开展“健康管理”工作，拥有得天独厚的先天优势；利用这种优势，建立符合我国人群健康需求的健康管理模式，是完全符合时代要求，民心所向的宏伟大业。

四、健康管理与社区公共服务

社区公共服务是指政府、社区居委会以及数字社区等其他各方面力量直接为社区成员提供的公共服务或其他物质生活、文化娱乐等方面的服务。它是一个包含政治学、社会学、经济学、法学、医学、心理学等多个学科共同关注和参与的社会活动形式。由此可见，在社区公共卫生服务过程中推行健康管理服务工作势在必行。目前，伴随着我国经济成分、生活方式、社会组织形式及就业方式的日益多样化，越来越多的“单位人”转变为“社会人”，大量离退休人员、下岗失业人员和流动人员进入社区，社区居民的物质、文化、生活需求日益呈现出多样化、多层次的发展趋势，对社区服务提出了更高的要求，也为健康管理服务提供了更加广阔的发展空间。

我国健康管理服务业面临重要挑战及发展机遇。从全球范围来看，作为健康管理产业的基础，生物科技的不断发展提供了技术可能性、老龄化社会提供了庞大的消费群体、政府福利支出提供了大量订单，这些构成了健康管理产业发展的新动力。中国健康管理服务业的发展，应充分发挥政府和市场的优势，在兼顾效率和公平的基础上，构建多层次健康管理服务业体系。实现促进健康素质、节约医疗资源，满足多样化和高层次健康需求的目标。

知识链接

1. 《国务院办公厅转发民政部等部门关于加快实现社会福利社会化意见的通知》，http：//www. gov. cn/gongbao/content/2000/content_ 60033. htm

2. 《关志刚：改变医疗行业的八个大数据应用》，https：//www. ctocio. com/cc-news/7489. html

参考文献

［1］刘艳飞．健康管理服务业发展模式研究［D］．上海：上海社会科学院，2016.

［2］白金环．美国人的健康保险［J］．保险天地，2008（6）：43－44.

［3］白书忠．我国健康服务业与健康管理的创新发展［J］．中华健康管理学杂

志，2015（2）：89－93.

［4］陈建励，马良才，于文龙，等．“健康管理”的理念和实践［J］．中国公共卫生管理，2006（1）：7－10.

［5］陈亚化．我国健康服务业经营模式创新研究［M］．北京：经济管理出版社，2015.

［6］郭清．中国健康服务业发展报告［M］．北京：人民卫生出版社，2014.

［7］黄建始．从医学模式的演变探讨健康管理的实质［C］．北京中华预防医学会会议，2009.

［8］黄奕祥．健康管理的服务模式与发展趋势研究［D］．广东：中山大学，2010.

［9］吉宏颖．英国商业健康保险发展模式的经验借鉴［J］．海南金融，2014（2）：72－76.

［10］贾军波．健康管理的第三方商务模式研究［D］．福建：厦门大学，2008.

［11］梁美荣，李洪军，梁丽荣．我国健康体检中心的发展及其服务模式探讨［J］．长春中医药大学学报，2011（5）：840.

［12］彭海燕，武秀燕．疗养院健康管理模式探讨［J］．中国疗养医学，2012（11）：1051－1052.

［13］张开金，夏俊杰．健康管理理论与实践［M］．2版．南京：东南大学出版社，2013.

［14］赵红征．“健康管理”的必要性和可行性［J］．卫生经济研究，2009（8）：52－53.

［15］张彦，李春根．我国养老保险基本替代率水平研究——基于江西省的实证分析［J］．江西财经大学学报，2015（5）：62－70.

第五章

老年服务人力资源管理

章节导读

随着我国社会的进步和经济的发展，人口老龄化速度也日益加快。根据联合国人口老龄化的标准，一个国家60岁及以上的老年人口占总人口的比例超过10%，即意味着进入老龄化社会。从全国老龄办公布的数据来看，我国自1999年开始进入人口老龄化社会，截至2017年年底，我国60岁及以上老年人口达2.41亿人，占总人口17.3%。预计到2050年前后，我国老年人口数将达到峰值4.87亿人，将占到总人口的34.9%。

未来我国不仅老年人口基数逐年增大，而且呈现高龄化、空巢化和失能化等特征，这对传统的老年服务体系带来了极大的挑战。养老机构的人力资源管理出现了很多的问题，例如服务人员缺乏、专业化程度不高和队伍稳定性不足等，严重影响了行业发展。因此，有效提高老年服务人力资源管理水平对我国老年服务行业的发展具有十分重要的现实意义。本章主要介绍人力资源管理以及老年服务人力资源管理与开发等相关内容。

学习目标

1. 了解人力资源管理的基本概念、内涵及作用。
2. 掌握老年服务人力资源管理的定义及主要内容。
3. 掌握老年服务人力资源开发的意义及途径。

第一节　人力资源管理导论

导入情景

2016年，大连市户籍总人口达到595.63万人，其中60岁及以上老年人口为143.43万人，占总人口数的24%，远超10%的老龄化国际标准。整个城市的老年人口呈现出老龄化速度加快、规模扩大以及高龄化、空巢化、健康水平堪忧、受教育程度不高等一系列特征，社会养老服务体系面临着数量和结构双重调整压力，养老保障体系难以支撑快速老龄化带来的保障需求。

特别明显和突出的一个瓶颈问题是，整个城市中的老年护理人员相对而言十分短缺，养老护理人员工资待遇也比较低，各个养老机构普遍存在人力资源匮乏、招收从业人员困难、留住从业人员困难、培训从业人员困难、从业人员的整体素质偏低、平均年龄偏大等行业特点。更为严重的是，受到我国传统从业观念的影响，即使在大连这样一座开放度较高的沿海城市，也出现了这样的舆论氛围——很多人都会不由自主地认为，所谓的养老护理人员，用俗话来讲其实就是服侍、照顾、看护老人的保姆，做着又脏又累、卖力不讨好的工作，属于收入微薄、没有发展前景并且低人一等的职业。这种关于养老护理行业的普遍性定位和想法，在客观上导致了整座城市养老护理从业人员非常短缺，并且整体从业人员很不稳定，流动性很大。

从受教育程度来看，在大连全市的养老服务从业人员当中，拥有中专以上学历的养老服务从业人员仅占43%，而且这其中的多数人都是没有经过专业护理知识和护理技能培训的进城务工人员，或者是城市下岗失业人员，整体文化水平程度较低、护理水平相当有限，尤其是能够提供相关心理咨询、康复治疗的中高档养老服务人员更是极为稀缺。

（资料来源：国家发展改革委社会发展司，民政部社会福利和慈善事业促进司，全国老龄办政策研究部，等．走进养老服务业发展新时代——养老服务业发展典型案例汇编［M］．北京：社会科学文献出版社，2018.）

情景分析

在这样的背景下，大连市政府的相关部门共同努力，联手出台相关政策应对老龄化浪潮，从制度层面做出完善安排，通过一系列措施着力解决大连市养老行业的护理人员队伍不足、从业人员素质不高、从业人员持证上岗率较低等问题。

为进一步加强大连市养老服务人才队伍建设，提高养老护理员素质，推进养老护理人员职业资格认证和持证上岗制度，提升养老服务水平，更好地满足老年人养老需求，大连市民政局、财政局联合印发了《大连市养老护理员培训实施方案》，在全省率先开展了养老护理员培训工作。计划从2017年年初至2019年年末，利用三年时间，面向大连市公办养老院、民办养老院、农村敬老院、城乡社区居家养老服务中心等机构，每年培训从事养老护理工作的在职人员1500名左右，并取得相应的养老护理员职业资格。

培训以“两个阶段＋考试”的模式进行，第一阶段为网络视频课程学习，内容主要是对养老护理员进行互联网应用辅导，使护理员能够熟练使用网络学习养老护理视频课程，并发放视频光盘等学习资料。第二阶段为集中强化培训，包括理论培训和技能培训。培训机构由大连市民政局通过向社会公开招标的方式确定，并与其签订委托培训合同。为确保培训效果，大连市民政局、市财政局共同制定了明确的要求和标准，对养老护理员初、中级培训和鉴定考试费予以相应补贴，培训资金由大连市财政拨付，从大连市的市级福彩公益金中列支，并规定从2017年开始，鼓励各类养老服务机构优先招录具有初级以上职业资格证书的养老护理员。从2020年开始，养老机构的养老护理员持证上岗率达不到85%的，将取消其申报运营补贴资格。

通过专业化培训，大连市养老护理队伍的整体专业素质将有很大提高，而且养老护理员顺利获取国家职业资格证书，将实现到2020年全市养老护理人员培训率达到95%以上、持证上岗率达到85%的目标，专业技能和服务老年人的能力得到加强，养老护理员队伍存在的问题将会得到妥善解决，大连市养老服务业发展将更进一步。

一、人力资源管理概述

1. 人力资源的概念、内涵与特点

（1）人力资源的概念

资源本义上是指在一定时期、地点条件下能够产生经济价值，以提高人类当前

和将来福利的自然因素和条件，如阳光、空气、矿产、土地、水等自然资源。

在经济学中，资源是与财富或价值创造联系在一起的，可以定义为生产过程中使用的各种投入要素即生产要素。生产要素不仅包括自然资源，还包括人力资源、信息资源、经济资源等各种社会资源，其中人力资源还应当包括劳动、企业家和知识三种生产要素，这是对传统生产要素的一种扩充。在当今社会价值的创造过程中，人力资源的重要性日益凸显，物力资源对生产力增长的贡献已经居于其次。人力资源的数量、质量以及其有效配置与合理利用是一个国家实现经济增长最重要的因素之一，并且随着物力资源的日渐丰富，人力资源质量的不断提高对于国家经济增长的贡献会更加突出。

在组织行为学中，美国旧制度经济学家约翰·洛克斯·康芒斯（John R. Commons，1862—1945）在1919年出版的《工业友善》（*Industrial Goodwill*）一书中首次提出“人力资源”（Human Resource）的概念、战略性人力资源管理和参与式管理的观点，确立了员工是组织中一种价值极高的资源的思想。管理大师彼得·德鲁克（Peter Drucker，1909—2005）于1954年在其《管理的实践》（*The Practice of Management*）一书中指出，人力资源即企业雇用的整个人是所有资源当中最富有生产力、最具有多种才能、同时也最为丰富的资源。还有学者提出了人力资源具有稀缺性、价值性、难以模仿性和难以替代性的特征，认为人力资源是一种潜力巨大的资源，并且很可能成为组织核心竞争力的来源。

另外，还有一些学者将人力资源称为“人力资本”“劳动力资源”或“人才”等，并分别从能力、人口等角度对人力资源进行定义。企业和政府在实践中也试图用不同的词来表达对人力资源重视程度的差异。由于辨析这些概念并无太大意义，因此在本书中，在广义上，我们将“人力资源”定义为在一个国家、地区或组织中，能够被开发和利用，并且对价值创造和目标实现起贡献作用的所有以人为载体的脑力和体力的总称；在狭义上，人力资源主要指企事业单位等各类独立组织或经营团体所需要的人员及其具备的能力。

（2）人力资源的内涵

人力资源的内涵主要体现在：

其一，人力资源既可以指人也可以指能力。人力资源既可以指具有一定知识、技能、体力的劳动者或员工，也可以指某种以人为载体的能力或素质。

其二，人力资源不仅包括当前的人力资源，也包括未来的人力资源。即一个地区或组织的人力资源不仅包含当前的人力资源，还包括可以通过培养或开发形成的未来的人力资源。

其三，人力资源包括宏观和微观两个层面。从宏观层面来说，人力资源是指一个国家或地区所拥有的所有能够参与社会活动、创造经济价值的人口及其能力的总和；从微观层面来说，人力资源主要是指一个组织的成员所拥有的有助于实现组织目标和价值的体力、脑力之和。

其四，人力资源的重点在于质量而不是数量。对人力资源而言，知识、技能、经验和能力是最重要的因素，只有不断提高人力资源的质量，加强人力资源的培训与开发，才能使人力资源对组织发展做出更大的贡献。

（3）人力资源的特点

人力资源具有以下特点：

其一，人力资源具有能动性。人力资源的能动性是指人在创造价值、实现目标的过程中能够主动学习和主动服务，这是人力资源区别于其他资源的根本所在。由于人的工作动机会直接影响工作效能以及目标的实现程度，既定人力资本存量的人力资源在不同的情境中所能够创造的价值及实现的目标可能存在较大差异，因此有效的激励在人力资源管理中就显得尤为重要。

其二，人力资源具有社会性。人力资源与一般的物力资源不同，不仅具有人的自然属性，也具有社会和精神属性。同时，不同的组织都有其自身的文化特征，这种文化特征反映了组织的价值取向并影响到组织成员的价值观。因此，应该从人性以及社会性的角度对人力资源加深理解，不仅应满足人的自然需求，还要满足人的各种社会需求，这样才能更好地把握人的价值创造过程，使人力资源为组织创造更大价值。

其三，人力资源具有时效性。由于人力资源具有一定的生命周期，并且在不同的年龄阶段，劳动能力和胜任素质也不尽相同，因此，人力资源只有在加以使用时才能创造价值，没有被投入生产或价值创造过程中的人力资源无法保存，也无法创造任何价值。在目标实现的过程中，应该让人力资源尽可能参与，组织应尽可能地保证员工在工作时间创造或实现价值，避免因管理方式不当或员工的消极怠工白白浪费工作时间。

其四，人力资源具有开发性。人拥有丰富的知识与智力支持，可以通过不断的学习更新自己的知识、提高自身的能力、丰富自身的经验。因此人力资源并不是一成不变的存量资本，其知识、技能、经验和能力等核心素质是可以被开发并且不断积累和更新的。通过运用人力资源开发以及员工培训等方式可以不断提升人力资源的内在价值，保持和提升人力资源的价值创造潜力，从而为组织创造更多的价值、做出更大的贡献。

2. 人力资源管理及其作用

（1）人力资源管理的基本概念

关于人力资源管理概念的界定，由于强调的侧重点不同，不同学者的定义方法也不尽相同，但通常情况下大多从两个方面加以界定。一是从人力资源管理的主要内容或过程来阐述，即人力资源管理主要包括人力资源规划、招聘、绩效管理、薪酬管理、培训、员工关系管理等职能性活动；二是从人力资源管理的目的、作用及其影响来阐述，即人力资源管理的目的是实现组织战略、提升组织绩效，实现吸引、激励、留住和开发员工的目标，从而提高员工的满意度和组织忠诚度等。

综合不同学者的定义，本书将人力资源管理定义为：人力资源管理是指一个组织为了实现自己的战略目标，运用各种科学的理念和手段对员工进行吸引、保留、激励和开发的实践过程。人力资源管理既包括组织中的人力资源管理部门所从事的各项专业性的人力资源管理活动，也包括其他各级管理人员在日常工作中对员工所提供的指导、监督、激励以及开发等活动，其目的在于使人力、物力经常保持最佳比例，确保组织目标的实现。

（2）人力资源管理的作用

哈佛大学商学院教授、著名战略学家迈克尔·波特认为，企业的任务是创造价值，而创造价值的活动可以分为基本活动和支持性活动两类，其中基本活动涉及生产、销售、物流、售后等，支持性活动涉及人力资源、财务、研发、计划等。因此，人力资源管理属于一种支持性活动，其主要作用在于为企业或组织的核心价值创造流程提供支持，以确保主要价值创造活动得以顺利完成。

现代人力资源管理的核心功能在于吸引、保留、激励和开发人力资源，即人才的选、育、用、留，在实现组织目标的过程中，人力资源的每一个功能都扮演着不可或缺的角色。具体来说，人力资源管理对于一个组织的作用主要表现在以下四个方面。

其一，帮助组织实现其战略目标。一个企业或组织之所以需要人，根本原因还是需要雇用各类人才为其做事，从而实现组织的既定目标。在组织实现战略目标的过程中，人力资源管理能够帮助组织吸引、选择和留住正确的员工，并通过科学的甄选、激励等手段确保员工能够通过合理的工作方式为组织做出应有的贡献。应该说，人力资源管理最为重要的作用是为组织实现战略目标提供专业的人力资源支持。

其二，有效利用和整合组织中全体员工的知识和技能。员工能否为组织目标的实现有效发挥潜能，不仅取决于员工个人的知识、技能、动机等素质，还取决于能否实现员工和职位的科学匹配以及通过绩效管理、薪酬福利管理和组织文化建设等手段最大限度地激励员工工作的积极性，确保员工的工作满意度、对组织的归属感和自我价值感得到最大限度的提升，最大限度地挖掘与发挥组织内部人力资源的效能，从而提高员工的生产效率。

其三，确保人力资源管理政策和管理实践的合法性。在现代社会中，企业在用人过程中必须注重在保护劳动者合法权益、反对歧视、平等对待员工等方面满足法律法规以及道德标准的要求，履行社会公民责任，做到依法行事。因此，人力资源管理的一个基本目标是确保本组织实施的各项人力资源管理政策、制度以及通过各级管理者实施的员工管理实践是符合法律法规要求的，确保企业在管理实践中能够维护政策、伦理道德以及履行社会责任，确保管理者公平、公正地对待员工，保障劳动者的合法权益。

其四，发挥组织中各级管理者与员工有效沟通的桥梁和纽带作用。一方面，人力资源管理部门需要与高层管理者以及其他职能部门的管理人员进行沟通，以确保人力资源管理的各项工作真正为企业的战略目标和核心经营活动服务；另一方面，企业的各种人力资源管理政策、方案以及相关程序也需要通过职工大会、办公平台、部门宣讲等多种方式与员工进行沟通，努力做到将公司的整体发展与员工个人的需求结合起来，确保每位员工的努力方向与企业的战略目标保持一致、形成合力，从而树立企业的良好雇主形象，维护企业和员工的正当利益。

二、人力资源管理的主要内容

在管理实践中，人力资源管理通常需要围绕组织的经营发展战略目标，在人力资源战略与规划、员工招聘与配置、培训与开发、绩效管理、薪酬福利管理和员工关系管理六个方面开展工作，这就是人力资源管理的职能模块。图 5－1 展示了人力资源管理的主要内容。

1. 人力资源战略与规划

组织的人力资源管理活动是围绕组织的使命、愿景、价值观和长期目标而展开的，为了实现组织的战略目标，应当运用相关的工具（如 SWOT 分析法）对组织所处的外部环境以及内部环境等因素进行评估分析，并对自己如何吸引、保留、激励以及开发员工制定科学的人力资源战略，在组织的战略制定、执行过程中充分发挥人力资源管理的作用，实现人力资源战略与组织的竞争战略、发展战略相匹配，从而帮助组织维持竞争优势、实现战略目标。

人力资源规划是指根据组织的战略目标和内部人力资源状况制订相应的人员吸

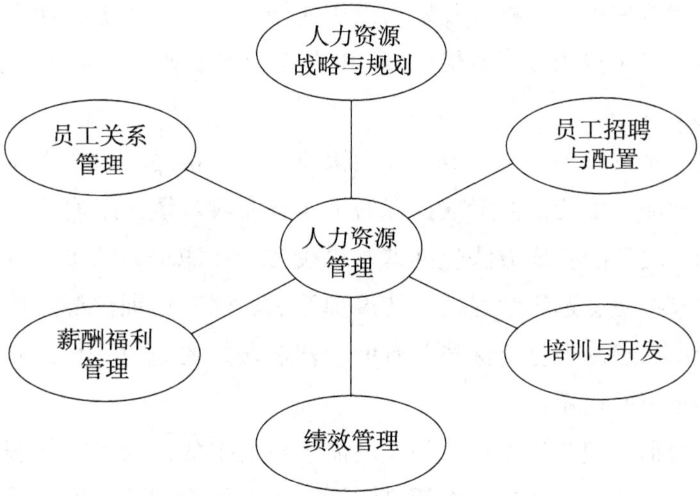

图 5－1　人力资源管理的主要内容

引或排除计划，不仅包括人员数量的规划，同时还包括组织对于人力资源的质量需求及其供给之间匹配性的规划。人力资源规划有广义与狭义之分，广义的人力资源规划包括人力资源战略规划、人员供求规划、培训与开发规划、绩效规划、薪酬福利规划、员工关系规划等与人力资源管理有关的各种规划活动；狭义的人力资源规划则专指组织的人员供求规划。人力资源规划有利于保持组织整体人力资源管理系统的稳定性、一致性和有效性，有助于组织战略目标的实现，确保组织的健康和可持续发展。

2. 员工招聘与配置

通常来说，招聘中的“招”即为招募之意，是指组织为了吸引足够数量的具备相应能力和态度、有助于实现组织目标的员工而开展的一系列活动，目的在于帮助组织发现和吸引适合职位需要的潜在合格候选人，使组织在需要的时候能够雇用到可以胜任的员工。招募的基本程序主要包括确定招募需求、制订招募计划、实施招募活动和评估招募效果四个阶段。人力资源招募的渠道主要包括内部招募和外部招募两种渠道，其中内部招募是指在岗位出现职务空缺后，从单位内部选择合适的人选来填补这个位置；外部招募渠道主要包括校园招聘会、就业服务机构、猎头公司和人才市场等，内部招聘和外部招聘各有其优缺点，必须结合组织的实际情况统筹考虑、综合运用。

招聘中的“聘”为甄选、录用之意，是指运用一定的工具和手段对已经招募到的求职者进行鉴别和考察，从而挑选出最能胜任组织需要、最恰当的空缺职位填补者。一般来说，甄选的程序包括审查求职申请表或求职简历、甄选测试、面试、初步录用决策、背景核查、体检以及发出录用通知书等。合适的、优秀的员工甄选是确保组织战略目标实现的最根本保障，也是员工自身职业生涯良好发展的基础。

3. 培训与开发

培训是指一个组织为实现自身更好更快地发展，帮助其成员学习和掌握与工作有关的知识与技能，促使他们形成良好的工作态度或习惯而采取的一种有计划的培养和训练活动。培训的主要方法包括课堂讲授法、在职培训法、案例研究法、角色扮演法、情境模拟法、远程学习法、拓展训练法、团队培训法等。培训有助于改善组织绩效，帮助组织赢得竞争优势，有助于营造良好的组织文化，并在吸引和留住员工方面起到重要的作用。

开发是指根据组织和员工双方的发展需求对员工的潜力进行挖掘与开发，同时对员工在组织中的职业发展过程进行科学设计和系统规划的过程。员工开发的主要方法包括正规教育法、评价法、工作实践体验法、开发性人际关系建设法等主要类型。开发能够帮助员工胜任组织中其他职位的工作，并通过提高他们的能力，使他们能够在将来承担起目前可能尚不存在的某种工作。通过员工开发，既能够帮助员工做好适应未来职位、技术、市场变化的准备，帮助组织赢得竞争优势，也能够在知识型员工时代吸引和留住优秀人才，防止人才流失。

4. 绩效管理

绩效一词对应的英文是"Performance"这个词的本意是"履行、执行或表现"，在本书中，将绩效理解为员工在实施和完成某项计划或工作任务过程中的行为表现，也指员工在实施计划或执行任务之后实际取得的成绩或达成的结果。所谓绩效管理，是指为了识别、衡量以及开发个人和团队绩效，并且使绩效目标与组织的战略目标保持一致而实施的持续性管理过程。

绩效管理主要包括绩效计划、绩效辅导、绩效评价和绩效反馈。对员工个人的绩效可以从特征、行为和结果三个方面进行评价，绩效信息的来源主要有上级、同级、下级、被评价者本人以及客户。当前，很多组织都开始采用360度考核的方法，即让多位不同的评价者（上级、同级、下级、客户）对同一位员工的工作绩效进行评价。绩效管理的首要目的在于帮助高层管理者实现战略性经营目标，其次是为组织作出各种员工管理决策提供有效的和有价值的信息，同时也是为了对员工进行进一步的开发，从而确保他们能够胜任本职工作。绩效管理对于组织人力资源管理系统的高效运行起着至关重要的作用。

5. 薪酬福利管理

薪酬是指员工因为雇佣关系的存在而从雇主那里获得的所有形式的经济收入以

及有形服务和福利，既包括薪资（直接经济报酬），也包括福利（间接经济报酬）。薪酬管理是指一个组织针对所有员工所提供的服务和工作表现来确定他们应当得到的薪酬总额、薪酬形式及薪酬结构的过程。

在开展薪酬管理活动时，需要对薪酬体系、薪酬水平、薪酬结构以及薪酬管理政策等方面进行科学决策，应注重薪酬的公平性、有效性和合法性。薪酬管理对于人力资源管理系统有效运行乃至整个组织的运营和变革具有十分重要的意义，科学、有效的薪酬管理能够帮助组织实现战略目标、营造和强化组织文化、有效控制经营成本、改善组织经营绩效和推动组织变革。

6. 员工关系管理

员工关系是企业和员工在一定的法律框架内形成的经济契约与心理契约的总和，强调了企业与其所雇用的全体员工之间的组织内部关系。员工关系管理是指企业为了实现发展目标以及公平对待内部员工，在遵守国家法律法规的基础上，在调解企业与员工之间的关系方面所依据的基本理念和实施的制度政策以及管理实践的总称。员工关系管理经历了传统员工关系管理阶段、员工关系管理转型阶段以及现代员工关系管理阶段。

员工关系管理既包括劳动关系管理的内容，如劳动争议处理、劳动合同管理、劳动保护管理等，也包括组织文化管理、员工安全与健康管理、员工参与管理、员工流动管理、员工惩戒与隐私管理等方面的内容。员工关系的合法性和公平性是企业或组织吸引、保留、激励、开发员工的基础，现代的员工关系更加强调雇佣关系应满足企业和员工双方的需要，实现企业和员工之间的需求匹配，从而帮助组织实现自己的战略目标，赢得竞争优势。

另外，为了实现组织的战略目标，人力资源管理部门还应根据不同的组织结构，在科学规范的职位分析基础上，编写职位说明书，对职位进行更加科学合理的设计与优化，并确定恰当的任职资格条件，尽可能提高员工的工作兴趣、工作效率和效能。

第二节 老年服务人力资源管理

一、老年服务人力资源管理的定义及其作用

1. 老年服务人力资源的概念及其内涵

老年服务属于特殊行业，老年服务的类型也多种多样，按老年服务的内容划分，

老年服务人力资源主要包括养老机构管理人员、医疗护理人员、日常照护人员、社区服务人员等，这些人员承担起养老机构的日常运营管理、老人医疗护理、基本生活照护、文娱活动开展等工作。由于其工作内容较为复杂，工作人员的组成具有较强的综合性，这使得老年服务人力资源既具有人力资源的一般特征，也有其自身的特殊性。

结合人力资源的一般概念，我们将老年服务人力资源定义为从事老年服务与管理工作的劳动者以及这些劳动者所必备的知识、经验、技能、体能等各种体力和脑力的总和。老年服务人力资源具有与一般人力资源类似的内涵：

其一，老年服务人力资源既可以指从事老年服务工作的劳动者，也可以指与老年服务有关的各种胜任素质，即以人为载体的各种知识、经验、技能、体能的集合。

其二，老年服务人力资源包括宏观和微观两个方面的含义。从宏观层面来看，老年服务人力资源包括不同地区和组织中能够参与老年服务或能够为老年服务贡献自身力量的所有人员，如养老机构工作人员、社区服务人员、家政服务人员、老年服务志愿者以及参与社会老年服务的其他相关人员等；从微观层面来看，老年服务人力资源是指从事老年服务工作的专职人员，如养老服务机构的管理人员、医护人员、服务人员以及专门从事老年服务的家政人员等。

其三，老年服务人力资源既包括当前从事老年服务的劳动者，也包括潜在的或未来可能从事老年服务的人力资源。目前，我国的老年服务产业仍处于成长期，具有一定经验的管理、运营、护理、医养结合、心理咨询等老年服务专业知识的人才依然匮乏。除了当前从事老年服务工作的专职人员外，其他人员如民政工作人员、街道社区工作人员、在卫生医疗系统退休的各类医护人员以及具备营养师、康复师、心理咨询师、社工师等资质证书的专业人才在未来也有可能成为从事老年服务工作的人力资源。

2. 老年服务人力资源管理的作用

老年服务人力资源管理是指一个国家、地区或养老服务机构为了更好地为老年人提供照护、医疗保健和康复、教育、社会参与等老年服务，运用各种科学的理念和手段对从事老年服务的人员进行吸引、保留、激励和开发的实践过程。老年服务人力资源管理的主要作用有：

（1）提高老年服务人员的素质和技能

员工能否有效发挥自身潜能、为组织实现目标创造价值，不仅取决于员工自身拥有的知识技能和工作动机，还取决于其技能和能力能否得以充分发挥。通过有效的人力资源管理实践活动，实现员工和职位的正确匹配，并对老年服务行业的员工进行培训开发以及通过绩效管理、薪酬管理、组织文化建设等方法进行激励，最大限度地挖掘他们的价值创造潜能，提高老年服务工作人员的技能和综合素质，进而提升老年服务工作的质量、效率和水平，也有利于我国老年服务行业的健康发展。

（2）提升老年服务工作的质量和水平

当前，越来越多的老年人对美好生活充满热爱，呈现出高标准和多样化的生活需求，这对从事老年服务的人员也提出了更新更高的要求。因此，只有运用科学的人力资源管理方法，将老年服务工作者队伍建设好，确保老年服务人员具备工作所需的知识、经验和技能，并采取正确的工作方法为老年群体服务，才能更好地满足老年人多元化的服务需求，提高老年人的生活幸福指数，提升老年服务工作的质量和水平。

（3）有助于老年服务组织更好地履行社会责任

老年服务组织应当履行公民社会责任、公平对待员工，并在反歧视、保护员工合法权益等方面满足社会道德标准的要求。有效的人力资源管理实践能够确保组织尊重员工的隐私权、维护员工合法利益等基本权利，使管理者公平、公正地对待员工。同时，人力资源管理者通过与高层管理人员和其他社会主体交流沟通，有利于树立和传播老年服务组织的社会责任观念，丰富社会责任活动的内容和形式，也促使员工更好地履行社会责任，践行敬老爱老的中华民族传统美德。

二、老年服务人力资源管理的主要内容

1. 养老机构组织设计与职位分析

我国养老机构在规范化、专业化、标准化建设和运营方面尚处于探索和摸索阶段，要推进老年服务事业长期稳定发展，必须建立科学的运行机制和管理体制。因此，养老机构应根据自己的战略发展需要来设计科学合理的组织结构。组织结构既包括直线职能式、矩阵式、事业部制等相对传统的设计形式，也包括网络制及工作任务小组等新型设计方式，每一种设计方式都有自己的优缺点，要根据实际情况进行选择。

目前大部分养老机构在组织结构设计中较多采用扁平化的直线职能型组织结构，以院长负责制为基础，下设办公室、财务部、人力资源部、医务部、护理部、餐饮部和后勤部等部门，其中办公室、财务部、人力资源部为综合性职能部门，医务部、护理部、餐饮部、后勤部为直线业务部门，其特点是结构简单、权责清晰、管理层级较少、专业分工明确。这种组织结构的优点在于权力和责任划分清楚，能够发挥下级的积极性和自主性，信息传递通畅，组织结构稳定，能够适应大部分养老机构的专业管理要求。

职位分析是组织人力资源管理的基础，它明确了职位的工作内容、职责以及任职资格条件要求，为员工的招聘、培训、薪酬决策等工作提供了标准和依据。由于养老机构入住老人都需要24小时不间断的照护，在实际工作过程中，应按照政府部门制定的标准足额配备医护、服务人员。当前，大部分养老机构的工作时间以“两班制”为主，在满足养老机构高效运营的同时，也能较好地控制成本。但是，为避免“两班制”产生劳动纠纷或用工风险，养老机构应向劳动保障部门申请综合工时制，为劳动者确定合理的劳动定额、休息时间及考核标准。

2. 老年服务人力资源规划

人力资源规划不仅包括人员数量、质量的规划，同时还包括组织对于人力资源的需求及供给之间匹配性的规划，从而较好地满足组织的未来经营对于人的需要。老年服务行业及其组织要合理预测组织内部人力资源状况，进行合理规划，当工作岗位出现人员空缺时，能够尽快补充员工，保障日常工作的正常运行。另外，要适当提高男性护理员的录用比例，避免男、女员工数量失衡；进一步提升养老护理员工队伍的文化层次，并根据个人素质和文化程度的不同，进行分层次培养，做好人才储备工作；探索将职业资格证同工资待遇挂钩，并将其作为选人用人的基本条件，逐步形成良性的人才发展机制。

3. 老年服务人力资源的招募与甄选

人力资源规划是组织进行人员招募和甄选工作的重要依据。在招募方面，组织需要考虑通过何种渠道招募新员工，如何让潜在求职者得到招募信息等因素；在甄选环节，则需要熟悉笔试、面试、心理测试、评价中心等不同甄选方法的特点和适用范围。为了应对老年服务人力资源相对匮乏的状况，要拓宽人才引进渠道，提高职业化水平，建立健全以大中专毕业生为主体的人才引进机制，逐步实现老年服务工作人员的知识化、专业化、技能化。同时，政府也要制定相关的优惠政策，鼓励和支持老年医学、护理学、心理学等专业的大中专学生投身于老年服务事业，提高老年服务行业的人力资源素质。

老年服务组织或机构在招聘时，应该根据用人需求，选择有效的招聘渠道，利用合理的招聘方式，确保符合职位要求的潜在求职者及时获得招聘信息，提高招聘工作的针对性和有效性。比如，对养老机构管理人员和专业人员的招聘，可以通过校园招聘的形式，在高校毕业生中选取学历和知识水平较高的人才；对于一般照护人员和勤杂工，则可以通过专门的人才市场或互联网进行招聘。另外，要大力弘扬敬老、爱老的传统美德，改变社会对老年服务工作的看法，从而吸引更多的优秀人才投身于老年服务工作。

4. 老年服务人力资源绩效管理

绩效管理是组织中人力资源管理乃至整个组织运营和管理的重要环节。绩效管理通过把组织的经营目标或战略目标加以细化，将各种关键目标和重要指标逐级落实，从而确保组织战略真正得到执行和落实。要制定和落实老年服务人力资源的绩效考核制度，对各个岗位的老年服务人员进行绩效评估与考核，并将绩效衡量和评价的结果及时向员工反馈，用来规范、指导、监督、评价老年服务人员的工作。另外，绩效评价结果可以作为员工评优加薪的依据，并根据绩效评价结果制订老年服务工作人员的绩效改善计划，从而使员工能够在老年服务工作中不断提高自己的绩效水平。

关键绩效指标法（KPI）是老年服务机构常用的绩效考评方式，其中关键绩效指标是对从事老年服务工作的员工在关键职责领域中需要实现的最为重要并且可衡量的绩效结果所做的一种陈述。采用关键绩效指标法对老年服务人员进行绩效考评的优点在于这种模式目标明确，有利于组织利益与个人利益达成一致，并且很多关键考核指标在考核维度、评价标准、量化数据等方面，已经形成社会广泛认同的行业规范标准，对照这些标准和数据，可以形成较为合理的绩效评价体系，对老年服务人力资源实现精细化管理。

5. 老年服务人力资源薪酬福利管理

良好的薪酬福利体系是确保员工的工作积极性、长期保持良好工作绩效以及留住人才的一个重要因素，老年服务组织必须就薪酬形式、薪酬水平、薪酬结构等作出决策。当前，多数养老机构在正常运营过程中人工费用占总成本的比重较大，经营成本不断增加，只有少数养老机构能够支付高额薪酬聘用专业护工，还有很多养老机构无法依靠薪酬优势吸引具有专业技能的老年服务人才。由于老年服务机构员工的薪酬福利待遇普遍偏低，直接影响员工的满意度和归属感，员工流失率居高不下。

老年服务人员的薪酬福利体系应依据不同岗位的贡献程度和岗位的重要性，结合员工工作经历、工作能力、技能水平等因素，确定直接薪酬和间接薪酬的合理比例，实行宽带薪酬体系。其中基本薪酬以月为单位根据考勤记录进行发放，可变薪酬根据员工绩效表现情况进行核算。还可以根据员工的工作表现、客户反馈和绩效评价结果设置月度奖金、季度奖金、年度奖金，对服务态度好、社会评价高的工作人员给予物质和荣誉奖励，提高员工的工作积极性。另外，可借鉴国外先进养老服务机构的管理经验，参考已有成熟行业的市场薪资水平，如医疗、餐饮、家政服务等行业，设计与养老机构运营模式相适应的薪酬体系，适当提高老年服务机构工作人员的福利待遇水平。

6. 老年服务人力资源的培训与开发

政府部门和养老服务机构应构建老年服务人力资源培训与开发体系，指导和监督各地老年服务机构开展老年服务人员的岗前培训和在职培训。对没有养老护理员职业资格证的护理人员进行初级培训，领取初级上岗证，达到国家和地方政府部门规定的养老服务人员持证上岗要求；对于有上岗证的人员，进行再培训，提高其业务水平，实行规范服务，进一步提高养老服务机构在实际运营过程中的服务质量。

在各类培训中，护理人员、医务人员和日常照护人员的职业道德培训、服务技能培训、业务知识培训尤其重要，这不仅关系到老年服务水平的提高，更关乎入住老人的生命安全，是必须开展的经常性培训项目。应采取分层次培训，将培训内容分为基础知识培训和专业技能培训两个方面，其中基础知识培训主要包括规章制度学习、职业道德培养、心理健康辅导等，可以采取课堂讲授和学习交流等方法；专业技能培训主要针对老年人的生理和心理特点，采用情景模拟或实操的培训方式，实现老年服务的专业化护理和人性化关怀。同时，要借助社会力量对老年服务人员开展培训，当前部分职业院校已经建立并开设与养老服务有关的专业，如老年服务与管理、老年社会工作、老年护理等，可以建立老年服务机构与专业院校联合办班的培训新模式。地方政府及养老机构自身也要安排专项资金用于老年服务人员的培训，加大培训力度，促进老年服务人力资源建设逐步实现专业化、系统化。

三、当前老年服务人力资源管理面临的主要问题

1. 从业人员整体素质有待进一步提高

老年服务人员不仅要充满爱心，具有良好的职业道德规范，还应了解与老年服务相关的基本知识和理论，具备一定的保健、护理、康复技能，掌握各种常用护理设备的功能和使用方法。目前多数老年服务机构中从事一线工作的人员，多为周边的失业人员和下岗待业人员，文化水平普遍偏低，且相当一部分员工是先入职后培训，与规范要求有较大的差距，且中高级养老护理员持证率不高。由于缺乏老年学、心理学、护理学、社会学等相关专业的学习，这些从事老年服务的人员对老人的照料只能停留在基本生活护理上，很难运用科学的方法对老人提供心理关怀、精神慰藉等多元化服务，很大程度上无法较好地处理突发事件。随着政府部门对老年服务工作的日益重视，不断加大对老年服务工作的资金投入和政策支持，我国从事老年服务工作人员的整体文化水平较以前有所提高，但综合能力素质仍与实际工作需要存在较大差距。

2. 人力资源配置不够合理

根据国家民政部《老年人社会福利机构基本规范》要求，老年人社会福利机构

主要领导应具备相关专业大专以上学历，应有一名大专学历以上、社会工作专业毕业的专职社会工作人员和专职康复人员，各专业工作人员应具有相关部门颁发的职业资格证书或国家承认的相关专业大专以上学历。但就目前情况来看，仅有少数公办的老年服务机构能够达到要求，大部分民办养老服务机构依然缺乏持证职业医生和护理人员。同时女性护理人员数量远远多于男性，给照护男性老人造成诸多不便。另外，从事老年服务的工作人员平均年龄偏大，很多都是临近退休的人员，老年服务人员年龄老化，体力、脑力不能较好地胜任该工作。

3. 员工工作压力大、待遇低

随着我国社会人口老龄化速度的加快，养老服务机构的工作任务明显加重，在养老机构生活的老人大多年龄偏大，并且罹患多种疾病，身体机能衰退，生活自理能力较差，对于长期照料和护理服务的依赖程度越来越高。而养老服务机构的人员数量有限，人均照护老人的数量远远高于行业规定的标准，从事老年服务的人员工作任务繁重，有时需要加班加点，每月工作时间经常超出国家法定的劳动时间，经常出现力不从心的局面。

老年服务工作不仅任务繁重，而且由于多数老年服务机构资金不够充裕，员工的工资待遇水平普遍较低，加之物价水平不断上涨，造成老年服务人员的自我价值感、工作满意度和归属感下降，一定程度上导致了人浮于事、辞职离岗的困境，也造成养老服务机构无法招聘到专业的养老服务人员的恶性循环。

4. 管理制度不够完善

每个行业都应该有其从业者应当遵循的行规和标准，由于我国老年服务行业起步较晚，目前仍然没有一套完整、标准的老年服务行业管理体系和老年服务工作者的管理办法，各地拟定相关管理办法仍处在探索阶段，许多地方有待修改和完善，造成业内管理混乱，从业人员资质不够。制度的缺失和人员的流动在一定程度上阻碍了老年服务行业的进一步发展，老年服务人力资源管理水平亟待提高。

第三节　老年服务人力资源开发

一、人力资源开发概述

1. 人力资源开发的定义

作为一种生产要素，人力资源如同现金转化为资本，要经过储蓄积累和投入使用两个阶段，而前一个阶段是指提供一定数量与质量的人力资源，即人力资源开发。关于人力资源开发，有些学者从宏观视角进行定义，认为人力资源开发的作用不仅限于某个企业或组织，同时也是促进整个国家和社会发展的有效手段。还有学者从组织和个人的视角出发，认为人力资源开发是以促成劳动者行为改变为目的的一系列有组织的活动，以达成个人和组织的目标。结合不同观点，本书将人力资源开发定义为：人力资源开发是指通过组织发展、员工培训、职业生涯规划等多方面的活动来培育和提升劳动者专业素质的过程，既包括组织内部和外部开展的各种开发活动，也包括针对不同人群在不同时间和不同空间开展的开发活动。

根据这一定义，我们可以从宏观和微观两个层面来理解人力资源开发。宏观层面的人力资源开发通常指以国家或地区为主体的人力资源开发，包括在一个国家及行业范围内对所有人员进行正规教育、智力开发、职业培训以及全社会性的素质提升计划，培养人的知识、技能、经营管理水平和价值观念，并使其潜能不断发展和充分发挥，其目的是提高全社会人员的整体素质和技能水平，为全社会培养和提供各类人才；微观层面的人力资源开发专指一个组织或行业的人力资源开发，是指通过向员工提供各种学习机会和培训活动，并采取一系列有计划、连续性的员工开发工作，提升员工的素质和组织绩效。

2. 人力资源开发的目标

国家地区及各类组织是人力资源开发的主体，而不同层次的开发主体在开发目标上也存在差异性。对于国家和地区来说，人力资源开发的目的在于实现充分就业、提高全民素质、高效合理利用人力资源、合理安置社会富余劳动力、培育城乡统一的劳动力市场、提高全社会人力资源的技能等，通过人力资源开发实现社会效益的最大化。对于组织来说，通过人力资源开发，可以激发员工的工作潜能，提升员工个人素质、道德水平和责任感等，既可以帮助组织赢得竞争优势，为企业创造更大的利润，也可以为员工提供更多的职业发展机会，从而吸引和留住优秀人才。

无论是宏观层面的国家人力资源开发，还是微观层面的组织人力资源开发，都具有人力资本投资的性质，即任何人力资源开发活动都需要有成本支出，而作为回报，人力资源开发的结果是员工、组织以及全社会的人力资本水平得到优化和提高。

3. 人力资源开发的主要内容

开发人力资源，就是对人的潜能进行训练与激发，使之转变为现实的能力。因此应在生理、心理、职业技能、思想道德等几个方面进行开发，提高人员素质，激发员工的工作积极性。

(1) 人力资源的生理素质开发

开发人力资源的前提是保护人力资源，因此应通过科学的原理和方法，合理安排工作日程，充分利用工作的“高效期”，避开工作的“低潮期”，实现高效劳动，减少员工工作疲劳，从而提高劳动效率和质量。另外，还应根据劳动者工作时姿势体位带来的影响，让劳动者学会用正确的姿势与体位进行工作，减少不必要的能量消耗。还要重视工作环境并不断改进劳动工具设备，按照劳动者的需要进行作业位置、温度、湿度、气压、噪声、辐射等环境因素的设计，改善劳动环境与条件。

(2) 人力资源的心理素质开发

所谓人力资源的心理素质开发，主要是运用心理学和行为科学发展的成果，来研究劳动者工作的动力来源、动力结构、激励机制以及其他一些影响劳动者工作动机的因素，并运用其研究结果，指导和影响人力资源开发活动。其中激励理论认为，调动人的积极性主要有四种途径：一是内容激励，研究人的心理需要和采用什么样的因素激励员工、调动员工的积极性，即“什么能使员工努力工作”；二是过程激励，研究人在接受了激励信息以后动机的产生过程和行为目标的选择过程，即“激励是怎样产生的”和“如何激励员工努力工作”；三是行为激励，通过对员工行为的奖惩、推断和解释员工行为发生的原因以及员工如何将消极行为转化为积极行为等方面的研究，采取有效措施调动组织成员的积极性；四是综合激励，即对各种激励理论和方法进行概括和整合，通过激励者和被激励者的协同活动，更加有效和全面地调动员工的积极性。

(3) 人力资源的职业技能开发

所谓职业技能开发是指对员工的胜任素质和职业能力进行培养，包括提高观察能力、记忆能力、思维能力、学习能力和想象力等。随着知识经济时代的到来，知识更新速度越来越快，不断创新成为组织在竞争中不断取胜的法宝，人力资源的创新能力成为组织竞争优势的重要因素。人力资源的职业技能开发不仅能够缩短员工获得职业成长所需要的时间，帮助员工做好适应未来职位、技术、市场变化的准备，而且能够更好地调动各级管理者尤其是员工本人参加各项培训开发活动的积极性和主动性，为人力资源潜在的创新能力向现实创新能力的飞跃提供条件和保障。

(4) 人力资源的思想道德素质开发

良好的职业道德是整个社会道德的重要组成部分，是每个员工必须具备的基本品质，也是组织对员工最基本的规范和要求。人力资源的思想道德素质开发主要通过对员工劳动过程中的思想信念、责任心、道德理想、道德规范、道德行为、道德评价和道德控制等一系列工作过程中思想道德问题的研究和指导，使员工正确认识和处理道德与利益之间的关系和矛盾。例如爱岗敬业、诚实守信、团队合作、乐于奉献等职业道德是大部分员工在工作过程中应该遵循的道德准则。通过思想道德素质开发，能够帮助组织更好地调节员工内部、员工与客户之间的关系，维护和提高组织及行业的形象，也有助于提高全社会的道德水平。

二、老年服务人力资源开发的背景及意义

老年服务人力资源开发是为了达到提升老年服务与管理工作绩效的目的，根据员工和老年服务组织双方的发展需求，运用人力资源规划、培训与发展等手段，对从事老年服务与管理工作的员工潜力和胜任素质进行开发的过程。其中，老年服务人力资源规划是指为了提高老年服务工作质量，对现在和未来一段时间内老年服务工作所需人力资源的数量和质量进行规划和预测；老年服务人力资源培训是对老年服务人员进行基础和专业知识训练，使培训对象在知识和技能等方面能够胜任老年服务工作的需要。老年服务人力资源开发需要整个老年服务工作系统以及社会各个部门的密切合作，最终目的是通过管理确保老年服务人力资源合理使用，促进老年服务人力资源充分发挥作用，使有限的人力资源产生最佳的效能。

1. 老年服务人力资源开发的背景

老年服务行业的健康发展离不开完善的硬件、软件条件，两者相辅相成、缺一不可。在我国人口老龄化大背景下，国家投入大量资金支持养老服务机构、社区居家养老服务中心等老年服务设施的建设，鼓励民间资本开办养老院及其他老年服务机构，并在土地、税收上给予优惠，目前我国老年服务机构在硬件方面已经进入了快速发展期。

与此同时，老年服务的软件建设，如人力资源队伍建设依然存在较多问题。由于医疗护理人员及日常照护人员的数量缺口巨大，部分养老服务机构不得不聘用大量外来务工人员和下岗职工，员工队伍整体上存在年龄偏大、学历偏低以及职业技能培训缺失等问题。当前从事老年服务工作的员工素质和能力已经不能充分胜任岗位要求，老年服务人才的开发与培养刻不容缓。

另外，从高等院校招生情况来看，目前部分高校已经注意到了社会对于老年服务人才的巨大需求，从2003年开始，中国人民大学正式设立了老年学专业，首都医科大学和北京中医药大学也陆续开设了老年医学课程，其他院校如北京社会管理职业学院、长沙民政职业技术学院、北京城市学院、北京劳动保障职业学院、山东管理学院、山东商业职业技术学院等院校也分别开办了老年服务与管理专业，旨在培

养能够从事老年学及相关学科研究、教学、管理、服务的高级专业人才，使他们既能从事各项老年服务问题的研究，又能参与各项老年服务与管理工作。老年服务与管理及其相关专业的开设是对社会需求的积极回应，也说明这是一项有着广阔前景的朝阳行业。

2. 老年服务人力资源开发的意义

（1）有利于提高老年服务的质量和水平

老年服务人员是掌握了包括医疗护理、心理学、社会学等知识技能的专业人才，老年服务人力资源开发以促进老年人身心健康发展为宗旨，以提高老年人的生活质量为目标，满足老年人日常生活照护、心理支持等需求。通过老年服务人力资源开发，促使老年服务人员掌握更多的与养老服务有关的各项技能、知识，提升员工在老年服务工作中的业务素质，从而更好地为老年人提供服务和帮助，提高老年群体的生理及心理健康水平，延长老年群体的健康生命周期，缩短病残期，使老年人安度晚年。

（2）有利于维持老年服务机构有序运营

近年来，因在养老服务机构入住的老人发生意外伤害而出现的责任纠纷事件屡见不鲜，高额的赔偿费用使一些老年服务机构背上了沉重的债务，甚至因此倒闭。究其原因，很大程度上是由于老年服务人员的护理不当。老年服务人员的职业素质不高不仅造成了巨大的经济损失，也造成社会对老年服务行业的偏见，导致老年服务行业的人才流失。通过老年服务人力资源开发，为老年服务行业培养出具有专业知识和技能的复合型高素质人才，不但可以减少因护理不当等原因而出现的责任纠纷事件，降低养老服务机构的责任事故风险，还可以增强老年服务行业市场竞争力，提升整个行业的收益水平，吸引更多的优秀人才投身于老年服务事业，促进老年服务行业良性循环和健康发展。

（3）有利于促进老年服务产业经济的发展

老年服务产业是未来极具开发潜力的朝阳产业，拥有巨大的潜在经济价值，具有涉及领域广、关联度高、产业链长等特点。除了养老机构服务业以外，老年理财业、老年食品业、老年旅游业、老年保险业、老年教育业、老年心理咨询业等都是与老年服务相关的产业。在老年服务领域进行人力资源开发，为老年服务领域培养专业服务人才，既可以解决老年服务行业人员不足的问题，又可以对劳动力市场的人力资源进行优化配置，增加就业岗位。因此，加大老年服务人力资源的开发力度，对形成新的经济增长点、促进国民经济发展具有重要意义。

（4）有利于促进社会、家庭稳定和谐

当前，许多子女由于工作、学业、婚姻等原因而离开父母独立生活，老年人身边没有子女陪伴，导致空巢、独居的老人越来越多，很多老人感到无所依靠，这对中国几千年来形成的“养儿防老”“养老送终”等传统理念造成了冲击，影响了家庭代际甚至社会生活的和谐，已经成为一个不容忽视的社会问题。通过老年服务人力资源开发，培养关爱和照顾老人的专门人才，既可以解决子女在照顾老人方面心有余而力不足的难题，使他们能够全身心投入工作，也可以为老人提供专业的日常医疗护理服务和精神慰藉，帮助老年人处理好各种社会关系，解决老年人在生活中的诸多问题，弥补老年人精神寄托的空虚，促进家庭和社会稳定和谐。

三、老年服务人力资源开发的途径

1. 完善政策法规，制定长期规划

培养专业化和高素质的老年服务员工队伍，除了要发挥员工的主动性、积极性和创造性外，更重要的是对人才资源进行最大程度地开发，提升其专业化和职业化水平。为此，政府部门及老年服务组织应密切配合，出台与老年服务人才管理与开发相关的政策法规，例如可以实行老年服务人力资源分类管理，建立健全各类老年服务人才的行业准入、管理、考核、奖惩等行业标准和操作规范，严格执行养老护理员、社会工作者等相关国家职业资格制度，实行持证上岗，推进老年服务人才职业化、专业化建设。

老年服务人力资源开发还要从老年服务工作的整体目标出发，制定具有指导性及操作性的长期规划。另外，加强与高等院校合作，逐步扩大老年服务与管理相关专业的招生规模，鼓励和支持社会工作、老年医学、康复医学、老年心理学等专业的毕业生投身于老年服务事业，在注重现有人才发展的同时，也要注重后备力量的储备，以便更好地应对未来高层次、多元化和差异化的养老服务需求。

2. 加强员工培训，提升专业素质

随着老年服务需求的不断增加，应转变观念，根据老年服务实际工作的需要及未来的发展方向，对老年服务人员进行专业化培养。在培训方案的制订上，首先应对从事老年服务工作人员的素质进行调查，并对调查数据进行评价分析，从而得出该部门老年服务人员的基本状况，其次根据培训开发目标和员工岗位类别科学制订培训方案，统一培训质量标准，提升培训效果。

在培训内容的设计上，可以从专业理论知识和实际操作技能两个方面开展。专业理论知识的培训主要是针对有实际工作经验但理论知识欠缺的老年服务工作者，可以结合各地老年服务发展的现状设置相应的课程，如医疗护理常识、老年心理学和老年服务管理等，让缺乏专业知识的员工提高理论知识水平；实际操作技能的培训则主要针对刚毕业、缺乏实际工作经验的大学生和部分老年服务技能不熟练的人员，主要通过工作实践体验法、实验室行为模拟法或开发性人际关系建设法等方法进行，比如工作实践体验法是指让员工在老年服务的实际工作中遇到各种问题、需求、关系、任务等，当员工发现现有的技能与经验与工作所要求的技能水平不匹配时，对他们进行培训开发，让他们学习新的工作技能，获取新的工作经验。

3. 优化激励体系，提高工作效能

随着社会经济的迅速发展和产业结构调整步伐的不断加快，当前的市场环境面临更大的竞争与挑战，在这种环境中，组织的生存和行业的发展离不开一支高素质和高效率的员工队伍。因此，如何结合行业的特点来优化激励体系，有效地管理和激励老年服务人员，充分发挥他们的积极性和创造性，已成为老年服务人力资源开发的重点内容之一。

其一，设计合理的薪酬体系。良好的薪酬待遇既是吸引人才的前提也是留住人才的根本，所以政府部门、老年服务机构应进行专业的岗位评价，并在参考市场平均工资水平的前提下，制定具有竞争力的薪酬待遇标准。

其二，打通员工晋升渠道。老年服务工作的发展前景也是员工考虑的问题，如果晋升渠道狭窄，会影响员工的工作积极性。因此，要建立完善的员工职业发展通道，例如可以建立双重职业发展路径，包括管理岗位序列和专业技术岗位序列，为员工提供更加广阔的发展空间，满足不同岗位老年服务人员的发展需求。另外，还可以通过实行员工持股计划、培育和塑造优秀的组织文化、完善福利和社会保险制度、运用有效的情感激励等手段，有效地激发老年服务人员工作的主动性、积极性和创造性，提升老年服务人力资源的工作效能和市场竞争力。

在进行员工激励的同时，还要建立相应的监督约束机制，促进老年服务人力资源的健康发展。例如可以建立客观明确、操作性强的工作评估程序和绩效评价标准，提高员工绩效评价的明确性和客观性；建立由政府职能部门、老年服务组织、老年服务对象、员工本人及同事构成的全方位、多元化的监督主体，对老年服务员工进行全方位监督与约束；及时了解员工的满意程度及意见建议等，减少员工激励方案实施过程中的阻力和原先既得利益者的抵触情绪，确保各项激励措施顺利落实。

4. 健全保障措施，维护员工队伍稳定

促进老年服务行业人力资源开发，离不开完善的社会保障措施。目前老年服务人员的社会保障机制还没有完全建立起来，在工资福利、社会保障、工作时间、带薪休假等方面还缺乏一套完善的法律政策依据，这些问题成为老年服务人员全身心投入老年服务工作的障碍，甚至造成员工的流失。

为此，相关部门需要密切配合，制定完善的老年服务人员社会保障政策，如调整入职补贴、个人所得税减免、优先落户等优惠政策，鼓励大专院校对口专业毕业生及相关专业人才从事老年服务工作，对表现突出的从业人员，按有关规定给予表彰、奖励和宣传，提高其职业认同感和价值感，全面提升员工的社会地位，为老年服务行业留住人才、吸引人才。养老机构也应在细节上注重对员工的关怀，帮助员工解决生活困难，如子女上学、入托及配偶工作安置等，减少老年服务工作人员的后顾之忧，从而增强组织的凝聚力和向心力、增强员工职业信心、提高员工满意度，实现老年服务人才队伍的稳定发展。

知识链接

1. 《中华人民共和国行业标准——老年人社会福利机构基本规范》，http：//mzzt. mca. gov. cn/article/2018aqgly/fgwj/201705/20170500891236. shtml

2. 《财政部　民政部　人力资源社会保障部关于运用政府和社会资本合作模式支持养老服务业发展的实施意见》，http：//jrs. mof. gov. cn/ppp/zcfbppp/201708/t20170821_ 2677612. html

3. 《教育部等九部门关于加快推进养老服务业人才培养的意见》，http：//old. moe. gov. cn/publicfiles/business/htmlfiles/moe/s7055/201407/170939. html

案例分析

随着独生子女一代的父母逐渐步入老年，中国进入老龄化社会，庞大的需求催生养老服务行业“井喷式”发展。在某大学举行的养老护理专业“双选会”上，有工作意向的毕业生被相关企业一抢而空。有养老机构的负责人找到学校说：“你们毕业多少人，我全都要了！”而学校的回答是：“不行，其他养老院也需要人。”某老年服务发展有限公司的董事长曾抱怨道：“我们是国内规模较大的养老服务中心之一，引进了先进的运营模式，可老人住进来了，谁来为他们提供服务？我们现在是人为放慢老人入住的速度，因为人才供需严重失衡。”这样的困境存在于大量养老机构中，人才奇缺已经成为制约老年服务行业发展的最大瓶颈。

即使招到了人，许多养老院也不得不面临年轻护理人员离职率高的困境，一些老年服务机构直言：“有的年轻人来到这里，要从头开始教，可他学会本事很快就走了。”也有用人单位说：“几年前我们招了 8 个毕业生，3 年后还剩 2 个。”另外，有些学校和养老院采取“企业定向资助、学校定向培养、学生定向就业，毕业后承诺在企业服务一定年限”的方式进行校企合作培养，但后来学生就业时，多数学生不愿意从事老年服务工作。

多家养老机构负责人坦言，由于养老服务人员群体一直以来存在的“两高三低”现象，即人员流动率高、劳动强度高；工资收入低、社会地位低、服务水平低，造成老年服务行业人员流失率较高，而高流失率又造成了用人的高成本，给养老院带来了很大压力，也造成养老行业年轻护理人才缺乏的难题。另外，由于校企对接不够紧密，学生一直在学校，不熟悉真实工作环境，对老年服务职业也缺乏真实的感受与体验。也正是这些原因，使得这个被视为“朝阳”的行业，留不住人。

思考题：

1. 当前老年服务行业中人才匮乏的主要原因有哪些？

2. 针对老年服务行业人才缺乏、离职率高等问题，从人力资源管理的角度谈一谈应如何吸引和留住新员工？

参考文献

［1］赵曼，陈全明．人力资源开发与管理［M］．3 版．北京：中国劳动社会保障出版社，2013.

［2］刘昕．人力资源管理［M］．2 版．北京：中国人民大学出版社，2015.

［3］郭清，黄元龙，汪胜．老年服务与管理概论［M］．杭州：浙江大学出版社，2015.

［4］国家发展改革委社会发展司，民政部社会福利和慈善事业促进司，全国老龄办政策研究部．走进养老服务业发展新时代：养老服务业发展典型案例汇编［M］．北京：社会科学文献出版社，2018.

［5］安洋．北京市社区养老服务人力资源开发研究［D］．北京：首都经济贸易大学，2011.

［6］毕佳．城市社区养老服务产业人力资源开发研究——以昆明市为例［D］．云南：云南财经大学，2014.

［7］赵娜．浅议我国老年护理服务领域实现人力资源开发的途径［J］．中国商界，2009（11）：192－193.

［8］单馨慧．养老机构人力资源建设问题与对策研究［J］．企业导报，2015

(1)：131－132.

[9] 邱莉丽. 城市社区养老人力资源保障机制探讨 [J]. 劳动保障世界，2016 (17)：6－7.

[10] 嵇春晖. 养老机构人力资源管理初探 [J]. 人力资源管理，2017 (9)：322－324.

[11] 邢宇宙. 老年照护服务人力资源短缺问题探析 [J]. 中国国情国力，2017 (10)：59－62.

第六章

老年服务●信息管理

章节导读

我国当前融合了工业化、信息化、城镇化和农业现代化不同经济和社会发展阶段的特点，当代老年人与现实社会之间的“信息隔阂”缺乏有效解决办法。而在社会信息化的背景下，“信息”正是能够对老年人的生活现状进行解读的视角之一。探究老年人日常生活或社会环境中“信息”的收集、使用是值得研究的主题。在“提高老年人口的素质和技能，充分开发老年人力资源，鼓励老年人参与经济社会活动”的积极老龄化发展框架下，研究老年人在医疗、社会参与、再教育等方面的现状，老年人信息服务的研究是解决有关问题的必要前提。

同时，实现老年服务的信息化是应对我国“未富先老”这一老龄化难题的有效途径，政府机构和社会群体为老年人提供信息服务，需要厘清老年服务与信息管理的现状，针对不同老年人信息需求，分类管理，从而实现老年信息服务合理布局、提升老年服务与信息管理的水平。

学习目标

1. 了解我国老年服务信息管理的现状。
2. 掌握我国老年服务信息管理的内容。
3. 掌握我国老年服务信息系统的构建和基本框架。

第一节 信息管理概述

导入情景

根据全国老龄办统计数据显示，截至2017年年底，我国60岁及以上老年人口有2.41亿人，占总人口17.3%，其中独居、留守老年人5000多万。然而，我国健康养老综合数据缺失且融合利用不够，造成老年群体获得感不强问题。

全国政协委员王茜建议推动数据融合，让健康养老服务供、管、用更加精准。王茜委员认为，应对接各级医疗机构及养老服务资源，推进民政、卫计、医疗机构、养老机构数据交换共享，准确掌握老年人数量、分类、分布、历史就医、家庭成员、经济等具体情况。利用大数据技术手段和模式，建立健康养老大数据管理和智能分析平台，精准预测老年人口结构和市场需求，让政府机构准确研判健康养老领域动态，及时出台相关政策，调整产业结构；让企业更加准确掌握老年人需求，为老年人提供个性化、多样化的健康养老服务。

王茜委员还提出加快“互联网+”健康养老平台建设，鼓励健康服务机构利用云计算、物联网、人工智能等新一代信息技术，为老年人提供“没有围墙的养老院”服务，让老年人足不出户即可享受到智能监护、智能康复、用药提醒、智能呼叫、慢病管理、医师咨询等服务。

（资料来源：全国老龄产业网，2018年3月12日，《全国政协委员会王茜：搭建“互联网+”健康养老平台 加快发展智慧健康养老》）

情景分析

2016年7月中共中央办公厅、国务院办公厅印发《国家信息化发展战略纲要》

（以下简称《纲要》），要求将信息化贯穿我国现代化进程始终，加快释放信息化发展的巨大潜能，以信息化驱动现代化，加快建设网络强国。

《纲要》指出：当前，以信息技术为代表的新一轮科技革命方兴未艾，互联网日益成为创新驱动发展的先导力量。信息技术与生物技术、新能源技术、新材料技术等交叉融合，正在引发以绿色、智能、泛在为特征的群体性技术突破。信息、资本、技术、人才在全球范围内加速流动，互联网推动产业变革，促进工业经济向信息经济转型，国际分工新体系正在形成。网信事业代表新的生产力、新的发展方向，推动人类认识世界、改造世界的能力空前提升，正在深刻改变着人们的生产生活方式，带来生产力质的飞跃，引发生产关系重大变革，成为重塑国际经济、政治、文化、社会、生态、军事发展新格局的主导力量。全球信息化进入全面渗透、跨界融合、加速创新、引领发展的新阶段。

一、信息

1. 信息的概念

我们当前生活在一个信息爆炸的时代，通过书籍、报刊、广播电视和互联网以及移动互联网终端等多种载体，可以接收到涵盖生活衣食住行用各方面的信息，满足我们的精神需求和物质需求，可以说整个社会的生机勃发都与信息的存在以及信息的快速交流密不可分，信息对我们的重要性不言而喻。

"信息"一词在英语和法语中是"information"、德语中是"informationen"、西班牙语中是"información"、日语中为"情報"，我国古代用的是"消息"。作为科学术语最早出现在哈特莱（R. V. Hartley）于1928年撰写的《信息传输》一文中。20世纪40年代，信息的奠基人香农（C. E. Shannon）给出了信息的明确定义，此后许多研究者从各自的研究领域出发，给出了不同的定义。具有代表意义的表述如下：信息奠基人香农认为"信息是用来消除随机不确定性的东西"，这一定义被人们看作经典性定义并加以引用；控制论创始人维纳（Norbert Wiener）认为"信息是人们在适应外部世界，并使这种适应反作用于外部世界的过程中，同外部世界进行互相交换的内容和名称"，它也被作为经典性定义加以引用；经济管理学家认为"信息是提供决策的有效数据"；电子学家、计算机科学家认为"信息是电子线路中传输的信号"；我国著名的信息学专家钟义信教授认为"信息是事物存在方式或运动状态，以这种方式或状态直接或间接的表述"；美国信息管理专家霍顿（F. W. Horton）给信息下的定义是："信息是为了满足用户决策的需要而经过加工处理的数据。"

上述不同行业领域专家所定义的“信息”各异，但多与数据和知识有关，简单地说，信息是经过加工的数据，或者说，信息是数据处理的结果。而在世界银行的《世界发展报告》（1998 年）中，对数据、信息和知识做了明确的定义：数据是未经组织的数字、词语、声音、图像；信息是以有意义的形式加以排列和处理的数据；知识是用于生产的信息。该定义通过层层递进的描述，清晰地展示了数据、信息和知识这三者间的逻辑关系。

2. 信息的类型

信息的类型繁多，根据不同的分类标准，可以进行如下分类：

其一，自然信息和社会信息。根据信息产生的来源和内容，可以把信息划分为自然信息和社会信息。自然信息是客观存在于自然界，能够被人类所感知的一切信息，包括天体信息、生物信息、人体信息等，比如我们肉眼捕捉到的太阳起落、花鸟飞虫，或者耳朵捕捉到的轻吟浅唱、虫鸟和鸣等。社会信息是人类社会发展变化的反映，又可细分为社会政治信息、军事信息、经济信息、科技信息……其中，科技信息又可细分为社会科学信息和人文科学信息、自然科学信息以及科学技术信息等。

其二，一次信息、二次信息和三次信息。根据信息产生的时间先后和加工的程度进行分类，信息可以分为一次信息、二次信息和三次信息。一次信息又可以称为直接信息，这是直接获得的原始信息，未经过加工。比如作家原创的稿件或者音乐家原创的乐谱等。二次信息和三次信息属于间接信息，需要由一次信息加工而得出。其中二次信息是指对一次信息进行加工处理，让其变成有序、规则的信息。比如文摘、索引、目录等。三次信息是指在一次信息、二次信息的基础上，经过加工再产生出新的信息，比如研究报告、综述等。

其三，电子信息、文本信息、声音信息和图像信息。根据信息传播和存在的载体的特征，可以把信息划分为电子信息、文本信息、声音信息和图像信息。

电子信息是以数据电文形式呈现，依赖磁带、光盘、网络和广播电视平台而存在的信息，从信息科学角度来看，该类信息主要通过电子计算机能够生成和处理的“数据”进行传输。随着当前我国“互联网 +”“大数据”时代的到来，电子信息将成为未来人们面对和处理的主要信息。

文本信息是人类文明社会最早产生的信息种类，其依靠有形的物质载体存在和传播。该类信息最早的载体是龟甲、兽骨、简牍等，后来发展成纸类。目前来看，文本信息也是社会存在的主要信息种类，我们的教材、报纸、杂志等传统印刷行业的产品是这类文本信息得以存在和传播的主要媒介。

声音信息和图像信息依赖声波和光波存在。声音信息是人们用耳朵听到的信息，可以使用无线电、电话、唱片机和录音机等机器进行信息的处理。图像信息是人们能用眼睛看得见的信息，可以通过肉眼、照相机、录像机等媒介捕捉，再通过电子相册、照片等媒介存储和传播。

3. 信息的特征

所谓特征，就是物质区别于其他事物的本质属性。信息的本质属性列举如下。

（1）普遍存在与表征性

根据信息的定义可以看出，信息是事物运动的状态和方式，而不是事物本身，同时根据辩证唯物主义的观点，天地万物时刻都在运动，因此信息只是事物运动状态和存在方式的表征，并且普遍存在于世界上。信息与物质、能量一起，构成了客观世界的三大要素。

（2）动态性

随着客观事物本身的运动变化，信息也在不停地发展更新，因此信息的获得和利用具有时效性。

（3）依存和可传递性

信息本身不能自行传递，它必须依附于一定的载体，并且不可能脱离物质而单独存在。没有语言、文字、图像等记录手段就不能表达，没有电磁波、声波、材料等物质载体就不能存储和传播。正是借助上述记录手段和物质载体，信息才可以从信息发出方传送给信息接收方。

（4）可处理和共享性

信息在存储和传输过程中，可以被分析或整合，从一种形式变换成另一种形式。与自然界中的能量守恒原则不同，物质的得失是平衡的，有得必有失，信息在传递过程中可以被信息发出方、信息传递者和信息接收方所共有。

4. 信息的功能

（1）信息促进科学决策

无论是个人或者组织，在生活中需要通过决策来保证既定目标的实现，而随着社会问题日益复杂，依赖科学程序与技术方法的科学决策应运而生。科学决策是一个动态的过程，该过程一般包括发现问题、确定目标、制订方案、评估选优、实施决策、追踪反馈，为保证决策的科学性，上述每一环节必须结合有效的技术方法进行，如调查研究、预测技术、环境分析、可行性分析、效用理论等，而上述方法和环节都基于一定的信息基础。及时获得有效信息，并充分利用，才能保证决策者的科学决策。

（2）信息方法是控制的手段

控制，是指对事物起因、发展及结果全过程的一种把握，是能预测和了解并决定事物的结果。实现控制的手段是信息方法，主要指信息反馈方法，信息反馈方法的过程包含信息输入、信息存储、信息处理、信息输出、信息反馈。无论是个人还是社会组织，为了实现既定的目标，需要通过信息反馈来把握事物的发展进程，从控制的实现过程可以看出，信息贯穿于整个控制过程的始终，是实现有效控制的手段。

（3）信息保证系统秩序

所谓系统，是指由若干个相互作用又相互依赖的元素所组成的具有一定结构和功能的有机整体。秩序是指有条理地、有组织地安排各构成部分以求达到正常运转或良好外观的状态。只有获得描述系统内部关系和作用的所有信息，才能保证系统秩序。整个系统正是通过信息的联系和作用才形成整体制度，一个系统如果缺乏信息，那么秩序必然混乱，最终走向灭亡。

（4）信息构成社会发展所需的信息资源

人类社会生产和生活中用以创造物质和精神财富的原始材料就是资源。而现代信息社会，大量的信息聚集起来就构成了重要的信息资源，随着信息技术的迅猛发展，增强了人们利用信息资源的能力。与其他资源相比，信息资源是人们借以对其他资源进行有效管理的工具，信息资源获取的途径、难易程度、有效性鉴别等各种因素会导致不同人掌握的信息不平衡。正是信息资源的失衡，使得最先获得有效信息的社会管理者能够科学决策、掌握分配其他资源的先机，而对于国家而言，信息资源的开发利用在推动整体社会经济发展、促进人类社会进步等方面发挥着举足轻重的作用。

二、信息管理

1. 信息管理的含义

信息管理是管理这一概念的下位概念，而管理活动始于人类群体生活中的共同劳动，已有上万年历史。对于什么是管理，至今专家和学者们仍然各持己见，没有统一的表述。一般认为管理是指在特定的环境条件下，以人为中心通过计划、组织、指挥、协调、控制及创新等手段，对组织所拥有的人力、物力、财力、信息等资源进行有效的决策、计划、组织、领导、控制，以期高效地达到既定组织目标的过程。而信息管理作为一种社会现象，是随着人类社会的产生和人类交流的发展而来的。

根据人类社会信息管理活动的发展史，可以将其划分为三个历史时期：古代信息管理时期、近代信息管理时期、现代信息管理时期。

有学者将现代信息管理分为三个层面：信息产品管理（微观），包括信息采集、整序、分析。信息产品的流通、信息系统管理（中观），包括设计、实施与评价，安全管理。信息资源配置等、信息产业管理（宏观），包括产业结构和测试，信息服务业的机制与管理模式，产业政策和信息立法，社会信息化。通过上述信息，可以简单将信息管理定义为是人类综合采用技术的、经济的、政策的、法律的和人文的方法和手段以便对信息流（包括非正规信息流和正规信息流）进行控制，以提高信息利用效率、最大限度地实现信息效用价值为目的的一种活动。

2. 信息管理的对象

（1）信息资源

它是信息生产者、信息、信息技术的有机体。信息管理的根本目的是控制信息流向，实现信息的效用与价值。但是，信息并不都是资源，要使其成为资源并实现其效用和价值，就必须借助“人”的智力和信息技术等手段。因此，“人”是控制信息资源、协调信息活动的主体，是主体要素，而信息的收集、存储、传递、处理和利用等信息活动过程都离不开信息技术的支持。没有信息技术的强有力作用，就难以实现有效的信息管理。由于信息活动本质上是为了生产、传递和利用信息资源，因此信息资源是信息活动的对象与结果之一。信息生产者、信息、信息技术三个要素形成一个有机整体——信息资源，它是构成任何一个信息系统的基本要素，是信息管理的研究对象之一。

（2）信息活动

它是指人类社会围绕信息资源的形成、传递和利用而开展的管理活动与服务活动。信息资源的形成阶段以信息的产生、记录、收集、传递、存储、处理等活动为特征，目的是形成可以利用的信息资源。信息资源的开发利用阶段以信息资源的传递、检索、分析、选择、吸收、评价、利用等活动为特征，目的是实现信息资源的价值，达到信息管理的目的。单纯地对信息资源进行管理而忽略与信息资源紧密联系的信息活动，信息管理的研究对象就是不全面的。

3. 信息管理的意义

（1）整合信息资源，提供优质信息服务

当前社会充满各种信息，优质劣质信息共存，妨碍了人们对有效信息的获取和利用，因此，信息要成为资源的必要条件就是信息管理，通过组织对信息的收集、整理、选择和评价等过程，才能甄选可利用的信息资源。同时各类信息的数量巨大和相关信息的相对稀缺也是当前信息资源面临的主要矛盾，特别是对于老年人来说，固化的知识结构和对互联网工具的生疏，造成了他们和互联网电子信息之间的巨大隔阂，因此有效地分配和重新利用信息资源，就要通过信息管理来实现，从而为社会的所有参与者提供优质的信息服务。

（2）推动信息产业发展，提高人类生活水平

信息产业属于第四产业范畴，它包括电讯、电话、印刷、出版、新闻、广播、电视等传统的信息部门和新兴的电子计算机、激光、光导纤维、通信卫星等信息部门，主要以电子计算机为基础，从事信息的生产、传递、储存、加工和处理。第四产业是从三大产业中分化出来的属于知识、技术和信息密集的产业部门的统称。它包括：设计、生产电子计算机软件的部门及其服务部门，咨询部门，应用微电脑、光导纤维、激光、遗传工程的新技术部门，高度自动化、电气化部门等，信息产业独立作为第四产业，特指将信息转变为商品的行业，作为信息产业中最活跃、最主动的因素之一，信息管理的水平决定信息产业发展的高度，优质的信息管理必定能够进一步提高人类的生活水平。

第二节　老年服务信息管理

导入情景

日常生活信息获取是精神养老的一部分内容，芬兰学者萨弗雷连认为“日常生活信息查询”是“人们用于日常生活中自我定位、并解决与完成工作任务没有直接关系问题的各种（认知和表述）信息内容的获取活动”。芬兰学者 Williamson（威廉姆森）研究了物理环境和社会环境对老年人日常生活信息查询行为的影响，构建了老年人信息查询行为的生态模型，发现家庭和朋友是老年人最重要的信息源，联系方式为电话，且老年人的信息需求主要是健康、政府退休金、娱乐和志愿服务。

方法

采用分层抽样和整群抽样相结合的方法，相关研究人员对中国 6 个城市 3568 名 60 岁以上老年人的信息获取渠道和信息需求进行调查。

结果

老年人选择日常生活信息获取渠道的比例从高到低依次为电视、亲朋好友、图书报刊、广播、网络、讲座；关注信息的类型从高到低依次为天气预报、新闻报道、

健康信息、娱乐信息、社会福利、科普常识、旅游信息、交通信息、购物信息、财经信息；去图书馆的目的主要是查阅图书报刊，使用网络比例较低。

我国老年人网络应用尚处于初级阶段，为使老年人适应网络时代的信息环境，需要加强对老年人网络利用的培训力度。随着物质和精神需求的不断深化，我国老年人关注的信息类型日趋多样化。为老年人提供信息服务时侧重点为时效性强的信息类型。我国老年人的日常生活信息查询行为主要集中在满足生理需求和安全需求两方面，其次才是社交需求、自我尊重和自我实现等。

（资料来源：李小平，马佳，李黎，等．老年人日常生活信息查询行为现状及特征［J］．中国老年学杂志，2014（9）：2523－2524。）

情景分析

人口老龄化的快速发展，给我国社会带来了严峻挑战，家庭小型化、空巢化现象普遍，家庭养老功能逐渐弱化，社会养老需求急剧增长，老年群体自身存在物质、精神需要，特别是对于信息资源的需求，基于以上背景，利用现代信息技术，调研老年人信息需求，整合可供老年人利用的信息资源，利用信息化手段搭建高效的养老服务平台，是提高我国老年服务信息管理水平的必要手段。

一、老年服务信息管理的内容

2011 年 9 月 17 日由中华人民共和国国务院以国发〔2011〕28 号印发的《中国老龄事业发展“十二五”规划》提出：加快居家养老服务信息系统建设，做好居家养老服务信息平台试点工作，并逐步扩大试点范围。建立老龄事业信息化协同推进机制，建立老龄信息采集、分析数据平台，健全城乡老年人生活状况跟踪监测系统。《社会养老服务体系建设规划（2011—2015 年）》提出：加强养老服务信息化建设，依托现代技术手段，为老年人提供高效便捷的服务，规范行业管理，不断提高养老服务水平。以社区居家老年人服务需求为导向，以社区日间照料中心为依托，按照统筹规划、实用高效的原则，采取便民信息网、热线电话、爱心门铃、健康档案、服务手册、社区呼叫系统、有线电视网络等多种形式，构建社区养老服务信息网络和服务平台，发挥社区综合性信息网络平台的作用，为社区居家老年人提供便捷高效的服务。在养老机构中，推广建立老年人基本信息电子档案，通过网上办公实现对养老机构的日常管理，建成以网络为支撑的机构信息平台，实现居家、社区与机构养老服务的有效衔接，提高服务效率和管理水平。上述政策文件搭建了老年服务信息管理的基本框架，为养老服务的信息化提供了政策支持。

老年服务信息管理是基于为老年人提供养老服务过程中所需的信息资源而言的，以“老有所养、老有所医、老有所教、老有所学、老有所乐、老有所为”为目标，通过调研老年群体的信息需求，整合老年服务所需的信息资源，利用现代化的信息处理工具，为居家养老、社区养老和机构养老的服务者提供科学决策的动态管理过程。

老年服务信息管理的主体涵盖了国家老龄管理部门、老年人群体和养老为老服务机构；老年服务信息管理的对象主要是在老年服务过程中所需的信息资源和信息活动；同时，信息资源和信息活动也是老年服务信息管理的主要内容。

1. 调研老年群体信息需求，提供所需信息资源

老年群体的特点各不相同，信息需求也会有所不同，一般来说根据老年群体的身体机能状况可以把老年群体分为：健康老年群体、患病老年群体、半失能老年群体、失能老年群体、失智老年群体。不同老年群体在接受养老服务时需要的信息资源侧重点自然不同，需要因人而异，同时，不同老年群体也有信息需求的共性，比如维持正常生活的经济信息、治病健身的医疗信息、日常生活所需的服务信息以及思想交流的知识和技能信息。

特别需要注意的是，提高运用现代化的信息技术满足老年群体信息需求的程度。利用智能手机或者电脑终端，根据不同老年个体的需求，为其提供相应的信息推送，并根据不同养老模式，定期对老年人进行信息查询技能培训，及时把当前最新的互联网技术和成果以适合老年人接受的方式在老年群体中普及，比如，可以推出老年网络大学，让老年人在居家养老服务中接受教育信息，并完善线上课程；可以推出线上医疗，运用电子档案为老年人远程诊疗，节省线下就医的时间成本；为学会使用智能手机的老年人开设即时通信工具辅导课程，比如，在社区中教老年人使用微信与家人视频，从而获得精神慰藉。

2. 改善老年服务主体的信息服务软硬件设施，提高管理和服务水平

当前主要的养老服务模式为：居家养老、社区养老和机构养老。老年服务信息管理过程是以政府为主导，家庭、社区和机构共同参与。因此提高信息管理水平，就要从国家老龄部门出发普及参与主体，改善养老服务依赖的软硬件条件。

政府老龄部门应当建立老年服务信息系统，收集有关部门、养老机构和社区等渠道的与老年人有关的人口信息、医疗信息、日常生活需求信息和教育文化需求信息，并利用大数据分析、预测，为老年服务信息管理的科学决策提供支持。老年服务信息系统，应该包括基础信息数据库、养老机构数据库、服务管理系统等，其中，基础信息数据库要实现同公安、民政、卫生、社会保障等部门的数据共享，特别是生成居民电子医疗信息档案和老年人口信息。

家庭、社区和养老机构，要在政府引领基础上，运用智能手机终端，使用管理软件，实现老年服务信息传输的快速、精准，及时将有效的老年服务信息数据上传政府老龄部门。

二、老年服务信息管理的作用

当前社会对于老年群体无疑是残酷的，社会上年过50岁再去求职的普通人，工作机会较少，并且强制性的根据年龄实施的退休政策，也使得老年群体被动地发生社会角色的转变，而当前60岁以上的老人多数是20世纪50年代末之前出生的，当他们迈入信息化时代时，却又很快退出了工作的平台，如此一来老年人缺少了主动获取信息的自主意识。而当前我们国家面临的“未富先老”养老难题迫切需要调动老年人主动获取信息的积极性，这是老年服务信息管理的意义之一。另外，针对居家、社区与机构养老服务的不同需求，采用信息化的手段，同时能够提升政府监管职能和施政管理水平，为政府决策提供老年人需求情况等数据支持。

1. 信息服务提升老年人社会参与度，保障晚年幸福生活

信息服务的过程是使信息引起受众注意，通过作用于受众的感觉器官，经受众感知、兴趣的筛选，作用于受众思维，使其认知结构发生反应，并最终作用于受众的情感、意志，与其个性发生反应的过程。通过调研老年群体信息需求，为其提供相应的信息资源，有利于提升老年人的自主意识，提高社会地位感，确保晚年幸福生活。

2. 实现老年群体信息共享，保障养老服务管理质量

利用计算机和互联网等信息化技术，收集公安、民政、卫生等部门的老年群体数据，建立相应的人口数据库，建立老年服务管理系统，从而实现老年服务信息被各部门和不同养老机构的共享，极大提升养老服务工作效率，保障养老服务管理质量。

3. 利用大数据分析、预测老年群体信息，保障科学决策

利用大数据统计、分析老年群体信息，可以为我国养老产业的布局和发展提供科学依据，保障养老服务的科学决策。

4. 监督老年服务质量，保障老年群体权益

通过建立老年群体信息数据库，能够实时记录老年服务过程中的数据信息，提高数据信息的质量和准确度。利用该数据库可以对不同养老服务模式进行管理和监督，从而对服务过程中产生的纠纷和问题，进行追溯查询，保障老年人的合法权益。

三、老年服务信息管理的组织与策划

1. 信息管理的组织结构

管理学中的“组织”存在双层含义，首先，它是一个名词，指的是为了特定目的而聚集在一起的群体；其次，它是一个动词，是管理工作职能的一部分，旨在建立一个精心策划的、适合组织内部成员分配的角色结构。构建组织结构的目的是创造一个促使成员完成任务的环境，因此首先要设计一个有效的组织结构才能保证管理的有效完成。同样，在信息管理领域，需要建立与现代管理相适应的组织结构是实现信息管理战略任务的关键。信息管理组织结构主要任务在于收集信息、加工信息、储存信息和传递信息。我们常见的信息服务机构包括：图书馆、情报所、统计局、其他政府信息服务机构以及各类咨询公司。

当前老年服务信息化过程中，涉及信息管理的主体既包括国家老龄部门，还包括养老、为老服务机构，同时还涉及医疗、人口、公安等行政主体，不同的管理主体担负的管理职能各不相同：信息的供应、信息的处理、信息的咨询、信息的使用和信息的管理，其中信息的管理职能是最核心的职能。因此以上信息管理主体在老年信息服务中根据各自职能组建相应的信息管理机构，在机构领导的支持下，制定信息资源开发、利用和管理的总体规划，负责信息系统的开发、维护和运行管理，信息资源管理的标准、规范、规章制度的制定、执行和修订，以及信息技术人员和员工的信息培训等。

同管理学中组织结构分类模式一样，信息管理的组织结构模式分为集中式、分散式和集中分散式。集中式是设置一个信息管理中心，对信息的收集、加工、检索和传递等活动集中统一管理，该模式的特点在于组织机构明确，适合信息总量不大的中小型企业或者养老服务机构。分散式是在各职能部门内设信息源，信息流在各部门间传递。集中分散式则不仅设置独立的信息中心，还在各职能部门设置不同层次的信息管理机构，它适合大型养老服务机构或国家老龄信息服务中心。

另外，从20世纪80年代起，为确保信息资源的充分开发和有效利用，国外对于信息管理的组织给予高度重视。1980年，美国政府为了克服联邦行政部门的文牍主义和官僚主义，制定了《文书工作削减法》，明确提出了“信息资源管理”的概念，为了从组织机构上保证和加强联邦政府各部门的信息资源管理活动，美国政府要求各部门都要设立 CIO（Chief Information Officer，首席信息官）这一职位。而美国政府的成功经验促使一些大公司将这一职位的名称和职能直接引入企业管理中，并成立由 CIO 牵头、最高领导和各部门负责人参与的信息部，信息部下设系统开发部（负责软件开发）、系统运行部（负责信息系统运行）和信息资源部（信息管理核心部门，负责信息资源的组织管理）。

2. 信息规划的方法、步骤

信息规划是指在行业发展战略目标的指导下，在理解行业发展战略目标与业务规划的基础上，诊断、分析、评估企业管理和信息技术现状，优化业务流程，结合所属行业信息化方面的实践经验和对最新信息技术发展趋势的掌握，提出信息化建设的远景、目标和战略。通常在进行信息化规划时，会通过三种方式来进行信息化规划工作：聘请专业信息化规划咨询公司；与在信息化规划方面有经验的专家开展咨询活动；依靠企业内部力量完成信息化规划项目。传统的信息化规划咨询公司可以帮助企业建立完备的信息化规划体系；咨询可以帮助企业提炼信息化规划的焦点问题，让企业借鉴他人的经验，避免陷阱。信息规划的具体步骤如下。

第一步：环境分析。

对行业所处的环境进行分析是信息化规划必不可少的工作，它是规划的依据。在这部分工作中，需要深入分析行业所处的国内外宏观环境、面临的发展机遇与威胁等。第一，要分析行业的发展现状、发展特点、发展动力、发展方向以及信息技术在行业发展中起的作用；第二，要分析并掌握信息技术本身的发展现状、发展特点和发展方向。

第二步：分析与评估行业信息化现状。

信息化现状分析是诊断行业信息化的当前状况，包括基础网络、数据库、应用系统状况，分析信息系统对企业未来发展的适应能力，给出信息化能力评估。

第三步：关键业务流程分析与优化。

关键业务流程分析是对业务功能分析的进一步细化，从而在业务流程图的基础上找到该项业务的关键步骤，并对关键工作流程进行梳理、完善和改进的过程。

第四步：信息化需求分析。

需求分析是在信息化现状评估的基础上，按照优化流程的业务运作模式，制定适应未来发展的信息化战略，指出信息化的需求。需求分析包括系统基础网络平台、应用系统、信息安全、数据库等需求。

第五步：信息化战略的制定。

根据前面分析的结果，制定和调整行业信息化的指导纲领，争取以最适合的规模和成本，去做最适合的信息化工作。

第六步：确定信息化的总体构架和标准。

首先，从系统功能、信息架构和系统体系三方面对信息系统应用进行规划，确定信息化体系结构的总体架构。同时，还需要拟定信息技术标准。这一部分涉及对具体技术产品、技术方法和技术流程的采用。它是对信息化总体架构的技术支持。通过选择具有工业标准、应用最为广泛、最有发展前景的信息技术为标准，可以使信息化具有良好的可靠性、兼容性、扩展性、灵活性、协调性和一致性。

第七步：信息化项目分解。

分析整个信息化过程中的资源投入和工作重点中存在的问题，确定弥补差距所需要的行动，将整个信息化过程分解成为相互关联相互支撑的若干子项目，定义每一个项目的范围、业务前提、收益、优先次序以及预计的时间、成本和资源；并对项目进行分派和管理，选择每一项目的实施部门或小组，确定对每一项目进行监控与管理的原则、过程和手段。

第八步：信息化保障分析。

针对每个项目，进行保障性分析，即按重要性排列优先顺序，进行准备度评分，并根据结果做出初步取舍，形成路标规划。

3. 信息规划的主要内容

（1）信息建设的重要性分析

阐明进行信息建设的基础和现状，分析信息建设的紧迫性和重要性。

（2）信息建设的指导思想和原则

指导思想：立足为老服务的发展战略目标，引入先进的管理理念，依托信息化工具和技术，实现老年服务信息资源交流通畅，工作流程高效运转，提高老年服务效率与服务水平。

一般需要遵循以下原则。

其一，立足全局、整体规划：结合信息建设的发展战略，整体规划各项内容。

其二，分步实施、协调发展：根据整体规划方案，结合各项内容的逻辑性，分步实施，确保各项内容协调发展。

其三，实用为主，超前布局：确保信息建设内容符合老年服务的要求，同时兼顾信息系统开发的前瞻性，为后续系统的兼容和开发留有余地。

其四，信息共享，兼顾安全：实现不同部门之间信息共享，同时注意服务信息的安全问题，平衡两者之间的关系。

（3）主要目标

规划的主要目标一般包括：综合网络建设、平台建设、内容资源及应用系统建设、技术团队和管理团队人员建设。

（4）风险分析

提前做好信息建设风险预估，并准备相应的风险预案，做好风险防控。

（5）建设框架

信息标准与规范：明确信息建设中数据平台、软件设计等所使用的信息标准，制定信息基础设施、应用系统、信息编码和用户的规范手册，以及信息管理流程。

信息安全体系：包括物理层、网络层、系统层、应用层的安全建设和安全管理措施。

基础设施建设：包括基础管网弱电系统和数据中心（如基础硬件设备，应用系统的数据汇聚、运行支撑环境）。

应用支撑平台建设：公共数据平台、统一身份认证平台和信息门户。

应用系统建设：各类业务管理系统。

运维体系：运行和维护系统的人才队伍建设和领导职能分配。

（6）实施步骤

四、老年服务信息标准与信息安全

1. 信息标准的概念与分类

标准是规范性文件之一。其定义是为了在一定的范围内获得最佳秩序，经协商一致，制定并由公认机构批准，共同使用的和重复使用的一种规范性文件。标准是科学、技术和实践经验的总结。为在一定的范围内获得最佳秩序，对实际的或潜在的问题制定共同的和重复使用的规则的活动，即制定、发布及实施标准的过程称为标准化。信息标准化的表达方式常常是数字、字符等抽象符号，这是因为计算机处理这些抽象符号较之处理信息的其他表达方式如语言、文字、图形、图像更节省、更快捷、更方便。广义的信息标准化不仅涉及信息元素的表达，而且涉及整个信息处理过程：包括信息传递与通信，数据流程，信息处理的技术与方法，信息处理设备等。

按照信息标准化涉及内容的不同，信息标准可以分为普通信息标准和专门信息标准。涉及内容比较广泛的信息标准是普通信息标准，比如国家信息交换标准编代码（如 ASCII 和 GB 2312－80 等）和国际物品条形编码。专门信息标准则一般涉及某种专门信息领域，比如计算机互联信息系统安全问题的 ISO 7498－2 国际标准、国际疾病分类标准编码（ICD）等。

2. 老年服务信息标准的内容

养老服务业标准体系是通过运用系统管理的原理和方法，对养老服务业发展中相互关联、相互作用的标准化要素进行识别和搭建形成的有机整体，其中老年服务信息的内容很多，国内外有关老年服务的信息标准有以下几种。

（1）行业通用养老服务业标准

主要包括养老服务业通用的术语、分类、安全、卫生、环保等信息，比如国际疾病分类 ICD－10、国标 GB/T 24433—2009《老年人、残疾人康复服务信息规范》。

（2）专业通用养老服务业标准

分为养老服务业建筑、养老服务业设备、养老服务业用品、养老服务和养老管理等，这一层次主要为通用技术要求。

（3）软件设计开发方面的标准

主要有《国家经济信息系统设计与应用标准化规范》、国家标准 GB/T 7026—1986《标准化工作导则信息分类编码标准的编写规定》、国家标准 GB/T 8567—1988《计算机软件产品开发文件编制指南》等。

（4）其他相关的法律法规

如《中华人民共和国计算机信息系统安全保护条例》《中华人民共和国统计法》《中华人民共和国电子签名法》。

3. 老年服务信息安全

当前个人信息在网络上泄露的案例屡见不鲜，在建构老年服务信息系统的过程中，应当防范数以亿计的老年人医疗、卫生和人口信息被泄露或信息系统遭受病毒侵袭丢失重要数据。应当高度重视老年服务信息安全，加强信息安全体系建设。

信息安全体系建设可以从技术层面、管理层面和立法层面入手，分别建设技术、管理和法律法规等基本框架，再以信息安全为三者的原点构建立体式防御体系，由此构成一个动态、开放的信息安全体系。

首先，在技术层面重点强化技术手段的安全保障作用，架构元素包括物理层安全建设、网络层安全建设、系统层安全建设、应用层安全建设。

其次，在管理层面的元素包括行政管理、技术管理。行政管理的主要问题在于各个应用系统的使用单位必须根据国家有关宏观管理原则、策略，结合本单位的实际情况建立安全管理组织机构、制定安全管理规章制度，特别是要注意加强对网上信息的分类管理。

最后，健全信息安全体系的法律法规，主要完善个人信息保护立法。

第三节　老年服务信息系统

导入情景

2013年10月29日中午11点30分，住在武汉市东亭社区的夏奶奶拿起自己的“一键通”，按下9号键，预订送餐服务。15分钟后，热腾腾的饭菜就送到了家中。“一键通”是武汉市建设的一个社区居家养老服务信息系统。65岁以上的老年人，如在家急需照顾，或想找个人聊聊天，只需在电话上按一个键，电话那头的服务平台中心就能提供帮助。

目前，“一键通”主要推行家政服务、康复护理、助餐应急、精神慰藉4项基本居家养老服务。“一键通”是电话或手机上的特定按键，老年人如发生意外或遇到困难，或者需要预约洗衣、做饭、维修、理发、送米等日常生活服务，可以按下该键向服务平台中心求助。

服务平台中心接到老人求助信息后，电脑屏幕上同步显示老人的基本情况和类型，包括离老人居住地最近的医院、家人情况及联系方式、老人生活能否自理等。然后根据老人的具体服务要求，为其联系社区服务站、街道服务中心或医疗服务站。根据计划，2013年11月底前，武汉市将建成社区居家养老服务信息系统，覆盖武汉市1117个社区。

这样一项惠民工程，在推广的过程中却不是那么顺利。据民政局统计，目前武汉市共发放“一键通”终端近8万部，这与武汉市58万65岁以上的老人总量相距甚远，武汉市针对65岁以上老人养老问卷调查中，愿意使用“一键通”的老人达到28.5万人。各区完成情况也差距明显。据了解，完成最好的是硚口区和武昌区，这两个区加起来已经发放了3万多部“一键通”终端。其他区发放情况不甚理想，个别区仅发放了3000余部。

民政局相关负责人表示，推行困难是多方面的因素造成的，老人不接受和使用费用是主要原因。“我这么年轻，为什么要用这种老人机?”在青山钢花122社区，67岁的许国峰老人这样告诉记者。在武昌、青山、硚口、江汉等城区多个发放“一键通”社区采访后，记者了解到，申请“一键通”的健康老人，年龄段多在75岁至85岁。75岁以下真正有需求的是一些空巢、失独、“三无”老人。对于这部分困难老人，他们接受新鲜事物的能力普遍较弱，有些老人甚至没有用过手机，虽然有工作人员会给他们讲解介绍，但老人仍然觉得不方便。

更为重要的，则是费用问题。据了解，为维持平台运营，“一键通”需收取信息服务费，在民政部门的努力下，第一年为所有老人免单。从第二年开始，除正常手机使用费用外，老人需支付“一键通”系统每月10元钱的信息服务费。“一键通上的服务项目，到社区服务中心都可以办。多跑一脚路，就不用花一年上百块的冤枉钱。”江汉区的李婆婆说。

（资料来源：湖北省人民政府网，2013年10月30日，《按一键即享社区服务武汉“一键通”为何遇冷》）

｜情景分析｜

居家养老是城市老年人最为青睐的养老方式。居家养老服务，是指以家庭为核心、以社区为依托、以专业化服务为依靠，为居住在家的老年人提供以解决日常生活困难为主要内容的社会化服务。服务内容包括生活照料与医疗服务以及精神关爱服务。主要形式有两种：由经过专业培训的服务人员上门为老年人开展照料服务；在社区创办老年人日间服务中心，为老年人提供日托服务。

一、老年服务信息系统的开发

信息系统（Information System）是由计算机硬件、网络和通信设备、计算机软件、信息资源、信息用户和规章制度组成的以处理信息流为目的的人机一体化系统。从发展和系统特点来看，信息系统可分为数据处理系统（Data Processing System，DPS）、管理信息系统（Management Information System，MIS）、决策支持系统（Decision－making Support System，DSS）、专家系统［人工智能（AI）的一个子集］和虚拟办公室（Office Automation，OA）五种类型。

信息系统的开发方式有自行开发、委托开发、联合开发、购买现成软件包进行二次开发几种形式。一般来说根据企业的技术力量、资源及外部环境而定。科学的开发过程从可行性研究开始，经过系统分析、系统设计、系统实施等主要阶段。每个阶段都应有文档资料，并且在开发过程中不断完善和充实。使用的开发方法有以下两种：

1. 瀑布模型（生命周期方法学）

结构分析、结构设计、结构程序设计（简称SA—SD—SP法）用瀑布模型来模拟。各阶段的工作自顶向下从抽象到具体顺序进行。瀑布模型意味着在生命周期各阶段间存在着严格的顺序且相互依存。瀑布模型是早期信息系统设计的主要手段。

2. 快速原型法（面向对象方法）

快速原型法也称为面向对象方法，是针对 SA—SD—SP 法的缺陷提出的设计新途径，是适应当前计算机技术的进步及对软件需求的极大增长而出现的，是一种快速、灵活、交互式的软件开发方法学。其核心是用交互的、快速建立的原型取代形式的、僵硬的（不易修改的）、大块的规格说明，用户通过在计算机上实际运行和试用原型而向开发者提供真实的反馈意见。快速原型法的实现基础之一是可视化的第四代语言的出现。

两种方法的结合，使用面向对象方法开发信息系统时，工作重点在生命周期中的分析阶段。分析阶段得到的各种对象模型也适用于设计阶段和实现阶段。实践证明两种方法的结合是一种切实可行的有效方法。

二、我国老年服务信息系统的基本框架

基于上述对信息系统的定义，老年服务信息系统的主要框架应该包括老年服务管理中涉及的计算机硬件、网络和通信设备、计算机软件、老年群体信息资源、老年服务信息用户和规章制度。我们分别从国家、社区与养老服务机构、老年人群体与家庭三个主要层面总结该系统基本框架如下。

1. 国家层面

国家应该完善养老服务信息管理相关规章制度，从顶层设计层面确立老年服务信息系统的技术规范和管理规范，确定老年服务信息建设的国家标准，设立专门负责老年服务信息管理部门统筹安排全国性的养老服务信息管理工作，协调对接公安、民政、卫生、社会保障等部门的信息系统，接收老年群体服务信息；统筹管理全国各地养老服务机构的设立、管理，监测各地老年人事业发展，及时分析、干预；统筹养老服务信息管理系统软硬件开发的资金支持、资金补贴等工作；收集养老服务信息，做好养老产业从业人员的培训等。

2. 社区与养老服务机构层面

社区与养老服务机构首先应当建立综合服务平台，包括网络平台、个人呼叫终端和社区各种配套服务，服务功能涉及日常服务、医疗卫生服务、精神慰藉、紧急救援等；其次社区与养老服务机构的信息管理系统应该遵循国家信息标准和行业信息标准，基于上述标准设置合理的人力资源管理、安全管理、物业管理、决策统计等功能，并实现与国家层面的信息管理系统进行对接。

3. 老年人群体与家庭层面

老年人群体与家庭成员首先应当积极参与国家和社区层面的养老服务信息管理，

及时上传个人信息；其次要利用互联网、移动通信网等手段，建立个人与社区或者养老服务机构综合服务平台之间的动态联系；最后家人或老人本人要积极参与社区或者养老服务机构的培训工作，熟悉老年机或者其他辅助智能终端的使用方法。

三、我国主要的老年服务信息系统

2015 年 10 月 29 日，党的十八届五中全会通过的《中共中央关于制定国民经济和社会发展第十三个五年规划的建议》（以下简称《建议》）明确指出，积极开展应对人口老龄化行动，弘扬敬老、养老、助老社会风尚，建设以居家为基础、社区为依托、机构为补充的多层次养老服务体系。各级政府养老服务体系建设“十三五”专项规划随之展开。“十三五”时期，养老服务需求会更旺盛、更迫切、更多层次、更多样化。预计 2020 年我国 60 周岁以上老年人口将达到 2. 43 亿，2025 年将突破 3 亿。新的形势、任务要求各级政府加快创新养老服务提供方式。目前国家层面有民政部建设的国家养老服务信息系统，各省、市、区（县）有专门的养老（为老）服务信息系统，城市有社区层面建立的老年服务信息系统以及养老服务机构内部自主开发的老年服务信息系统。

1. 国家及各级政府养老服务信息系统

该系统是民政部利用福利彩票公益金建设的，由社会福利中心承担养老服务信息系统建设工程，系统建设主要包括：一是建立养老服务信息化管理系统；二是养老服务信息系统建设工程；三是建立公众养老服务系统；四是建立基础支撑平台。此外还包括由企业承建的养老服务机构信息管理系统、社会养老服务发展指标检测系统、政府管理系统、养老热线和养老服务机构人才培训管理系统。

以养老服务机构信息管理系统为例，该系统于 2014 年 1 月通过了专家评审终验。系统研发过程中对上海、南京、成都、福州等多地养老机构多次调研，并且在民政部社会福利中心的组织和领导下完成了对全国养老机构院长的问卷调研，充分了解一线养老机构管理人员的现实需求。系统以“方便机构、动态掌握、数据为主”的设计原则，主要实现了服务管理、人力资源管理、膳食管理、安全管理、财务管理、物业管理、决策统计管理、系统管理等功能。为全国各类养老服务机构提供专业完整的养老服务机构信息化管理模式。

该系统具有以下特点。

（1）零投入：分秒注册、统一培训

养老机构服务管理信息平台采用 B/S 架构，民政部社会福利中心集中部署，福利中心统一组织培训。

(2) 零风险：权威认证、数据无忧

经过权威机构评测，养老机构服务管理信息平台系统环境安全，机构数据集中存储于民政部社会福利中心，具有专业的数据容灾备份及安全策略，确保数据不丢失、不外泄。

(3) 零基础：操作便捷、界面友好

养老机构服务管理信息平台业务需求源自各级养老机构，充分考虑养老机构实际应用场景，功能易用实用，界面设计简便。

(4) 零维护：应用在线、数据集中

养老机构服务管理信息平台只需用户接通互联网即可在线访问，无须维护服务器、终端，数据集中存储自动备份。

2. 社区及养老服务机构信息服务系统

社区居家养老服务信息系统的典型就是居家养老呼叫服务联网中心，它一般由呼叫平台、用户终端以及配套服务体系组成，包括养老服务信息管理、老年人居家呼叫服务和应急救援服务等功能。全国有25个以上地市建立了类似的老年人服务系统，本节“导入情景”中提到的武汉市社区居家养老服务信息系统就是较典型代表。

养老服务机构自主研发的居家养老服务信息系统也日渐增多，并且功能完备，以瑞宝健康产业（控股）集团研发的“零距离”系统在北京市西城区的应用为例，系统已经成功运营了四年多，覆盖了全区15条街道，服务了超过33万60岁以上的老年人（包括失智、失能、残疾、特服、孤寡、空巢等），大幅提高了老年人对养老服务的获得感和政府公共治理绩效水平，得到了国家民政部等单位的高度认可和肯定。目前，西城区已经基本实现了“9064”养老服务目标——到2020年，90%的老年人在社会化服务协助下通过家庭照顾养老，6%左右的老年人可由社区提供日间照料和托老服务，4%的老年人可入住养老机构养老。

“零距离”系统建设模式为“1+6+N”。“1”是建设一个“家福云”计算基础设施数据中心。“6”是六大共性基础平台，即云应用支撑平台、移动接入平台、物联网接入支撑共享管理平台、共享交换平台、网络安全平台和综合应用整合平台。“N”是为政府各部门提供的N种服务，目前包括统一认证系统、数字证书系统、短信平台、邮件系统、门户系统、电子通信录、办公OA和审批平台等。“零距离”系统可以实现三大类养老服务功能。一是居家安全管理，基于GPS技术、老年人数据库、呼叫中心及个人佩戴终端，优化整合周边服务资源，构建智能化的虚拟敬老院运营模式，实施紧急救援、生活帮助、主动关怀三大服务。二是入户巡视管理，利用 GPS 技术对巡视人员进行实时定位、轨迹记录、合理调度、监督管理。三是服务商服务管理，以 O2O 平台为支撑，制定为老助残服务标准，成立养老助残“服务商联盟”，规范和引导服务商提供服务。它最大的特点是依托区、街居家养老服务中心和社区居家养老服务工作站，建立市、区、街道、居委会“四级”由政府、医院、养老机构、志愿者及其他社会力量“五方”互补联动的养老工作机制，不断推动养老服务工作的观念创新、方式创新、技术创新，实现共享发展。

知识链接

1. 《国务院办公厅转发民政部等部门关于加快实现社会福利社会化意见的通知》，http：//www. gov. cn/gongbao/content/2000/content_ 60033. htm

2. 《国务院关于加快发展养老服务业的若干意见》，http：//www. gov. cn/zwgk/2013 –09/13/content_ 2487704. htm

案例分析

老年人只用手机打电话、不会用互联网？中国社科院国情调查与大数据研究中心、腾讯社会研究中心等机构日前联合发布《中老年互联网生活研究报告》，针对 50 岁以上的中老年人做了个调查，结果显示中老年的网络生活比许多人想象的更丰富。

越来越多中老年人使用互联网

在整体网民中，中老年网民数量增加更快。报告数据显示，从 2012 年开始，50 岁以上网民群体在网民整体中所占比例直线上升，到 2017 年达到 10.6%。

中老年人比较喜欢使用微博、微信朋友圈、QQ 空间、人人网等，还有社区类、婚恋类社交应用。微信官方数据显示，2017 年活跃的 55 岁以上用户达到 5000 万人，比 2015 年 50 岁以上的 1263 万人多了好几倍。

另外，中老年人对智能手机的要求也越来越高。报告显示，调查样本中的老年人 90.6% 的人对手机满意，但也有 9.4% 的中老年人反映屏幕小、速度慢、存储空间不够，对手机不满意。

中老年人上网主要是看资讯

报告数据显示，75.8% 的中老年人会上网看新闻资讯，超过一半的中老年人会自行搜索，其中不少中老年人通过微信公众账号读文章。

心灵鸡汤、幽默段子更受 50 岁以上的人群欢迎。报告显示，喜爱这两种资讯类型的用户数，占受调查中老年人的7成以上。而一般网民中浏览这两个主题资讯的用户数，占全体网民5成左右。

仍有近半数中老年网民从未用过手机支付

报告数据显示，46.3%的中老年人从未用过手机支付，36.4%的中老年人偶尔用，只有17.4%的中老年人经常用。

手机支付功能的使用，也和用户是否绑定银行卡密切相关。绑定银行卡的往往使用手机支付，或者也可以说，乐于用手机支付的大多做了银行卡绑定。

中老年人绑定的银行卡里余额一般不多。微信和支付宝数据显示，超过半数的中老年人绑定的银行卡存款或信用卡信用额度在5000元以下，大部分在500元至5000元的区间，较少有1万元以上的。

安全是中老年人是否使用手机支付考虑的第一要素。认为手机支付不太安全的人群中，74.8%的人从不用手机支付。总的来说，中老年人用手机支付相对比较积极，但也有数据反映中老年人对个人信息的保护意识不够强，存在一些安全隐患。

中老年人在网上被骗后较少寻求帮助

报告显示，67.3%的中老年人在互联网上被骗过。其中，在朋友圈被骗的比例占69.1%，微信群中被骗的占58.5%，通过微信好友被骗的有45.6%。中老年人受骗最多的类型分别是：免费领红包、赠送手机流量、优惠打折团购。

当中老年人受骗时，他们较少寻求帮助。其中，有68.3%的受骗中老年人表示"不寻求帮助，当经验教训"，只有25.9%的受骗人群会向子女求助，而选择报警的只有0.6%。

（资料来源：新华网，2018年3月21日，《比你想象更丰富，50岁以上的人群这样用互联网》）

思考题：

1. 案例当中提到的《中老年互联网生活研究报告》在老年服务信息管理中所起到的作用是什么？

2. 对中老年人屡屡在互联网被骗的情况，你认为应该怎么处理？

第七章

老年服务质量管理

章节导读

截至2016年年底，全国60周岁以上老年人口有2.3亿，占总人口的16.7%，其中失能、部分失能老年人约4000万人，占老年人口的18.3%，空巢老年人占老年人口的51.3%。人口老龄化不断加剧，养老服务需求快速增长，养老机构成为老年人社会化养老的重要方式。提高养老院服务质量，关系到两亿多老年人口特别是4000多万失能半失能老年人的晚年幸福，也关系到他们子女的工作生活，是涉及人民生活质量的大事。

长期以来，全国养老机构服务质量管理缺乏统一的标准，养老机构开展服务质量建设缺乏遵循依据，社会评价养老机构服务质量也缺乏依据。2017年12月29日，原国家质检总局、国家标准委发布并实施了《养老机构服务质量基本规范》。据悉，截至2016年年底，全国共登记注册养老机构2.9万家，床位378万张，养老机构规模不断扩大，服务形式不断丰富，为实现老有所养发挥了重要作用。此次发布的《养老机构服务质量基本规范》结合我国养老服务发展现状和趋势，紧扣养老服务的安全底线和基本功能，明确了全国养老机构服务质量的基本要求。《养老机构服务质量基本规范》是为了健全养老机构标准体系，进一步规范养老机构服务质量而制定的规范标准。

学习目标

1. 了解我国老年服务质量管理的概念。
2. 掌握我国老年服务质量管理的方法。
3. 掌握我国老年服务质量管理的风险控制。

第一节　质量管理概述

导入情景

2018 年 3 月 13 日，某知名作家在微博发表了一篇文章，她的好友程女士在某知名电商平台购买了美国 Comfort U 护腰枕，平台标价人民币 1489 元，美国官网售价 109.95 美元。而商家实际发货的是一个标识为 Contour U 的护腰枕，美国官网售价 33.6 美元。程女士提出质疑，商家解释称是发错货，可以退货退款，但拒绝“假一罚十”。据某知名作家称，程女士在向某知名电商平台客服投诉后，客服也认为商家发错货，之后她又向多地消协投诉，但都没有获得受理。无奈之下，程女士找到好友某知名作家，希望将事件公开。这一文章经传播后，引发广泛关注。

事件发生后，某知名电商平台官方态度强硬，3 月 14 日在其黑板报微信公号发声明称：经调查系商家发错货，并非售假，无法要求商家 10 倍赔偿。同时，某知名电商平台方面还强调某知名作家的文章内容多处严重不实，已涉嫌夸大编造和诽谤，甚至表示要采取法律手段维权。

不过，一番你来我往之后，某知名电商平台改口了。3 月 17 日晚上 9 点多，某知名电商平台 CMO（首席营销官）公开发声，某知名电商平台全体管理层专门针对此事进行了全面的反思与自我批评，同时承认之前客服的处理方式与对外表态确实不妥，对程女士致歉并将对此事进行彻查。某知名作家则在微博回应：真高兴看到世界每天都在向我们期望的样子迈进！中国进入前所未有的高能时期，霸级企业面临的困惑和管理难题也是其他国家或历史时期尚未给出答案的。严格要求加宽容等待，是我们共同的心声。

情景分析

顾客满意取决于产品和服务质量。什么是质量？不同的专家对质量有许多不同的定义，诸如“适合使用”“符合要求”“性能稳定”等。美国质量协会（American Society for Quality）所下的定义如下：质量（Quality）是某件产品或某项服务所具有的能够满足现实或潜在需要的特征与特色的总和。显然，这是一个顾客导向的质量定义。当销售的产品或服务能够符合或超过顾客期望时，我们称此产品达到了所需的质量水平。

2018 年 3 月 22 日，第四届中国质量诚信品牌论坛（以下简称论坛）在北京举办。论坛由中国质量万里行促进会主办，主题为“质量引领新发展，诚信走进新时代”，会上发布的《2017 年中国质量诚信产品与服务质量明查暗访情况》显示，多数名优企业加强了产品和服务质量管理，不断开拓创新，完善标准，走向制度化、科学化与规范化，建立健全了产品和服务质量诚信体系和管理办法，质量得到有效提高。

一、质量与质量管理

1. 质量

“质量”在汉语中是一个多义词，它包含以下意义：汉语词语、物理学术语、质量管理学概念、哲学定义、地理学术语、国际标准化组织制定术语、音乐的听觉效果、工程术语、产品术语。本书探讨的主要是质量管理学范畴的定义。在管理学领域，有关质量的定义最主流的是美国质量管理学家朱兰提出的：产品在使用期间能满足使用者的要求。而国际标准化组织（ISO）认为：质量是一组固有特性，满足要求的程度。

通过上述定义可以看出，主流的质量定义包括了对产品或服务的“要求”和“满足要求的程度”两个方面。在广义的范畴，产品其实囊括了“服务”，因为产品包含了有形产品和无形产品（服务即无形产品的一种）。但在此书中，我们做狭义的解说，由此引申出两个分概念：产品质量和服务质量。

产品质量是指产品满足规定需要和潜在需要的特征和特性的总和。任何产品都是为满足用户的使用需要而制造的。对于产品质量来说，不论是简单产品还是复杂产品，都应当用产品质量特性或特征去描述。产品质量特性依产品的特点而异，表现的参数和指标也多种多样，反映用户使用需要的质量特性归纳起来一般有六个方面，即性能、寿命（耐用性）、可靠性与维修性、安全性、适应性、经济性。课前导入情景中，某知名作家的好友程女士在某知名电商平台购买的护腰枕，即为引发争议的产品，消费纠纷也是由于该产品的质量问题引起的。

服务质量是指服务能够满足规定和潜在需求的特征和特性的总和，是指服务工作能够满足被服务者需求的程度，是企业为使目标顾客满意而提供的最低服务水平，也是企业保持这一预定服务水平的连贯性程度。在课前导入情景中，程女士不仅遭遇了有形产品的质量问题，还遭遇了某知名电商平台售后服务的质量问题。

通过前述定义，结合课前导入情景，我们不难发现，质量就是企业的生命线，市场竞争已经决定性地从“价格竞争”转向“质量竞争”。影响用户购买的三因素：价格、质量、交货方式（交货期和地点），其排列次序已经变为质量、交货方式、价格。质量已成为决定用户购买的首要因素，“质量竞争”在某种程度上正在取代“价格竞争”。

2. 质量管理

关于“质量管理（Quality Management，QM）”这一术语的含义有着不尽一致的表述，ISO 9000－2000“质量管理和质量保证”标准规定：“质量管理是指全部管理职能的一个方面。该管理职能负责质量方针的制订与实施。”ISO 8402－1994“质量管理和质量保证术语”标准中，将质量管理的含义进行了扩展，规定：“质量管理是指确定质量方针、目标和职责，并通过质量体系中的质量策划、质量控制、质量保证和质量改进来使其实现的所有管理职能的全部活动”，并说明质量管理是各级管理者的职责，但必须由最高领导者来推动，实施中涉及单位的全体成员。在质量管理活动中，必须考虑经济因素。

由此，我们可以通俗地理解为：质量管理是指为了实现质量目标，而进行的所有管理性质的活动。

质量管理的历史可以追溯至商品产生的时代，而后经过了工业革命时代，到如今的国际化时代，简单表述如下。

1. 手工业时期的原始质量管理

随着社会的发展，村庄逐渐扩展为商品交换场所，新的行业——商业出现了。买卖双方不再直接接触了，而是通过商人来进行交换和交易。在村庄集市上通行的确认质量的方法便行不通了，于是就产生了质量担保，从口头形式的质量担保逐渐演变为质量担保书。伴随商业的发展，要使彼此相隔遥远的连锁性厂商和经销商之间能够有效地沟通，新的发明又产生了，这就是质量规范即产品规格。这样，无论距离多么遥远，产品结构多么复杂有关质量的信息能够在买卖双方之间直接沟通。紧接着，简易的质量检验方法和测量手段也相继产生，这就是在手工业时期的原始质量管理。

由于这时期的质量主要靠手工操作者本人依据自己的手艺和经验来把关，因而又被称为“操作者的质量管理”。18 世纪中叶，欧洲爆发了工业革命，其产物就是“工厂”。由于工厂具有手工业者和小作坊无可比拟的优势，导致手工作坊的解体和工厂体制的形成。在工厂进行的大批量生产，带来了许多新的技术问题，如部件的互换性、标准化、工装和测量的精度等，这些问题的提出和解决，催促着质量管理科学的诞生。

2. 工业化时代的质量管理

工业化时代的质量管理的发展经历了以下三个阶段。

（1）质量检验管理阶段

该种检验就是要求在产品制造过程中，分派专人负责产品质量的检验，运用各种检测设备和仪表，在成品中挑出不合格的产品，来保障产品质量，这种事后把关的质量管理方法，无法在制造过程中起到预防、控制的作用，难以挽回废品的既成事实损失。随着生产规模的扩大，该种方法的弊端也逐渐凸显出来，一些著名统计学家和质量管理专家注意到质量检验的问题，尝试运用数理统计学的原理来解决，使质量检验既经济又准确，这就催生了下一个管理阶段。

（2）统计质量控制管理阶段

这一阶段的特征是数理统计方法与质量管理的结合。第二次世界大战初期，当时的军需品生产面临严重的问题：由于军需品大多数属于破坏性检验，不可能也不许可事后全检，便导致事先无法控制不合格品而不能满足交货期的要求。美国国防部为了解决这一难题，特邀请休哈特道奇、罗未格、华尔特以及美国材料与试验协会、美国标准协会，美国机械工程协会等有关人员进行研究并于 1941—1942 年先后制订和公布《美国战时质量标准》即 E1. 1《质量管理指南》、E1. 2《数据分析与控制图法》和 E1. 3《生产质量管理由控制图法》，强制要求生产军需品的各公司、企业实行统计质量管理。也就是把事前控制的质量管理转变为预测、预防，但是该管理阶段侧重对标准的控制，忽视质量管理与组织管理的有机结合。

（3）全面质量管理阶段

随着市场竞争，尤其是国际市场竞争的加剧，各国企业都逐渐重视“产品责任”和“质量保证”问题，加强内部质量管理，以确保生产的产品使用安全、可靠。由于上述情况的出现，显然仅仅依靠质量检验和运用统计方法已难以保证和提高产品质量，促使了“全面质量管理”的理论逐步形成。最早提出全面质量管理概念的是美国通用电气公司质量经理阿曼德·费根堡姆。

3. 国际化时代的质量管理

随着国际贸易的迅速扩大，产品和资本的流动日趋国际化，相伴产生的是国际产品质量保证和产品责任问题。1973 年在海牙国际司法会议上通过了《关于产品责任适用法律公约》，之后，欧洲理事会在丹麦斯特拉斯堡缔结了《关于造成人身伤害与死亡的产品责任欧洲公约》，同时，旨在消除非关税壁垒，经缔约国谈判通过的《技术标准守则》对商品质量检测合格评定、技术法规等方面作了详尽的规定。由于许多国家和地方性组织相继发布了一系列质量管理和质量保证标准，制订质量管理国际标准已成为一项迫切的需要。为此，经理事会成员国多年酝酿，国际标准化组织（ISO）于 1979 年单独建立质量管理和质量保证技术委员会（TC176），负责制订质量管理的国际标准。1987 年 3 月正式发布 ISO 9000、ISO 9001、ISO 9002、ISO 9003、ISO 9004 质量管理和质量保证系列标准。该标准总结了各先进国家的管理经验，将之归纳、规范。发布后引起世界各国的关注，并予以贯彻，适应了国际贸易发展需要，满足了质量方面对国际标准化的需求。

二、服务与服务质量的内涵

1. 服务的内涵

大家对“服务”一词都不会陌生，但如果要回答“什么是服务”，相信很少有人能说得清楚。和“管理”一样，很多学者都给“服务”下过定义。但由于它是看不到摸不着的东西，而且应用的范围也越来越广泛，难以简单概括，所以直到今天，还没有一个权威的定义能为人们所普遍接受。“服务”在古代是“侍候，服侍”的意思，随着时代的发展，“服务”被不断赋予新意，经济学意义上的服务，是指以等价交换的形式，为满足企业、公共团体或其他社会公众的需要而提供的劳务活动，它通常与有形的产品联系在一起。

1960 年，美国市场营销协会（AMA）最先给服务下的定义为：“用于出售或者是同产品连在一起进行出售的活动、利益或满足感。”这一定义在此后的很多年里一直被人们广泛采用。

1974 年，斯坦通（Stanton）指出：“服务是一种特殊的无形活动。它向顾客或工业用户提供所需的满足感，它与其他产品销售和其他服务并无必然联系。”

1984 年，莱特南（Lehtinen）认为：“服务是与某个中介人或机器设备相互作用并为消费者提供满足的一种或一系列活动。”

1990 年，格鲁诺斯（Gronroos）给服务下的定义是：“服务是以无形的方式，在顾客与服务职员、有形资源等产品或服务系统之间发生的，可以解决顾客问题的一种或一系列行为。”当代市场营销学泰斗菲利普·科特勒（Philip Kotler）给服务下的定义是：“一方提供给另一方的不可感知且不导致任何所有权转移的活动或利益，它在本质上是无形的，它的生产可能与实际产品有关，也可能无关。”我们也可以这样来理解服务：服务就是本着诚恳的态度，为别人着想，为别人提供方便或帮助。

服务的特征有无形性、生产和消费同步性、差异性和易逝性。

（1）无形性

因为服务是由一系列活动所组成的过程，而不是实物，所以在这个过程中我们不能像感觉有形商品那样看到、感觉或者触摸到服务。比如：对于大多数服务来说，购买服务并不等于拥有其所有权，如航空公司为乘客提供服务，但这并不意味着乘客拥有了飞机上的座位。

（2）生产和消费同步性

有形商品是先生产，然后存储、销售和消费，但大部分的服务却是先销售，再生产和消费，比如聘请律师、观看演出等。这通常意味着服务生产的时候，顾客是在现场的，而且会观察甚至参加到生产过程中来。

（3）差异性

服务是由人表现出来的一系列行动，而且员工所提供的服务通常是顾客眼中的服务，由于没有两个完全一样的员工，也没有两个完全一样的顾客，那么就没有两种完全一致的服务。

（4）易逝性

服务的易逝性是指服务不能被储存、转售或者退回的特性。比如一架有 100 个座位的航班，如果在某天只搭载了 80 个乘客，它不可能将剩余的 20 个座位储存起来留待下个航班销售。

2. 服务质量的内涵

前述所说的质量的内涵部分，从广义来讲囊括了服务质量的内涵，也就是产品生产的服务或服务活动满足规定或潜在要求的特征和特性的总和。可以从服务质量的构成要素以及服务质量和有形产品质量之间的区别加以理解。

3. 服务质量的构成要素

服务质量的构成要素包括技术质量、职能质量、形象质量和真实瞬间。

技术质量是指服务过程的产出，即顾客从服务过程中所得到的实物产品。例如课前导入情景中程女士购买的护腰枕，对于技术质量，顾客容易客观感知和测评。

职能质量是指服务推广的过程中顾客所感受到的服务人员在履行职责时的行为、

态度、穿着、仪表等给顾客带来的利益和享受。职能质量取决于顾客的主观感受，难以进行客观的评价。技术质量与职能质量构成了感知服务质量的基本内容。

形象质量是指企业在社会公众心目中形成的总体印象。在某知名作家指责某知名电商平台的帖子发布在网络之时，通过网络反馈可以看出，某知名电商平台的形象在此次事件中大打折扣，而在此事被曝光之前，某知名电商平台以送货快、售后服务好而居于电商行业前茅，可见服务质量和企业形象息息相关。

真实瞬间则是服务过程中顾客与企业进行服务接触的过程。这个过程是一个特定的时间和地点，这是服务提供者向受众提供自己服务质量的时机，一旦时机过去，服务交易结束，就难以改变顾客对服务质量的感知；如果在这一瞬间服务质量出了问题也难以无法补救，因为时间是不可逆的，记忆也是不可逆的。

4. 服务质量和有形产品质量之间的区别

服务质量较有形产品的质量更难被消费者所评价；顾客对服务质量的认识取决于他们预期同实际所感受到的服务水平的对比；顾客对服务质量的评价不仅要考虑服务的结果，而且涉及服务的过程；服务质量有预期服务质量与感知服务质量之别。

三、服务质量管理模式

综观国内外管理学家的研究，服务质量管理模式主要有三种：产品生产模式、顾客满意程度模式和相互交往模式。

产品生产模式认为管理者可通过生产体系客观地控制无形产品的质量，如企业使用现代化的设备和自动操作体系，取代劳动密集型工作，形成规模生产等。顾客满意程度模式则强调管理者和服务人员应从顾客角度来看待服务和服务质量，顾客对服务过程及服务结果的主观评价决定其是否会选择并重复购买该企业的服务。相互交往模式是把服务人员与顾客间面对面的交往看成服务的核心。从服务质量管理的三种模式来看，顾客满意程度模式更有现实意义。因为多数情况下，服务质量不仅依赖于企业的服务规格和服务水准，还更多地取决于顾客对服务的感受。因此，对企业来说，一方面要着力建立科学、统一、规范的服务质量体系，实现服务质量的制度化、程序化和标准化；另一方面要根据本企业服务的特点和服务质量管理的原则，突破传统的产品质量管理模式，勇于创新，积极探索服务质量管理的新模式。

第二节 老年服务质量管理

导入情景

2017 年 9 月，山东省聊城市财政局会同市民政局出台了《聊城市养老院服务质量标准化示范单位奖补资金管理暂行办法》，市财政局将投入奖补资金 300 余万元，扶持养老院服务质量标准化建设。

本办法是为加快养老院服务质量标准化和认证建设，推进聊城市养老院标准化示范单位和养老机构服务名牌建设，根据《关于贯彻国办发〔2016〕91 号文件全面放开养老服务市场提升养老服务质量的实施意见》（鲁政办发〔2017〕52 号）文件要求出台的。

市财政局投入的 300 余万元奖补资金，使用范围为经县级以上民政主管部门审批登记，在聊城市范围内经营，养老服务床位 100 张以上，为老年人提供养护、康复、托管等服务，且正常经营满一年的社会办、公建（办）民营的养老机构（含护理型）和公办敬老院。对评定为三级以上的养老机构给予一次性奖补 20 万 ~50 万元不等。本办法自 2017 年 9 月 1 日起施行，具体奖补资金申报工作由市民政部门牵头组织实施。

（资料来源：齐鲁网，2017 年 9 月 4 日，《聊城：300 万元扶持养老院服务质量标准化建设》）

情景分析

2017 年 3 月起，为全面贯彻落实习近平总书记在中央经济工作会议关于“开展质量提升行动”的部署要求和第十四次中央财经领导小组会议关于提高养老院服务质量的重要讲话精神，加快建立全国统一的服务质量标准和评价体系，加强养老院服务质量监管，坚决依法依规从严惩处欺老、虐老行为，尽快在养老院服务质量上有明显改善，民政部、公安部、国家卫生计生委、质检总局、国家标准委、全国老龄办六部委决定在全国开展养老院服务质量建设专项行动。

此次行动的目标是到 2017 年年底，养老院服务质量明显改善，各项服务质量基础进一步夯实，全国统一的服务质量标准和评价体系初具雏形，50% 以上的养老院能够以不同形式为入住老年人提供医疗卫生服务。涌现一批质量有保证、服务有标准、人员有专长的专业化养老院。

到2020年年底，基本建立全国统一的养老服务质量标准和评价体系，养老服务质量治理和促进体系更加完善，养老院服务质量总体水平显著提升，所有养老院能够以不同形式为入住老年人提供医疗卫生服务，形成一批品牌形象突出、服务功能完备、质量水平一流的连锁化养老院，质量建设成果更好地惠及全体老年人及其家庭，为积极应对人口老龄化，全面建成小康社会奠定坚实基础。而聊城市此次行动正是国家养老服务管理过程中的一部分。

由课前导入情景中的2017年养老院服务质量建设专项行动可以看出，在我国养老服务行业，服务质量一直是国家和政府层面强调的重点，而该专项行动无疑也是一场由上而下的体系化质量管理行动。因此，要保障我国养老服务行业的质量，就应该建立完备的老年服务质量管理体系、运用得当的服务质量管理方法，制定并严格遵守老年服务质量管理标准。

一、老年服务质量管理体系

老年服务质量管理体系就是指在老年服务质量方面指挥和控制组织的体系，是为了实现服务质量管理所需的组织结构、程序、过程和资源。建立养老服务质量体系，就是管理主体和参与者通过建立养老服务质量方针和目标，并制定一组相互关联或相互作用的要素（管理职责、资源管理、服务质量分析与改进）来实现其设定的养老服务质量目标。

需要注意的是服务质量管理体系的三个关键方面：管理者职责、资源和质量体系结构。

1. 管理者职责

通过课前导入情景，我们可以看出养老服务管理者的分类主要有宏观和微观两类。宏观层面指的是国家及各级政府，通过拟定法律法规或发布特定的行动方案，来明确整个养老行业宏观层面的质量建设方针和目标；微观层面即实际执行和操作层面的各养老机构，根据国家层面拟定的方针和目标，结合养老服务质量检查指南，逐项提高养老服务质量。

除了明晰方针和目标，管理者还要落实服务质量职责和权限，通过检查和反馈实现养老服务质量管理的闭环控制。

2. 资源

资源包括人力资源、物质资源和信息资源，资源是服务质量管理体系的经济基础和技术基础，也是服务质量管理体系能够有效运行的前提和手段。

（1）人力资源是服务企业的首要资源，特别对于养老服务行业来说，要选择具备行业认同感的员工，从而避免职业倦怠而产生虐待、殴打老人等报复行为；其次，要不断对养老服务从业者进行培训，培训的内容也要因人而异；最后，要对员工给予适当的物质奖励，不断提升养老服务工作者的薪资待遇。

（2）物质资源在养老服务行业中，主要指的是完善的养老服务基础设施，还包括技术和装备，国家应该从资金拨付、政策支持等方面来促进养老服务产业基础设施的生产制造，而我们也看到老年扶助器械的发明创造日益增加，这可以一定程度上节省人力成本。

（3）信息资源是养老服务提供者和接受者之间良性关系建立的关键，依赖于现代化的信息系统和信息技术，可以说是决定新时代养老服务质量的核心资源之一。

3. 质量体系结构

质量体系结构主要包括组织结构、服务质量的过程管理和程序性文件。

（1）组织结构

组织结构是管理组织为行使其职能按照某种方式建立的职责、权限及其相互关系。以某养老院为例，如图 7－1 所示：

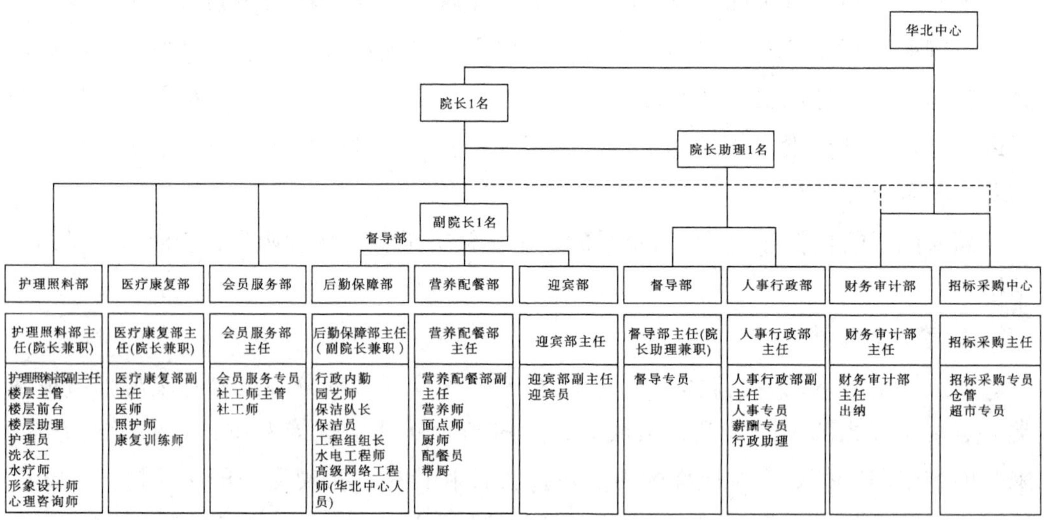

图 7－1　某养老院组织结构

（2）服务质量的过程管理

ISO 9000 标准认为，所有工作都是通过过程完成的。对于养老服务机构来说，过程的输出就是养老服务，各服务行业都是通过对行业内部各种过程进行管理来实现服务质量管理。

养老服务可以划分为三个主要过程：养老服务市场研究和开发、养老服务设计和养老服务提供过程。养老服务市场研究和开发是指养老服务机构通过市场研究和开发，来确定与提升对养老服务的需求和要求的过程；养老服务设计过程是把前面市场研究和开发得到的结构转化成服务规范、服务提供规范和服务质量控制规范，同时体现养老服务机构的目标等方面的选择方案的过程；养老服务提供过程是指将养老服务提供给老年群体的过程，这也是老年服务质量测评的主要过程。

（3）程序性文件

程序是指为进行养老服务活动所规定的途径。养老服务质量体系的程序是对服务质量形成全过程的所有活动，规定特定的实现路径，达到特定标准的要求。老年服务质量体系的所有程序最终必须形成程序性文件，从而保证服务质量体系的有效运行，老年服务工作程序根据性质可以分为管理性程序和技术性程序两类。服务质量体系程序属于管理性的工作程序。

二、老年服务提供过程管理

在上述质量体系的介绍中可以得出，老年服务质量体系结构中包含过程质量管理，该过程质量管理又包括市场研究和开发、服务设计和服务提供过程三个方面的管理。而服务提供过程是顾客参与的主要过程，它具备两大特征：服务提供者与接受者之间关系特别密切、服务生产过程和消费过程同时进行。我们可以从以下三方面来把握老年服务提供过程管理的内涵。

1. 老年服务机构的评价

老年服务机构可以用绘制服务流程图的方法进行过程质量测量，如现实工作步骤、工作任务和真实瞬间，找出服务系统中的管理人员不易控制的部分、不同部门之间的衔接薄弱环节，分析影响服务质量的各种因素，采取预防和补救措施。

2. 顾客评价

在养老服务行业，“顾客”就是养老服务的接受者，顾客对养老服务过程的评价可以是滞后的和事后回顾性的，并且顾客评价往往带有主观色彩，有些评价缺乏对企业服务的指导价值。这就需要结合养老服务机构自身评价，从而避免自我评价中的盲区，也可以弥补顾客评价的随机性和主观性。

3. 不合格服务的补救

不合格服务在养老服务业中是不可避免的，对不合格服务的识别和报告是每个养老服务提供者的义务和责任，在服务质量体系的程序性文件中应该规定对不合格服务的纠正措施，并尽可能地利用真实瞬间或者“关键时刻”进行补救。要对不合格的养老服务进行补救，需要经过两个阶段。

（1）识别不合格服务

可以通过建立一个有效的系统来监测、记录和研究顾客的抱怨，以此将服务问题揭示出来，达到识别不合格服务的目的。

（2）处理不合格服务

对于已经暴露的不合格服务，企业要采取积极措施来处理，以满足顾客的要求。比如前一节课中某知名电商平台和程女士就商家提供的商品和售后服务发生纠纷，顾客在与客服协商无果的情况下，转而通过微博公之于众，某知名电商平台管理层第一时间并非出来安抚顾客情绪并满足顾客要求，而是斥责对方损害了公司的名誉，要采取法律手段维权，而后面对舆论压力，再度出面安抚，其实已经错过了最佳时间，但也比没有及时处理效果要好。

三、老年服务质量管理方法

1. 全面质量管理

20 世纪 50 年代末，美国通用电气公司的费根堡姆和质量管理专家朱兰提出了“全面质量管理”（Total Quality Management，TQM）的概念，认为“全面质量管理是为了能够在最经济的水平上，并考虑到充分满足客户要求的条件下进行生产和提供服务，把企业各部门在研制质量、维持质量和提高质量的活动中构成为一体的一种有效体系”。全面质量管理的基本方法可以概括为：一个过程、四个阶段、八个步骤、七种统计方法。

一个过程，即企业管理是一个过程。企业在不同时间内，应完成不同的工作任务。企业的每项生产经营活动，都有一个产生、形成、实施和验证的过程。

四个阶段，根据管理是一个过程的理论，美国的戴明博士把它运用到质量管理中来，总结出“计划（Plan）— 执行（Do）— 检查（Check）— 处理（Action）”四阶段的循环方式，简称 PDCA 循环，又称“戴明循环”。

八个步骤，为了解决和改进质量问题，PDCA 循环中的四个阶段还可以具体划分为八个步骤。①计划阶段四个步骤为：分析现状，找出存在的质量问题；分析产生质量问题的各种原因或影响因素；找出影响质量的主要因素；针对影响质量的主要因素，提出计划，制定措施。②执行阶段：执行计划，落实措施。③检查阶段：检查计划的实施情况。④处理阶段的两个步骤为：总结经验，巩固成绩，工作结果标准化；提出尚未解决的问题，转入下一个循环。

在应用 PDCA 四个循环阶段、八个步骤来解决质量问题时，需要收集和整理大量的书籍资料，并用科学的方法进行系统的分析。最常用的七种统计方法是排列图、因果图、直方图、分层法、相关图、控制图及统计分析表。这套方法以数理统计为理论基础，不仅科学可靠，而且比较直观。

2. 服务质量分析

（1）ABC 分析法（排列分析）

ABC 分析法是根据事物在技术或经济方面的主要特征，进行分类排队，分清重点和一般，从而有区别地确定管理方式的一种分析方法。ABC 分析法是根据事物在技术、经济方面的主要特征，进行分类排列，从而实现区别对待区别管理的一种方法。ABC 分析法是帕累托二八法则衍生出来的一种方法。所不同的是，二八法则强调的是抓住关键，ABC 分析法强调的是分清主次，并将管理对象划分为 A、B、C 三类。

ABC 分析法的步骤：①收集数据，按分析对象和分析内容，收集有关数据；②处理数据，对收集来的数据资料进行整理，按要求计算和汇总；③制作 ABC 分析表；④根据 ABC 分析表确定分类；⑤绘制 ABC 分析图，按 ABC 分析曲线对应的数据，按 ABC 分析表确定 A、B、C 三个类别的方法，在图上标明 A、B、C 三类，则制成 ABC 分析图。

以南京市民政局印发的 2017 年度养老院服务质量建设专项行动实施方案为例，该方案附有《南京市养老机构服务质量大检查指南》，该指南将养老服务质量衡量的因素全部量化，并分为 A、B、C 三类，A 类是基本具备项，B 类是标准化提升项，C 类是医养结合实施项，每项都有相应的赋分，根据检查项目是否进行算分，最终将三类进行合并算分，合计 170 分及以上的评级为优秀，合计 120～169 分的评级为达标，合计 120 分以下的评级为不达标。

（2）因果分析法（鱼骨图分析）

因果分析法是利用事物发展变化的因果关系来进行预测的方法。它是以事物发展变化的因果关系为依据，抓住事物发展的主要矛盾与次要矛盾的相互关系，建立数学模型进行预测。问题的特性总是受到一些因素的影响，我们通过头脑风暴找出这些因素，并将它们与特性值一起，按相互关联性整理而成的层次分明、条理清楚，并标出重要因素的图形就叫特性要因图。因其形状如鱼骨，所以又叫鱼骨图（以下简称鱼骨图），它是一种透过现象看本质的分析方法。鱼骨图由日本管理大师石川馨先生发明，故又名石川图。

鱼骨图基本结构分为以下三种：①整理问题型鱼骨图，各要素与特性值间不存在原因关系，而是结构构成关系，对问题进行结构化整理；②原因型鱼骨图，鱼头在右，特性值通常以“为什么……”来写；③对策型鱼骨图，鱼头在左，特性值通常以“如何提高/改善……”来写。以第二种鱼骨图示范如图 7－2 所示：

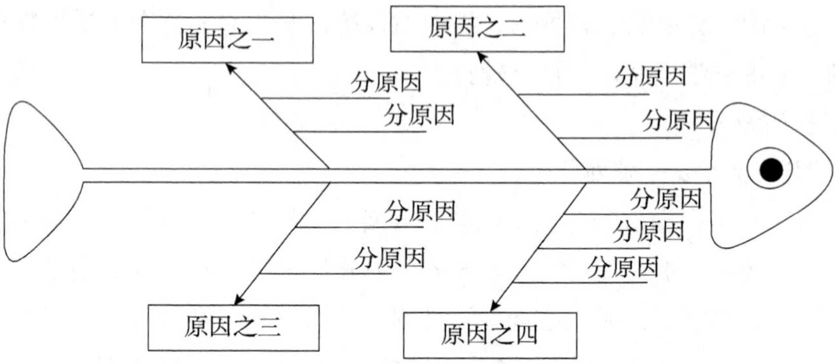

图 7－2　原因型鱼骨图

制作鱼骨图分两个步骤：分析问题原因/结构、绘制鱼骨图。

第一步，分析问题原因/结构：针对问题点，选择层别方法，如“人机料法环”即人为因素、机制因素、原料因素、方法因素、环节因素；按头脑风暴分别对各层别类别找出所有可能原因；将找出的各要素进行归类、整理，明确其从属关系；分析选取重要因素；检查各要素的描述方法，确保语法简明、意思明确。

第二步，绘制鱼骨图：填写鱼头（按为什么不好的方式描述），画出主骨；画出大骨，填写大要因；画出中骨、小骨，填写中、小要因；用特殊符号标识重要因素；绘图时，应保证大骨与主骨呈 60 度夹角，中骨与主骨平行。

四、老年服务质量管理标准

完备的行业标准和市场规范是推进养老服务工作的重要基石，是更好地提供养老服务、加强行业管理的准则和依据。《国务院关于加快发展养老服务业的若干意见》（国发〔2013〕35 号，以下简称国务院 35 号文件）提出“养老服务业政策法规体系建立健全，行业标准科学规范，监管机制更加完善，服务质量明显提高”的发展目标。老年服务可以分为社区居家养老服务和机构养老服务两类。

1. 社区居家养老服务质量管理标准

为建立社区居家养老服务标准体系，民政部推动制定发布了《社区老年人日间照料中心建设标准》（建标 143－2010），规范日间照料中心的设施建设；发布了《中华人民共和国民政行业标准：老年人能力评估（MZ/T 039—2013）》，为老年人能力评估提供可操作的评估工具；协调国家标准委发布了《社区老年人日间照料中心服务基本要求》（国家标准 GB－T 33168－2016）、《社区老年人日间照料中心设施设备配置》（国家标准 GB－T 33169－2016）等国家标准。各地也制定了一系列地方标准，推动居家养老服务规范发展。上海市发布了地方标准《社区居家养老服务规范》，并印发了《社区居家养老服务规范实施细则（试行）》；广东省发布了地方标准《社区居家养老服务规范》（DB44－T 1518－2015），印发了《广东省居家养老服务规范化指引》；山东省发布了地方标准《家政服务——居家养老服务质量规范》（DB37－T 1111－2008）；北京市制定了《社区养老服务驿站设施设计和服务标准（试行）》。这些国家标准、行业标准和地方标准为促进居家社区养老服务的规范化、专业化发展提供了技术支撑。但是同时还存在着居家养老服务领域标准化、规范化程度低等突出问题。

2. 机构养老服务质量管理标准

2017 年 12 月 29 日，国家质检总局、国家标准委发布了《养老机构服务质量基本规范》（以下简称《基本规范》），自 2017 年 12 月 29 日起实施。此次发布的《基本规范》结合我国养老服务发展现状和趋势，紧扣养老服务的安全底线和基本功能，明确了全国养老机构服务质量的基本要求。

《基本规范》的主要内容如下：

其一，基本要求。养老机构提供服务，应符合相关法律法规要求，依法获得相关许可；开展外包服务的，应与有资质的外包服务机构签订协议。

其二，服务项目与质量要求。这部分是《基本规范》的核心内容，列出了养老机构九方面的服务项目，包括：出入院服务、生活照料服务、膳食服务、清洁卫生服务、洗涤服务、医疗与护理服务、文化娱乐服务、心理/精神支持服务、安宁服务；明确了养老机构基本服务项目的主要内容与质量要求。

其三，管理要求。提出了养老机构服务管理、人力资源管理、环境及设施设备管理、安全管理四方面的基本要求，为养老机构服务质量管理提供支撑和保障。

其四，服务评价与改进。阐述了养老机构服务质量的评价方式、评价内容和持续改进要求，为养老机构开展服务质量提升工作提供指导。

第三节　老年服务风险控制

导入情景

李大爷今年 75 岁，住在（安徽省）亳州市利辛县西潘楼镇于寨敬老院。敬老院里住了54位五保老人，以前他们觉得敬老院的伙食还不错，一个礼拜有一顿肉，还有鱼和鸡等。自从今年7月敬老院被隔壁村的村书记陈某某妻子承包后，老人们觉得伙食一天不如一天。“以前有鸡肉、鱼肉、猪肉的，现在啥也没有了，伙食比以前差不少。”李大爷说，说是村书记妻子承包的，但实际管理的还是村书记本人。

2016年8月10日下午，当地上级主管部门来到敬老院检查。问到伙食如何时，李大爷没有给村书记面子，直接反映伙食差。正是因为李大爷的“告状”，让他引来祸事。

在领导离开敬老院后，村书记找他算账，抓住他一顿踢打。听到外面有异样，同住在敬老院的赵大爷跑出来拉架。没想到，赵大爷被村书记打了一个耳光。一气之下，赵大爷要打电话报警，没想到手机被村书记的儿子夺走后摔碎。最终，赵大爷从别人那借来手机，打电话报警。

事情发生后，当地警方介入调查。8月16日，双方达成治安调解协议书，上面显示村书记陈某某与李大爷因敬老院琐事发生争吵，后引起陈某某对李大爷进行殴打。协议要求陈某某主动赔礼道歉并支付李大爷医疗费用等一万一千余元。

9月1日，利辛县西潘楼镇镇党委会发表会议纪要，决定免去陈某某村书记职务，解除西潘楼镇政府与陈某某妻子关于敬老院的承包合同，敬老院由镇政府统一管理。此外，由西潘楼镇派出所认真调查事情经过，依法处置。

（资料来源：合肥网，2016年9月7日，《亳州利辛一敬老院老人向领导反映伙食差遭村书记殴打》）

情景分析

养老服务行业因为所面向的往往都是高龄、身体状况不佳的老人，因此一直被认为是高危行业。当前社会的养老机构一般就是养老院、敬老院、社区居家养老服务中心等，每一个养老机构都会面临各种风险。例如民营的敬老院往往会面临着资金筹措、人员匮乏、法律风险等难题，民营敬老院并非国家公益性养老机构，虽然缓解了公办养老机构“一床难求”的问题，但是承包者逐利的经营目的往往会带来养老服务成本的缩减，从而导致服务质量下降，引起敬老院老年群体的不满。长期的服务管理质量下降会导致如上面案例中所说的冲突和纠纷，预防和控制养老服务中潜在的各种风险，是确保各类养老机构稳步运行的关键，也是引领我国养老服务行业健康发展的必经之路。

一、老年服务存在的风险

无论是哪一种养老机构，在提供养老服务的过程中，总会由于不确定性因素面临很多风险。

其一是专业人才匮乏风险。我国养老机构服务的床位需求数量增长较快，但是专业的养老护理服务人员短缺，造成一定的养老服务问题，比如养老护理员的队伍整体素质偏低，大多是来自农村的闲散劳动力，文化水平不高，年龄普遍偏高；养老服务业管理人才短缺，在一些城乡结合及乡村养老机构中尤为突出；养老服务专业人才缺乏，老年服务与管理高职高专毕业生数量满足不了市场的需求，并且高学历、专业性人才大多数不愿意从事养老服务一线工作。

其二是市场与社会环境风险。首先，在市场方面，养老机构目前面临的双轨机制下的市场竞争不完善，目前养老市场存在公办和民办两种体制，公办的养老机构由政府投资，运营上享受各种税费减免以及财政补贴。还有一些“公建民营”“民办公助”的模式，基本上都是以不完整、不真实的成本参与市场竞争。对公办养老机构的特殊优惠和补贴政策，直接导致了市场价格的“扭曲”——公办的养老机构价廉物美、门庭若市，民营市场化养老机构因成本高而不得不减少成本导致服务质量下降，造成恶性循环。其次，在社会方面，自古以来的“养儿防老”的传统思想和居家养老占比较高的现状导致了一个普遍的观念：“把老人送进养老机构的就是不肖子孙”，因此社会缺乏支持养老机构发展的氛围。

其三是运营风险和法律风险。运营风险主要表现在养老机构与入住老人及老人家属之间发生的纠纷事件，主要包括老年人意外摔倒、受伤、走失、去世，老年人与护理员之间的纠纷，老年人医疗事故纠纷，子女拖欠房费，等等。冬天需要采暖，给养老机构的用电防火安全也带来了一些隐患。还有一些老人入住养老院时经常有家里隐瞒老人真实身体状况的情况，若是养老机构疏于做入院前的全面体检，一旦发生意外就会引发高额索赔，养老机构往往会非常被动，法律风险日益凸显，养老机构因为法律风险而负担的经济赔偿责任越来越重。

其四是财务风险。养老服务行业是微利行业，大部分养老机构常年处于薄本或者是亏损状态，加上各种风险隐患的存在，养老机构必然会面临较高的财务风险，所以养老机构行业内部必须有完善合理的风险分担规避机制，以免让养老服务提供方承担全部风险，而养老机构责任险被普遍认为是解决该问题的可行途径。

二、老年服务风险控制的对策

风险管理就是一个识别、确定和度量风险，并制定、选择和实施风险处理方案的过程。而风险控制是指风险管理者采取各种措施和方法，消灭或减少风险事件发生的各种可能性，或风险控制者减少风险事件发生时造成的损失。

总会有些事情是不能控制的，风险总是存在的。作为管理者会采取各种措施减少风险事件发生的可能性，或者把可能的损失控制在一定的范围内，以避免在风险事件发生时带来难以承受的损失。风险控制的四种基本方法是：风险回避、损失控制、风险转移和风险保留。具体到养老服务机构中，风险控制的对策主要有以下几个方面。

1. 树立风险控制意识、营造良好风险控制环境

风险管理是每位员工的职责，无论是管理阶层还是普通工作人员，都有义务进行风险监控及管理。要树立风险控制意识和营造良好风控环境，就要严格把关养老服务人员的准入标准，对在岗养老服务人员进行风险控制培训，提高养老服务人员待遇，设立相应的奖励机制。挑选综合能力强、精明能干、工作经验丰富的人员担任管理者，进行有效组织管理、风险规避、市场经营等，营造“非惩罚性”工作环境，鼓励主动上报养老服务中的风险事件，及时发现潜在的风险。

2. 定期开展养老机构风险评估

积极探索减少风险事件发生的方法、对风险事件展开一定的干预，不断完善风险管理机制与风险管理教育，另外通过多部门的联合、多渠道的方法和措施减少风险事件的发生。应用护理风险评估量表，对入住老年人进行跌倒、窒息、坠床、走失、压疮等频发事故的危险因素进行评估，评价和预测各种风险的发生概率、严重程度。研发或者购买护理风险评估软件，实现养老服务风险评估的信息化，提高养老服务人员对存在风险的掌握程度。建立风险预警机制，对护理服务中现有的或潜在的风险进行识别、分析，对可能面临的各种风险做到心中有数，并制定应对预案；建立养老服务风险控制体系，借鉴医院的护理风险预控机制研究成果，在风险事故发生之前将风险消灭，或尽可能把风险的强度控制在一定范围内。

3. 完善养老服务过程管理中的程序性文件

实行制度化、规范化管理，按照国家有关规定建立健全岗位责任、安全管理、卫生管理等规章制度，用规章制度进行人事管理；识别工作中存在的风险及漏洞，针对风险制定服务标准、工作流程、操作流程等，以规范行业服务。加强养老机构职工的自律行为，自觉履行工作职责，认真遵守各项规章制度，将老年人的安全放于首要地位。

4. 建立长效信息互通与培训机制

鼓励养老机构上下级、员工之间开放性沟通，实现信息的无障碍流通。收集护理风险管理的相关资料，采用无领导小组讨论、头脑风暴法探讨事故发生的原因及预防措施，在养老机构内部形成一种安全氛围。将高发的风险事故、客观存在或潜在的风险因素、质量监控结果通过定期召开会议进行总结通报，定期组织培训及开展讲座，进一步学习护理风险理论知识、护理操作技能、老年人安全防范措施，及时了解养老机构相关法律法规及政策的变化，以提高养老护理人员的风险意识。

5. 强化养老机构内部风险管理监督

根据养老机构经营范围、服务特点、风险实质制定内部控制监督体制，例如：开展行检行评，实行相关质量控制及检查等。注重服务质量和护理技术，机构管理者对护理工作的各个环节进行质量控制和风险监控，或聘请中介机构、相关专业人员担任督导工作，进行监督指导。

知识链接

1. 《夯实养老服务质量基准线　持续提升养老机构服务质量——解读国家标准〈养老机构服务质量基本规范〉》，http：//www. mca. gov. cn/article/gk/jd/201712/20171215007142. shtml/5a7a520c7f8b9ab0d95ba88f. html

2. 《上海民政：关于印发〈社区居家养老服务规范实施细则（试行）〉的通知（沪民老工发〔2015〕4号）》，http：//www. yanglaocn. com/shtml/20150803/143859576251064. html

3. 《民政部等六部门印发关于开展养老院服务质量建设专项行动的通知》，http：//www. gov. cn/xinwen/2017－03/23/content_ 5180003. html

案例分析

两年投入700万元仅收住24位老人

地点：满怀柔情养老院

早晨8点，已进入耄耋之年的杨娟和张坦老两口相互搀扶着，走出窗明几净的房间去吃早点。这是老两口在满怀柔情养老院租住的一个夫妻包间。

夫妻包间是满怀柔情养老院负责人艾志东今年的新尝试。从2013年10月31日开张至今，这家养老院几乎让艾志东倾注了所有心血，体重也从80多公斤下降到不足 70 公斤，而这背后是总共近 700 万元的投入，一个在他眼里孤注一掷的数字。

位于北京市怀柔城区的满怀柔情养老院是北京最早一批公办养老机构中实现公建民营的区级养老院，共 7 层、188 张床位。2013 年 8 月，艾志东通过公开竞标成为满怀柔情养老院的负责人，但突出重围的结果却并没有让他风风光光地在养老事业的路上"出发"。"当时我身边的人没有一个支持我的"，艾志东说，干养老要赔钱几乎成了大家的共识，可他还是铁了心要试试。

走进满怀柔情养老院，从一层大厅的中国红色福寿墙到供老人娱乐使用的三角钢琴，从每层都设有的多功能厅活动室到可同时容纳 160 人就餐的老年餐厅，看得出，艾志东力争把养老院里的每一个细节都做到精益求精。但即使如此，两年来入住的老人仅有 24 人，入住率不足 20%。

2015 年 8 月，市人力社保局公布第 21 批医保定点医疗机构，满怀柔情养老院内设的医务室位列其中，这对于一家民营养老院来说，尤为不易。然而"医保定点申请下来了，可聘请到一个好医生又特别难，且不说每个月支付上万元的工资是笔很大的开支，一般有经验的医生也不愿意来这儿，因为大多数老人患有的都是常见病，来这里对医生业务水平的提高并没有太大帮助"，艾志东说，现在医务室的医生是养老院副院长兼着，一直想找位专业可靠的医生给老人做好保障，可大半年过去了，也没有找到一位愿意来养老院兼职坐诊的医生。

市区核心位置入住率仅一半

地点：景山地区某养护中心

民营养老院入住率不高的问题并不是少数。北京市东城区景山附近的一所老年养护中心是景山街道和一家社会组织合作开办的养老机构，位于紧邻景山公园的黄金位置，由一座四合院改造而成，占地 1200 平方米，可容纳 70 张床位。可从 2013 年营业至今，只入住了 30 多位老人，入住率只有约一半。

"百合花苑""白玉兰馨""紫丁香阁""芍药美居"……整个养老院突出了老北京四合院的古朴典雅，每个房间的名字和布置也十分温馨。"当初整理这个小院花了 1000 多万元，很费了一番功夫"，工作人员介绍，但收费方面还是尽量坚持公益性，床位费每月 2500 元至 4000 元，护理费每月 1000 元至 7000 元，餐费每月 900 元，从已入住的老人来看，平均收费大约在每月五六千元。每个房间都配备有空调、热水器、独立卫生间、电视机、电话、移动终端设备、呼救设备和多功能护理床，整个养护中心内采取无障碍设计，不管老人身体状况如何，都能畅行无阻。

两年多以来，养老院最大的负担还是庞大的人员开支。"目前 75 岁以下的老人只有三四位，大部分都是80岁以上的高龄老人，而且大多是生活半自理、不能自理及长期卧床的老人”，工作人员说，现在已有的10多位护理员每天都很忙，除了对老人的日常护理和整理房间、洗衣物等卫生保障，还要经常陪老人到景山公园散步，带老人到医院看病取药，工作量不小。但要想增加护理员却比较难，一方面素质较高的护理员很抢手，另一方面护理员工资很高，如果再增加就会给中心带来更多负担，“专业院校毕业的年轻护理员，我们是求之不得。”

（资料来源：豆瓣网，2016年5月17日，《民营养老院难解经营难点老人不愿住医生招不来》）

思考题：

1. 何为ABC分析法？
2. 何为鱼骨图分析法？
3. 请用鱼骨图分析法分析上述案例中两所养老机构所面临的经营困难问题。

第八章

老年幸福生活的营造

章节导读

随着时代与社会的发展，人类寿命在增长而出生率却在下降，因此老龄化程度日趋严重，而如何让老年人晚年生活健康幸福也变得愈加重要。

一、每天做适量的运动，老年人最好选择散步等较为温和的运动，而地点最好选在植被茂密的户外，可以呼吸一下新鲜空气，而且多参加集体活动与人交流有助于改善认知能力和记忆力。

二、年轻时注意为年老后做一定的储蓄，在青年时期就注重锻炼身体，尽可能多学一门语言有助于预防老年痴呆，与子女多相处培养感情。

三、可以适当地玩一玩麻将、扑克等游戏，有助于保持大脑年轻状态，注意经常思考动一动脑、看一些书籍，还可以每天沉思一会儿，这都是有助于脑部健康的活动。

四、注意保护视力，眼睛可以在一定程度上反映大脑的状态，因此要特别注意视力问题，可以定期去检查视力。

五、饮食方面要多吃海鱼坚果等富含 DHA（二十二碳六烯酸）、不饱和脂肪酸的食物，水果蔬菜等富含抗氧化剂及纤维素食物，有条件的话可以每天吃一点纳豆，注意不要摄入太多的糖分，不要吃得太饱。

学习目标

1. 了解老年人的婚姻现状、文化娱乐现状。
2. 掌握老年人生活质量评估方法。

第一节　老年人生活质量评估

| 导入情景 |

在江苏省建湖县近湖镇季埝社区，经常会遇到一对年过古稀的老人，他们总是有说有笑地挽着手，或一起晨练、散步，或一起买菜、做饭，眼里写满了关爱、幸福和默契。每当遇到这对老人，总让人羡慕、感动。

说起这对老人，男主人公是一名退休教师，女主人公是一位普通的家庭妇女。10 年前，他们双双丧偶，生活十分孤独；尽管他们都有再婚的念头，但双方都有三代同堂的儿孙，儿女意见分歧较大。后来，经过长时间的沟通、磨合，终于在 1999 年元旦举办了婚礼。

再婚后的 10 多年来，这对老人相濡以沫、关爱儿孙、热心社区公益事业，用他们的夕阳余晖照亮社区的每个角落，用他们的身体力行，赢得了儿孙们的尊重和社区居民群众的一片赞叹之声。

（资料来源：学习啦在线学习网，2017 年 7 月 19 日，《一对再婚老人的幸福生活》）

一、生活质量的内涵

生活质量（Quality of Life，QOL）又称生命质量、生存质量，是在生物 – 心理 – 社会医学模式下产生的一种新的健康测量技术。这一术语最早出现在美国经济学家约翰 · 肯尼思加尔布雷思所著的《富裕社会》（1958 年出版）一书中。该书主要揭示美国居民较高的生活水平与满足社会的、精神的需求方面相对落后之间的矛盾现象。加尔布雷思在 1960 年发表的美国《总统委员会国民计划报告》和 R. R. 鲍尔主编的《社会指标》文集中正式提出生活质量这个专门术语。此后，生活质量逐渐成为一个专门的研究领域。20 世纪六七十年代，美国学者们对生活质量的测定方法及指标体系也做了大量研究。20 世纪 70 年代以后，生活质量研究相继在加拿大、西欧和东欧以及亚洲和非洲的一些国家展开。20 世纪 80 年代初，中国开始结合国情对生活质量指标体系及有关问题进行研究。

由于生活质量的内容广泛而复杂，专业和研究目的不同，不同的学者对其内涵的界定有着不同的观点，部分学者主张 QOL 反映人们的愿望与生活现实的差距；部分学者则认为 QOL 是一种幸福的感觉，是在日常生活中体验到的主观满足感。因此 QOL 的概念和内涵至今尚未统一。

1. 生活质量的概念

美国学者加尔布雷思认为"生活质量是一个多维的综合测量指标，包括心理、社会、身体等各方面"。

世界卫生组织认为：生活质量是指不同文化和价值体系中的个体对他们的生存目标、期望、标准及所关心的事情相关的生存状况的感受。

中国老年医学会的定义：老年人生活质量是指 60 岁或 65 岁以上的老年人群身体、精神、家庭和社会生活满意的程度和老年人的全面评价。

2. 生活质量的特点

生活质量是一个包含生理、心理、社会功能多维度构成的基本概念，从单一的强调个体生活的客观状态发展到同时注意其主观感受。生活质量具有文化依赖性，其评价根植于个体所处的文化和社会环境中，既测量个体健康的不良状态，又反映健康良好的方面。老年人生活质量测量中公认的是躯体健康、心理健康、社会功能、综合评价四个维度。

3. 生活质量指标体系

（1）客观条件指标

包括人口出生率和死亡率、居民收入和消费水平、产品的种类和质量、就业情况、居住条件、环境状况、教育程度、卫生设备和条件、社区团体种类和参与率、社会安全或社会保障，等等。通过对这些客观综合指标的比较分析，可以权衡社会变迁程度。

（2）主观感受指标

主要测定人们由某些人口条件、人际关系、社会结构、心理状况等因素决定的生活满意度和幸福感。对满意度的测定通常分生活整体的满意度和具体方面的满意度两种。

二、生活质量的综合评估

生活质量是一个多维度的概念，其测量指标通常包含生理状态、心理状态、社会功能状态、满意度和幸福感等，若是针对具体的某种或某类疾病的生活质量测量，还应该包括疾病及其影响的相关内容的测量。

1. 生活满意度的评估

国内外学者对生活满意度的定义界定主要分为三种观点：个人的主观感受、客观评价以及个人主观感受和客观评价相结合。关于个人的主观感受，是个人根据自身的生活状况所做出的主观上的评价，包括认知和情感两个方面。关于客观评价，是个体从不同生活领域角度对生活质量做出具体评价。关于把个人主观感受和客观评价相结合，是个体把生存状态主客观相联系进行生活满意度问题的分析。常用的生活满意度量表是生活满意度指数 A（Life Satisfaction Index A，LSI A），它从对生活的兴趣、决心和毅力、知足感、自我概念、情绪等方面进行评估，通过 20 个问题反映生活的满意程度（生活满意度指数 A 见附录 1）。

2. 主观幸福感的评估

主观幸福感主要是指人们对其生活质量所做的情感性和认知性的评价，是衡量个人生活质量的重要综合性心理指标。它有三个特点，主观性、相对稳定性、整体性。首先，主观性表示主观幸福感的评价产生依赖于个体的主观感受，是个体自身对其所面临家庭环境、身心健康、经济收入等方面给自身带来感受的评价，而不是也不依赖于他人评价。其次，相对稳定性表示主观幸福感主要是测量一个长期而非短期情感反映和生活满意度，虽然在某一项调查进行时会受到个体当时所面临的情境或情绪影响，出现短期波动，但从长期来看又是一个相对稳定的值。最后，整体性表示主观幸福感是个体对自身所处环境各维度的一个综合评价，而不是某个单一维度的评价。

目前测量主观幸福感的方法大致可以分为四类：自陈报告法、旁观者报告法、任务完成法和生理测量法。但自陈报告法应用得最多，最为广泛。其中，应用较广泛的是 Kozma（科兹马）和 Stones（斯通斯）在 1980 年制定的纽芬兰纪念大学幸福度量表（Memorial University of Newfoundland Scale of Happiness，MUNSH），其作为老年人精神卫生状况的恒定的间接指标，已成为老年人精神卫生测定和研究的有效工具之一（量表见附录 2）。

3. 生活质量综合评估

生活质量是一个带有个性的和异变的概念，老年人的生活质量不能单纯从躯体、心理、社会功能等方面评估，评估时最好以老年人的体验为基础进行评价，不仅要评估受试者生活的客观状态，同时还要注意受试者的主观评价。常用于老年人群生活质量评估的量表有生活质量综合评定问卷 –74（Generic Quality of Life Inventory –

74）和老年人生活质量评定表（见附录3）。

三、老年人生活质量的影响因素

1. 老年人的健康状况

传统的健康观是“无病即健康”，现代人的健康观则是整体健康，世界卫生组织给出的解释为：健康不仅指一个人身体上没有出现疾病或虚弱现象，还包含一个人心理上、社会上的完好状态。现代养生学者宋一夫率先提出“养生之前必先修心”的理论，由此可见心理上的健康与生理上的健康一样重要，这就是现代人关于健康的较为完整的科学概念。因此，现代人的健康内容包括：躯体健康、心理健康、心灵健康、社会健康、智力健康、道德健康、环境健康等。健康是人的基本权利，是人生的第一财富，也是一种心态。

研究发现老年人的疾病发病率与老龄化现象呈正相关。具有健康的生活方式和良好的饮食规律，且心态上比较平静的老年人，其生活质量水平较高。有学者认为老年人社会参与和主观幸福感是通过老年人的健康状况把二者联系在一起的，健康状况程度直接影响着老年人社会参与程度，进而影响主观幸福感的程度。国内外研究表明，在社区内要经常开展健康教育与健康促进的活动，因为这样的活动可以提高老年人的健康意识，提升他们的自我保健能力，直接影响老年人的生理、心理健康。

2. 老年人的生活满意程度

中国老年健康影响因素调查报告显示：老年人主观幸福感的程度与其对生活满意的程度密切相关。研究指出，提升老年人自我效能感，有利于提升自信心，对老年人生活质量的提升有促进作用。因此，通过帮助老年人构建社会支持网络，能够提升老年人自我效能感，从而改变老年人心境状态，有助于提升老年人生活质量水平。

3. 老年人的社会参与程度

根据2006年中国城乡老年人口状况追踪调查的结果可知，老年人参与社会经济活动的意愿变得越来越强，针对自己所属群体利益诉求方面的意识也不断增强，他们迫切地希望参加社区的各种活动。因此想要提升老年人生活质量，可以从提升老年人的参与意识和拓宽老年人的参与机会两方面作为突破口进行努力。

4. 老年人的社会关系状况

良好的社会交往和老年人生活质量之间有很强的正相关性。社会交往多的老年人能够获取更多的社会支持，进而提升老人的自我效能感，自我效能感的提升有利于提升老年人的生活质量。国外学者曾研究指出，社会支持网络是衡量老年人生活质量的主要指标之一，对提升老年人生活质量有重大意义。

四、提升老年人生活质量的途径

1. 打造健康的身体

老龄化是每个人都必须面对的一个人生问题，人总是会老去的，所以我们应该让老年人度过一个开心的、愉快的、充实的老年生活。如何养老是一个人们探讨了很久的话题。从中国传统的观点看来，身体没病就是健康。人进入老年后，身体的各项机能开始退化，也容易生病。特别是一些难治的慢性病如冠心病、高血压等，在老年人身上发病的概率要高于其他年龄层。所以，维持身体的健康是保证老年人安度晚年的基础。随着增龄而老化是人类生命活动的必然规律。如消化系统的衰老表现为牙齿松动、残缺、脱落造成咀嚼困难；胃肠道蠕动缓慢，各种消化液分泌减少影响食物的消化和营养的吸收；感觉器官反应迟钝，活动量减少，睡眠质量降低，便秘、腹泻均可使老年人食欲减退。以上诸因素使老年人身体必需的营养素加速流失，发病率提高，从而加速衰老。由于物质代谢功能降低，蛋白质转化量减少，对糖、脂肪的动员能力降低，又因老年人对脂肪的合成、降解、排泄能力不足，使脂肪在血和组织中堆积，引起肥胖、高血压、高血脂、动脉硬化、糖尿病等，给老年人的健康造成极大的危害。所以老年人对食物的选择应尽可能保证营养的平衡，适当限制热量的摄入，更多地摄入足够的优质蛋白、低脂肪、低糖、低盐、高维生素和适量的含钙、铁食物。食物加工方面应注意细、软、松，既给牙齿咀嚼的机会，又便于老年人消化。

2. 营造积极的心态

有了一个健康的身体还不够，健康的心理状态才能更好地保证老年人度过一个快乐的老年生活。早在魏晋时期著名养生学家嵇康就在《答向子期难养生论》中写道："养生有五难，名利不灭，此一难也；喜怒不除，此二难也；声色不去，此三难也；滋味不绝，此四难也；神虑转发，此五难也。""五者无于胸中，则信顺日济，玄德日全。不祈喜而有福，不求寿而自延，此养生大理之所效也。"（《全三国文》）这里提到的五难，有四难是属于心理方面的。可见，古代养生学家谈保健养生就是以心理保健为主。在现代社会，心理健康是生理、心理、社会医学模式下健康概念的重要组成部分，也是老年人生活质量评价和健康测量中不可缺少的内容之一。

进入老年，逐步退出家庭的主角地位和社会的工作岗位，这是社会为老年人创设安享晚年的大好机会，是社会进步的重要标志。然而，离退休前后往往在一些老年人心中引起一些心理变化。有相当一部分人由于难以适应，心理上还出现一些问题，如空虚、寂寞、焦虑、忧伤、抑郁等，被称为退休综合征。从调查的情况来看，争强好胜的人，事业心强的人，工作严谨的人，性格固执的人，好争好斗的人，缺乏离退休心理准备而突然退下来的人发病率高。老年社会学研究表明，退休综合征主要是由于产生的失落感、空虚感、怀旧感造成的。失落感会使人感到老年期真正是人生的丧失时期，工作丧失了，规律丧失了，地位丧失了，优势丧失了，人际关系丧失了，进而认为人到老年乃是人生的尽头；空虚感会使人感到无所事事，生活无聊，人生乏味，一切都是虚无的；怀旧感则容易使人追忆过去的美好时光，尤其是自己过五关斩六将的经历。转念一思早成过去，而眼下一片冷冷清清，令人唏嘘。在怀念过去的同事和朋友时，发现有的去世，有的丧偶，有的长卧病床，有的远隔千里无缘相见，难免无限凄凉。有调查统计表明，退休综合征一般要经过半年到一年时间的适应期，个别老年人可能还需要更长的时间进行适应。这种现象对绝大多数刚退休的老年人是一大困扰，影响了他们的身心健康水平。尤其是这是一个不可忽视的老年群体现象，应当引起全社会的高度重视。就是说，探讨和解决好这一问题，将对广大离退休老年人的身心健康具有重要的指导意义。

老年人在刚退休后会一时难以接受自己退休的身份，此时的老年人应当告诉自己要尽快认同自己的身份，多想想退休的好处，如可以做一些以前一直想做却没有时间做的事情，可以出去旅行，可以好好地休息，等等。

心理学研究与生活实践表明，积极的情绪有利于身体健康，而消极的情绪则对健康带来不良影响，这是因为情绪有它的生理机制。当人处在情绪状态时，会引起身体外部和内部的一系列的生理反应。生理心理学研究表明，人在发怒时，心跳加快，常达 80～200 次/分；血压上升，收缩压从正常的 130 毫米汞柱到 230 毫米汞柱以上；呼吸每分钟可达 40～50 次。人在恐惧时或突然震惊时，呼吸加强而短促，甚至会出现中断；心跳加速，每分钟增加 20 次；血压也会随之升高。人在焦虑、忧郁时，会抑制胃肠蠕动和消化液的分泌。对老年人来说，抑郁、烦恼、发怒等消极情绪往往是引起或激发某些疾病的心理因素。例如，由于过分抑郁或恐惧，会导致心肌梗塞、脑溢血等疾病。临床实践证明，许多癌症患者在发病前大多曾有过持续的消极情绪，或遭受过重大的情绪挫折。生物学实验表明，消极情绪因素可以使人的大脑活动功能降低，引起免疫力的降低，使有机体抗癌力量下降。在具备其他内因与外因时，使癌症得以形成。相反，积极的情绪可以增进身体健康，达到延年益寿的目的。俗语说，“笑一笑，十年少”。据研究，笑可以促进身体内部的激活水平。大笑一次，身体内横膜大约可以蠕动 18 次，小笑时蠕动程度略小些，笑可以促使肌肉放松。临床观察发现，很多疼痛是由于肌肉紧张所造成的，大笑可以降低或缓和肌肉的紧张程度，从而减轻或消除疼痛。这些主要是阐述心理保健对老年个体健康上的直接影响和意义。

老年人要注意保持乐观，《论语》曾写道“吾十有五而志于学，三十而立，四十而不惑，五十而知天命，六十而耳顺，七十而从心所欲，不逾矩”。人到六七十岁乃是耳顺之年，不会再为一些事情斤斤计较。现代的老年人，特别是空巢老人由于单独待在家里，没事可做就会产生孤独、空虚的感觉，长期处于这样的精神状态就很容易生病。在中医理论中就有“气结”一说。所谓“气结”就是指呼吸不畅，形容心情郁闷，中医学名词，谓气留滞不行。老年人要自己给自己找点乐趣，如早上出门锻炼身体，出门郊游、爬山等都是不错的选择。

3. 扩大社会参与的机会

让老年人积极参与到社会中的方法可以从老年教育活动入手，提升老年人的生活质量，这也是积极老龄化理论视角所倡导的主要内容。“非正规”教育则是实现老年人参与的重要途径。通过老年教育能够拓展老年人的人际交往，提高老年人的社会参与能力，激发他们的潜能和热情，提升自我效能感，展现自身价值，改善身心健康以及提升生活满意度。老年人应尽量避免单独生活，应多出门活动，多交朋友，开心快乐地度过每一天。

4. 提升新信息获取的能力

老年人通过新信息的获取，能够更加方便、更加丰富自己的生活，还能不断地适应日益变化的社会发展趋势；有利于他们的兴趣爱好的培养和健康身心的陶冶，扩大老年人的生活领域。通过高新技术信息为老年人提供教育和学习资料，老年人彼此之间不断地分享和交流，共同参与社会活动，提升老年人的生活质量、减少因代沟而产生的社会信息之间的隔阂，提升老年人的生活质量。

俗话说：“家有一老，如有一宝。”老年人有着丰富的人生经历，能在各方面对年轻人以予指导。老年人在经历了几十年的风风雨雨后，能够以一种更平和的心态来面对生活，面对各种事情。老年是人生最睿智的一段时期，同时也是人生较为无奈的一段时期。在这样的时期，老年人要更加注意自己的身体健康，只有拥有了健康的身体才能更好地享受生活，创造生活，去做一些自己想做的事情。

但是这个年龄段也是容易丧失生存意义的时期。在今天，人口老龄化所带来的问题在中国已初露端倪，老年贫困、老年歧视、老年被欺诈现象、代际鸿沟、老年医疗难题一系列有关老年人的难题使我们每个人都体会到了压力。很多老年人感到失落，孤独，特别是一些空巢老人，由于儿女长期不在身边，更感到孤独和寂寞。老年人得不到及时的照顾而发生意外的事也时有发生。当老年人觉得确实有一些问题想不通或解决不了时，应该及时找心理医生就诊。

第二节　老年婚姻与家庭

随着我国人民物质文化生活及医疗保健水平的不断提高，我国人民的平均寿命呈显著增高趋势；与此同时，我国社会结构的构成也发生了变化。老年人口比重的上升，使得与老年人相关的问题越发受到社会各界人士的关注。

社会各界在高度关注老年人的生理健康的同时，也在关注老年人的婚姻问题。伴随着现代社会思想文化生活的提高与丰富，老年人的婚姻观念在悄然改变，他们对婚姻的要求也不再是“凑合着过”，而是更加注重对婚质量的追求。

一、老年人的婚姻现状

俗话说，婚姻是家庭的基础。那么，老年人的婚姻问题同样是其家庭生活的重要组成单元，也是老年人晚年生活质量的重要保证。研究发现，进入老年期，由于老年人身体机能的衰退，常见慢性疾病侵袭着老年人的身体，各种心理问题也随之出现，可以通过建立或改善老年人的婚姻关系，来调整心态失衡问题，进而提升老年人的生活品质。目前，老年人的婚姻存在以下几种问题。

1. 老年人的婚姻观发生变化

老年婚姻是一大社会问题。老年婚姻既有利于促进家庭和谐与老年人的身心健康，也有利于和谐社会的建设。在我国人口老龄化过程中，伴随着人们平均寿命的增加和退休老人生活水平的逐年提高，以及鳏寡孤独老人的逐渐增多，老年人的婚姻问题逐渐凸显出来。老年婚姻存在一些新的特点、问题和多方面的阻力。有些人认为老年人结婚只是找个伴侣而已。其实随着社会的进步、观念的改变和人民生活水平的提高，老年人的婚姻爱情观念与中青年人趋同起来，老年人同样有情感方面的需求，也有追求幸福晚年的权利。从老年人自身特点来说，他们丧偶的可能性比中青年人要高。其次，老年人退休以后，社会参与度骤然降低，若再遇上家中子女对自身关注度很低的情况，身边再无知心人的陪伴，极易产生寂寞的心理，老年人的孤独问题势必会日趋严重。因而在这一点上，孤独的老年人更需要一个志同道合的知心人陪伴左右。

2. 原配夫妻离婚率升高

受中国传统婚姻观念的影响，以前人们结婚的目的是寻找生活的伴侣。但是，随着改革开放，外来文化在国内传播开来，老年人也开始大胆地追求有品质、有内涵的婚姻生活，而不再逆来顺受地维持“凑合着过”的婚姻关系。有些时候，他们要比年轻人更加渴望脱离不幸婚姻的枷锁。老年人群原配夫妻离婚率逐渐升高的原因，归结起来有以下几点：

其一，夫妻感情淡漠。在几十年的家庭生活中，会产生很多的家庭问题，如照顾孩子与工作相冲突、双方父母赡养方式问题等。在吵吵闹闹的过程中，有些夫妻会因此感情升温，而有些夫妻会出现日子过不下去的念头，但出于某些原因，例如为了孩子健康快乐地成长，夫妻双方会彼此忍让，待孩子成家立业，不再需要父母呵护，他们会选择结束自己不幸的婚姻。

其二，婚外情。伴随着现代科学技术，尤其是互联网的高速发展，老年人也享受着现代技术带来的新鲜体验，如很多老年人可以借助一些聊天工具，在网上结识与自己志同道合的人，久而久之双方可能会发展成“网恋”；还有些情况下，有些老年人退休后，在偶然的情况下遇到了非常谈得来的人，如老年广场舞、老年大学等，以至于他们对自己的包办婚姻或者已没有感情的婚姻更加厌恶，与原配偶分道扬镳。

其三，两地分居。现代社会高速发展，年轻人的压力一年比一年沉重，很多年轻人为了自身发展选择背井离乡去工作。受中国传统文化的影响，一旦孩子在生活上有需要时，如照顾下一代，父母会义无反顾地选择去照顾孙子孙女。在这种情况下，多数老年夫妻有可能会长期处于分居状态，久而久之导致了自己婚姻的破裂。

3. 再婚危机重重

老年人再婚一直是社会上十分关注的话题。特别是近年来，由于人们传统观念的改变、物质生活水平的不断提升，追求更有品质的生活不再只是年轻人的专利，老年人同样有权利去享受品质生活。研究发现，丧偶或离异老人再婚，不仅可以提高晚年生活质量，而且可以降低抑郁、阿尔茨海默病等各类身心疾病的发病率。因此，丧偶或者离异老年人再婚已不再是新鲜事。但是，比起老年人再婚，人们更加关注的是老年人再婚后带来的其他家庭问题，例如家庭财产问题、老年人赡养问题等。正是这些问题构成了老年人再婚不可逾越的鸿沟。造成老年人再婚障碍的原因，可归纳为以下三点。

其一，双方感情基础不牢靠，有“代际婚姻”的嫌疑。老年人再婚有时存在很强的目的性，例如，女方寻找一个“依靠”、男方想要一个照顾自己的“保姆”等，一旦出现矛盾，很容易被外界因素击溃。除此之外，老年人再婚，特别是男性老年人，还会被冠以“代际婚姻”的名头，“代际婚姻”是近年来老年人再婚的新特点，有的老年人为了追求晚年幸福，想找个年轻、漂亮的生活伴侣，双方年龄相差 10 ~ 30 岁之间，还有的相差 40 ~ 50 岁；于是出现了老夫少妻或老妻少夫的现象，但是据相关研究报道，这样的婚姻仅 1/3 是幸福美满的。

其二，子女反对是老年人再婚的主要障碍。很多成年子女强烈反对父母再婚，他们担心自己的父亲或母亲会在新的婚姻中受到伤害；担心自己的父亲或者母亲先于继父或继母去世时，剩下的一方老人该如何赡养、共同财产又该如何处理等问题。因此，有的老人虽然有再婚的打算或想法，但是因为子女的强烈阻挠而不得不被迫放弃，这种情况下，部分老人会选择以“同居”“走婚”的方式来搭伴过日子，这也是目前造成老年人“再婚”事实增多，但未真正履行婚姻法律义务的重要原因。

其三，婚姻关系不稳定，再婚后离婚率较高。最初的老年人再婚主要是实现精神上的慰藉，生活上的协助。但当双方的年龄增加，再婚后的老伴不能为自己提供照顾时，儿女就成为了主要的照顾者，而大部分子女只愿意照顾自己的父亲或者母亲，最终导致再婚的老人不得不以离婚的方式解决问题。

二、老年人再婚的情理分析

《中华人民共和国老年人权益保障法》第二十一条规定：老年人的婚姻自由受法律保护。子女或者其他亲属不得干涉老年人离婚、再婚及婚后的生活。赡养人的赡养义务不因老年人的婚姻关系变化而消除。

纵观历史，老年人的婚姻需求是既合理又合情的。对婚姻的需要同样是人类的本能，只有完成本能的需要，才能实现更高水平的需求。

1. 老年人再婚是人际交往的需要

人际交往是社会人的天性，人的一生，离不开人与人之间的互动。随着年龄的增长，老年人逐渐退出了社会主角的舞台，与此同时儿女长大成人，各奔东西。此时的老年人最大的心理感触，莫过于孤独、寂寞，丧偶或独居老人会尤为突出，而这种心理变化即使是儿女、子孙常伴左右也不能填补的心灵上的空缺。受中国传统思想的影响，即便是父母与儿女关系再好，也或多或少地存在一层隔膜，父母不会毫无保留地与儿女谈论自己的内心需求，因此，唯有老伴儿是老年人最佳的人际沟通对象。

2. 老年人再婚是生理心理的需要

多数老年人选择再婚，不仅仅是满足各自的生理需求，更多的情况下，他们是在寻找乐意相互照顾、相互理解、相互分享、相互关怀的暖心人。研究表明，只要老年人身心健康，同样需要性生活，而且和谐的夫妻性生活同样有助于老年人的身心健康。据国内外的性医学专家证实，绝大部分老年人的性能力可以持续到 70 岁以上，其中一部分人还可以保持到 80 岁左右。因此，夫妻间的日常拥抱、亲吻、谈心，都能在不同程度上满足老年人对性爱的生理需求。

总之，老年人精神上的追求不是儿女亲情所能完全满足的。少年夫妻老来伴，就是夫妻间彼此相伴，满足人际关系心理需要和性爱生理需要。

三、应对老年人婚姻问题的对策与建议

老年人是社会建设的贡献者，为其创造优质的晚年生活是每个人应尽的责任和义务。既然婚姻家庭问题是老年人生活质量高低的重要体现元素，我们就应该采取措施来营造、维护老年人美满的婚姻生活。

1. 加大法制宣传教育力度，引导老年人理智地处理婚姻家庭问题

建议法制部门、社区街道等定期举办法律宣传活动或者开展义务法律援助，向老年人大力宣传《中华人民共和国婚姻法》《中华人民共和国老年人权益保障法》等，引导老年人树立正确的婚姻家庭观念，提高老年人懂法、用法、自觉维护自身权利的意识。

2. 正确处理双方财产分配问题，减少老年人再婚的后顾之忧

合理处理老年人财产问题，是老年人顺利完成再婚的重要原因之一。特别是再婚的老年人，当一方的经济条件较优越时，更应当做好再婚前的财产处理工作。老年人再婚前可征求成年子女的意见或者建议，对再婚双方及子女最为关注的财产、养老等问题订立婚前协议，以财产见证或公证等法律手段减少财产归属的争议，合理合法地避免后续家庭矛盾的发生。

3. 避免老年人“同居”“走婚”等现象

老年人再婚自由，但是有的老年人在选择再婚形式时，更加倾向于“同居”或者“走婚”的方式，他们认为这样可以免去很多不必要的麻烦。针对这种现象，众说纷纭，赞同者认为此做法合情合理，可以避免各种纠纷，而且好聚好散；反对者则认为，“同居”“走婚”扰乱了社会治安，是导致家庭危机的主要原因。这些说法都是片面的说词，都没有从根源上弄清老年人再婚的意义所在。因此，我们要根据具体情况正确地引导，转变老年人的观念，帮助老年人正确认识再婚的意义及探究老年人再婚但不愿意履行法律婚姻的原因，最终帮助老年人顺利地实现再婚意愿，避免“同居”“走婚”等现象。

4. 美满幸福的老年婚姻应具备的条件

首先，要有一定的物质基础。老年人要有自己的住房，要有固定的养老金，要有一定的储蓄作为医疗基金，要有较为健康的身体。这样，婚姻才有一定的保障，

感情才容易培养。其次，要得到双方子女和家人的支持。得不到子女支持的老年婚姻，往往因阻力大而不能实现或再婚不久就离异。相反，得到子女支持的婚姻，较容易实现和持久。如有的老人顺利再婚是儿媳妇作为介绍人，也有的由儿女牵红线，等等。在亲人的支持下，化阻力为动力，老年婚姻更容易成功，而且持久。最后，要有社会的支持，热心人士牵线。除了家庭子女的支持外，社会的支持也很重要，如一位离异教师在周围同志和亲人的牵线搭桥下，与一位女教师喜结良缘，虽然年龄相差 20 多岁，但生活幸福美满。

第三节　老年文化娱乐

伴随着我国老龄化时代的到来，如何提高老年人的生活质量、促进其身心的健康，对于推动我国经济结构改革、发展文化教育事业，以及加快构建社会主义和谐社会及全面建设小康社会，都具有极其深远的理论与实践意义。如同青年人一样，老年人也渴望着丰富多彩的文娱生活，渴望拥有健康而幸福的晚年生活；因此，老年文娱生活是影响其身心健康的重要因素之一。

一、老年文化娱乐建设的必然趋势

1. 老年文化是我国先进文化建设的重要组成部分

文化建设是国家与民族的灵魂。党的十九大报告提出："坚定文化自信，推动社会主义文化繁荣兴盛"。老年文化建设是我国先进文化发展的必然要求。中国的老年文化建设既继承了中华民族的优秀传统文化，同时伴随着时代的发展又融合了新的内容，是我国先进文化的重要组成部分。高尚的道德情操、豁达开朗的精神风貌、良好的道德品质是老年文化建设的目标，是社区居民道德规范的重要组成部分。积极开展社区老年文化建设是老年文化发展的关键，有利于推动社会主义新型社区文化的建设。

2. 老年文化是社会主义精神文明建设的基础环节

社会主义精神文明建设与社会主义文化建设是内在统一的，都是以马列主义、毛泽东思想、邓小平理论、"三个代表"重要思想、科学发展观、习近平新时代中国特色社会主义思想为指导思想，以建设先进文化为内容，以促进人全面自由的发展和社会协调发展为根本目的。社区老年文化建设就是发动广大社区老年人群积极参与社会主义精神文明建设，是深入开展社区精神文明建设活动的重要内容，是把精神文明建设和老龄工作落实到基层的重要措施。因此，社区老年文化建设是社会主义精神文明建设的基础环节。

3. 老年文化建设对建设新型社区具有重要作用

积极健康的社区文化活动是社区居民、社区组织之间相互联系的纽带；社区文化的参与者中，半数以上为老年人，因此老年人在开展社区文化建设中功不可没；与此同时，老年文化包含了更多的亲情、友情，注重对传统文化的继承。

二、老年文化娱乐活动的现状

伴随着改革开放、人们物质生活水平的富足，老年文化娱乐活动也呈现出多样化发展趋势，“打麻将”“玩扑克牌”“串门”“听广播”等老式娱乐活动逐渐被现代元素冲击着，“广场舞”“老年体操”“太极拳”等更加注重健康的活动等受到了老年人的青睐，甚至互联网游戏也成为现代老年人日常文化娱乐的重要内容。

老年人活动的形式也由原来的个体活动逐步发展为群体活动，在这其中，有许多活动是老年人自发组织起来的，如老年秧歌队、体操队等。另外，还有许多社会组织或单位组织的“老人节”的文体表演，老人们自编自演，自组成队上台展示他们别样的风采，深受广大老年人群的欢迎，丰富了老人们的文化生活。

三、老年人参与文化娱乐活动的意义

1. 自身方面

老年人积极参与文化娱乐活动，不仅有利于身心健康，而且利于老年人积极适应社会。在身体方面，老年人生理上会出现系列衰老表现，其各种生理功能不同程度的下降，骨质疏松症、颈椎腰椎疾病以及各种心脑血管疾病等成为老年人的常见病、多发病。现代医学研究表明，适当的运动可以预防或改善这些老年人常见病、多发病的发生，可以增强老年人自身的免疫力，提升其身体的机能。在社会适应方面，研究发现老年人在退休之初，多数表现为抑郁、孤独寂寞，找不到生活的目标，继而出现各种心身疾病。参与文化活动给老年人提供了交往的平台，在这里老年人可以找到与自己兴趣相投、年纪相仿、性格相似的老年人进行交往，因为同质性，他们能够更加明白、更加理解对方，交往的意愿也因此不断增强；老年人不仅结识了志同道合的朋友，还可以通过朋友认识更多相似的老年人，从而不断扩大自己的社交圈，使得自己的晚年生活变得更加充实、更加快乐。

2. 家庭方面

文化娱乐活动可以帮助老年人积极地应对新社会角色下的生活，帮助其学习新知识、新技能，发掘自己的潜能，不断更新自己的生活观念，让老年人与其子女之间能够有更多的共同话题，逐渐缩短两代人间的代沟差距，增强两代人之间的沟通、交流，使家庭关系变得更加和谐融洽。另外，相关研究表明，老年人积极参与文化娱乐活动，可以有效降低不良心理问题的发生率。分析发现，大多数老年人在需要他人给出建议时，更愿意接受志趣相同的同龄人的意见或建议，这与中国传统文化教育是分不开的，长久以来都是家长安排子女的一切，在此背景下的老年家长很难心甘情愿地接受子女对自己的不认同，即使子女采用非常委婉的方式表达，也会引起老年人的不满。这种情况下，与自己年龄、地位相似的老年人的有效建议，往往是解决这种家庭危机的最佳良药。

四、促进老年人积极参与文化娱乐活动的对策与建议

1. 加大政府投入力度，建设多元化的老年文化娱乐产业

老年文化建设是一项极具特色的社会福利事业，它是一项任务艰巨且意义十分重大的宏伟大业。为了满足老年人不断提高的文化需求，政府主管部门的首要责任，不仅要积极推进文化基础设施的建设，同时还要加强软件因素的投入，即专门从事老年文化的人才培养，帮助老年人提高其文化素养、参与意识，同时大力发展老年教育，将公共文化服务逐渐渗透到基层社区，让更多的老年人有更多的机会接受老年教育，学习新的知识，培养多元化的兴趣爱好，满足不同老年人群多样的文化需求。与此同时，我们还要意识到，政府职能部门的能力有限，政府投入也同样有限，有时很难满足如此庞大的老年人群多层次的文化需求。因此，政府还要积极动员社会中的各类社会团体来参与老年文化事业的建设与发展，制定相关的、可行的优惠政策或者措施鼓励、推动社会个体、公益性社会组织、商业机构投入老年文化事业中来，以满足我国老年人群日益增长的各种文化需求。

2. 加强社区联动作用，有效地组织老年人积极参与文化娱乐活动

老年文化产业得到政府的大力支持，再加上社会组织的努力配合，接下来的工作能否顺利开展，在很大程度上取决于社区的基础工作是否打实做稳。社区是人们生活的重要场所，老年人是社区里的重要群体之一；因此，社区开展活动，应当注意结合社区内老年人的基本特征，在开展集体活动时，社区工作人员应尽可能充分利用政府提供的各项软硬基础措施，有计划地组织广大老年人参加各种学习班、书

法绘画比赛、舞蹈大赛和各项社会公益活动，使他们既锻炼了身体，又陶冶了情操。为真正使广大老年人实现“老有所乐”，还应开展形式多样、丰富多彩的助老服务活动。电影院、图书馆、阅览室、台球室等娱乐场所，对老年人实行半价优惠或免费开放政策。因地制宜地建立本小区的老年业余文化艺术团体，提高活动的组织性。在节假日或借助重阳节等传统节日，开展特色活动，根据老年人的需要，制订不同的活动套餐，不断丰富活动内容。为老年人的晚年生活增添色彩，提升老年人文化素养，努力促进社区和谐与安定。

3. 转变传统观念，鼓励老年人自觉树立终身学习的态度

终身学习是一种积极的生活态度，自古就有“学而不思则罔，思而不学则殆”的辩证思想，也有“学海无涯苦作舟”的人生乐趣。离开早已熟悉的职场生活，步入老年的人们要面临几乎全新的老年生活，尽管他们不需要进一步了解职场生活的知识，但陌生的老年社会环境、全新的老年生活方式仍然需要他们不断学习，接受终身教育、参与终身学习。

我国的老年人群受教育程度参差不齐，特别是90岁以上的老年人，更是缺少系统全面教育的经历；而伴随着现代科技的飞速发展，新技术、新文化不断冲击着我们的现实生活，致使低文化水平的老年人群无法或者没有途径接触到更为高端的文化娱乐活动。因此，应采取措施鼓励老年人主动学习新知识、新技术，不断给自己“充电”，扩大自己的视野，培养自己的兴趣，努力适应新时代的科技成果。

知识链接

附录1 生活满意度指数A

指导语：下面的一些陈述涉及人们对生活的不同感受。请阅读下面每一个问题，如果同意该观点，请在“同意”下面画“√”；如果不同意该观点，请在“不同意”下面画“√”；如果无法确定是否同意，请在“无法确定”下面画“√”。请务必回答所有的问题。

题目	同意	不同意	无法确定
1. 当我老了以后发现生活似乎要比原来想象的好			
2. 与我所认识的多数人相比，我更好地把握了生活的机遇			
3. 现在是我一生中最沉闷的时期			
4. 我现在和年轻时一样幸福			

续 表

题目	同意	不同意	无法确定
5. 我的生活原本应该更好些			
6. 现在是我一生中最美好的时光			
7. 我所做的事多半是令人厌烦和单调乏味的			
8. 我估计最近能遇到一些有趣的和令人愉快的事			
9. 我现在做的事和以前做的事一样有趣			
10. 我感到老了，有些累			
11. 我感到自己确实上了年纪，但并不为此烦恼			
12. 回首往事，我相当满足			
13. 即使能改变自己的过去，我也不愿意有所改变			
14. 与其他同龄人相比，我曾经做出较多愚蠢的决定			
15. 与其他同龄人相比，我的外表较年轻			
16. 我已经为一个月甚至一年后该做的事制订了计划			
17. 回首往事，我有许多想得到的东西未得到			
18. 与其他人相比，我惨遭失败的次数太多了			
19. 我在生活中得到了相当多我所期望的东西			
20. 不管人们怎样说，许多普通人是越过越糟，而不是越过越好			

注："同意"得 2 分；"不同意"得 1 分；"无法确定"得 0 分

附录 2　纽芬兰纪念大学幸福度量表

指导语：我们想问一些关于你的日子过得怎样的问题。如果符合你的情况，请回答"是"；如果不符合你的情况，回答"否"；如果不确定，回答"不知道"。最近几个月里，你感到：

题目	是	否	不知道	备注
1. 处于巅峰状态				PA
2. 情绪高昂				PA
3. 对自己的生活特别满意				PA
4. 很幸运				PA
5. 烦恼				NA
6. 非常孤独或与人疏远				NA
7. 忧虑或非常不愉快				NA

续　表

题目	是	否	不知道	备注
8. 担心，因为不知道将来会发生什么情况				NA
9. 感到生活处境变得艰难				NA
10. 总的来说，对自己的生活感到满意				PA
11. 这是我一生中最难受的时期				NE
12. 我像年轻时一样快乐				PE
13. 我所做的大多数事情都令人厌烦或单调				PE
14. 我所做的事像以前一样使我感兴趣				PE
15. 当我回顾我的一生时，我感到相当满意				PE
16. 随着年龄的增加，一切事情变得更加糟糕				NE
17. 感到孤独				NE
18. 今年发生的一些事情使我烦恼				NE
19. 如果你能到你想住的地方去，你愿意到那里去住				PE
20. 有时我感到活着没意思				NE
21. 我和同龄人一样快乐				PE
22. 大多数时候我感到生活是艰难的				NE
23. 我对现在的生活很满意				PE
24. 我的健康情况好于同龄人				PE

注：1. PA：正性情感；NA：负性情感；PE：一般正性体验；NE：一般负性体验

2. 回答“是”记2分；“不知道”记1分；“否”记0分。第19题回答“现在住地”记2分；“别的住地”记0分。

附录3　老年人生活质量评定表

项目	得分
身体症状	
1. 疾病症状	
（1）无明显病痛	3分
（2）间或有病痛	2分
（3）经常有病痛	1分
2. 慢性疾病	
（1）无重大慢性疾病	3分
（2）有，但不影响生活	2分
（3）有，影响生活功能	1分

续 表

项目	得分
3. 畸形残疾	
（1）无	3 分
（2）有（轻、中度驼背），不影响生活	2 分
（3）畸形或因病致残，丧失部分生活能力	1 分
4. 日常生活功能	
（1）能适当劳动、爬山、参加体育活动，生活完全自理	3 分
（2）做饭、管理钱财、料理家务、上楼、外出坐车等有时需要帮助	2 分
（3）丧失独立生活能力	1 分
心理健康	
5. 情绪、性格	
（1）情绪稳定，性格开朗，生活满足	3 分
（2）有时易激动、紧张、忧郁	2 分
（3）经常忧郁、焦虑、压抑、情绪消沉	1 分
6. 智力	
（1）思维能力、注意力、记忆力都较好	3 分
（2）智力有些下降，注意力不集中，遇事易忘但不影响生活	2 分
（3）智力明显下降，说话无重点，思路不清晰，健忘、呆板	1 分
7. 生活满意度	
（1）夫妻、子女、生活条件、医疗保健、人际关系都基本满意	3 分
（2）某些方面不够满意	2 分
（3）生活满意度差，到处看不惯，自感孤独苦闷	1 分
社会适应	
8. 人际关系	
（1）夫妻、子女、亲戚朋友之间关系融洽	3 分
（2）某些方面虽有矛盾，仍相互往来，相处尚可	2 分
（3）家庭矛盾多，亲朋往来少，孤独	1 分
9. 社会活动	
（1）积极参加社会活动，在社团中任职，关心国家集体大事	3 分
（2）经常参加社会活动，有社会交往	2 分
（3）不参加社会活动，生活孤独	1 分
环境适应	
10. 生活方式	
（1）生活方式合理，无烟酒嗜好	3 分
（2）生活方式基本合理，已戒烟，酒不过量	2 分
（3）生活无规律，嗜烟、酗酒	1 分
11. 环境条件	
（1）居住环境、经济收入、医疗保险较好，社会服务日臻完善	3 分
（2）居住环境不尽如人意，有基本生活保障	2 分
（3）住房、经济收入、医疗费用等造成生活困难	1 分

参考文献

[1] 李艳华．城市化转型中的昆明沙朗白族社区老年文化福利发展研究［D］．昆明：云南大学，2016.

[2] 化前珍．老年护理学［M］．3 版．北京：人民卫生出版社，2013.

[3] 全利民．老年社会工作［M］．上海：华东理工大学出版社，2006.

[4] 张腊萌．城市社区老年文化建设研究［D］．杨凌：西北农林科技大学，2013.

[5] 胡玲玲．老年人文化参与的功能研究——以武汉市 M 社区为例［D］．武汉：华中师范大学，2016.

[6] 孙学娇．城市空巢老人社会参与研究［D］．济南：山东理工大学，2010.

[7] 张雪．城市老年人社会角色调适研究［D］．保定：河北大学，2013.

[8] 刘保军．青州市老年人生活质量调查及对策研究［D］．青岛：中国海洋大学，2011.

[9] 中华人民共和国民政部门户网站．2014 年社会服务发展统计公报［EB/OL］．http：//www.mca.gov.cn/article/sj/tjgb/201506/201506158324399.shtml.

[10] 罗盛，张锦，李伟，等．不同养老模式下老年人生活满意度的 meta 分析［J］．中国老年学杂志，2016（5）：1176－1179.

第九章

老年化社会的管理

章节导读

我国作为一个人口大国，近年来老年人口日益增多，已进入老年化社会，为了应对人口“老龄化”的突出问题，我国相应制定了“二孩政策”“延缓退休”“十三五”国家老龄事业发展和养老体系建设规划等一系列应对人口老龄化的政策。

随着市场经济迈向新的发展阶段，人们不仅在健康、医疗、教育等各个社会领域享受到了更多的社会福利保障，而且社会生活方式也发生了许多转变。中华民族素有敬老、尊老、爱老和养老的传统美德，对老年人的权益保障、养老机构管理、养老社区管理、老龄产业管理与开发等方面的需求应该得到重视并加以积极的管理，从而解决老年人面临的相关问题、满足老年人的社会需求、提高老年人的生活质量，这是坚持以人为本的具体体现，也是构建社会主义和谐社会的重要内容，更是社会主义文明进步的重要标志。

学习目标

1. 知识目标：了解老年人权益保障、养老机构管理、老年社区管理、老龄产业的含义；了解老年人权益保障的内容、养老机构的分类、老年社区管理的类型、老龄产业管理与开发的意义；掌握老年人权益保障的路径、养老机构管理的指标制定、老年社区管理的主体、老龄产业管理与开发的内容。

2. 技能目标：在掌握基础知识的同时，能够在实际的老年社会化管理中有的放矢地与社会各部门协调好关系，因地制宜地提出有针对性的路径、对策与措施，加强对老年人权益保障、老年机构管理、老年社区管理、老龄产业管理与开发，从而提高老年人的幸福感，实现老年人的安居乐业。

3. 素质目标：在发扬尊老爱幼优秀美德的同时，切实关注老年人的生活、走进老年人的生活，想老年人之所想、做老年人之所需，在对老年人社会化管理的过程中培养耐心、换位思考、不断创新的品质。

第一节　老年人权益保障

导入情景

家住镇平县的陈老汉是位退休干部。2012 年，老伴去世后，子女们都忙于自己的事业，陈老汉成了“空巢老人”。2014 年，陈老汉经人介绍认识了同样丧偶的张阿姨。兴趣相同、身份相同，二人都对对方产生了好感。接触半年后，陈老汉在朋友们的劝说下，决定向子女摊牌。没想到却遭到了子女们的极力反对。陈老汉认为，子女们的反对其实都是他手中的存款惹的祸。

陈老汉无奈到法院咨询，法官耐心向陈老汉介绍了相关法律规定，并主动找来其子女做思想工作。最终，其子女勉强同意陈老汉再婚，但表示要二老及双方子女到场，事先把赡养、后事及“遗产”等问题讲清楚。

（资料来源：南阳晚报，2015 年 10 月 20 日 11 版，《又到重阳，子女敬老还缺啥?》）

情景分析

老年人的婚姻自由是受法律保护的，从法律上讲陈老汉和张阿姨结婚，作为子女是没有任何理由可以阻拦的。近年来，子女的极力反对成为了老年人再婚的主要障碍和阻力，其中既有经济因素，也有心理承受方面的因素，还有担心赡养负担增大等方面的考虑。

老年人再婚时，要将双方未成年子女的抚养责任和双方子女对两位再婚老人应尽的赡养义务明确下来，以减少子女及其他家庭成员的阻力。应在婚前进行财产公证，把各自的财产状况明确下来，最好还能让其他家庭成员有明确的了解，以免婚后发生财产争执。不仅社会、法律、子女应加大对老年人权益的合法保护，老年人也要提高自己的权益保护意识。

随着人口老龄化程度的提高，老年人权益保障需求越来越强烈，老年人权益保障问题凸显，老年人在社会中处于弱势，其在社会属性方面具有明显的弱势特征，具体表现在：在大数据、大信息时代的趋势下，其接受新事物、新信息的能力弱于一般社会群体；其社会参与能力明显小于中青年人；其受教育的机会也少于年轻人；随着经济结构调整，城市化趋势使得青壮劳力大量迁移，客观上阻碍了老年人与传统之间的联系，传统的家庭养老模式被打破，老年人容易成为被社会忽略的对象，由此引发各种矛盾，影响社会和谐。

一、老年人权益保障的含义与内容

1. 老年人权益保障的含义

我们要依照宪法、法规、制度的规定，按照党委领导、政府主导、社会参与、全民行动的工作方针，不断加大老年事业财力投入、壮大工作队伍，建立可持续激励的机制，以保障老年人的合法权益。

保障老年人权益的目标是实现老有所养、老有所医、老有所教、老有所学、老有所为、老有所乐（简称“六老”）。

2. 老年人权益保障的内容

（1）老年人家庭赡养与扶养权益保障

老年人养老以居家为基础，家庭成员应当尊重、关心和照料老年人；家庭成员应当关心老年人的精神需求，不得忽视、冷落老年人；与老年人分开居住的家庭成员，应当经常看望或者问候老年人；老年人与配偶应相互扶养等。

（2）老年人社会权益保障

国家通过基本养老保险制度、医疗保险制度，保障老年人的基本生活、医疗需要。对享受最低生活保障的老年人和符合条件的低收入家庭中的老年人，参加新型农村合作医疗和城镇居民基本医疗保险所需个人缴费部分，由政府给予补贴；开展长期护理保障工作，满足老年人的护理需求；建立和完善老年人福利制度，根据经济社会发展水平和老年人的实际需要，增加老年人的社会福利，如鼓励地方建立 80 周岁以上低收入老年人高龄津贴制度等。

（3）老年人社会服务权益保障

发展城乡社区养老服务，鼓励、扶持专业服务机构及其他组织和个人，为居家的老年人提供生活照料、紧急救援、医疗护理、精神慰藉、心理咨询等多种形式的服务；将养老服务设施纳入城乡社区配套设施建设规划，建立适合老年人需要的生活服务、文化体育活动、日间照料、疾病护理与康复等服务设施和网点，就近为老年人提供服务；发扬邻里互助的传统，提倡邻里间关心、帮助有困难的老年人；鼓励慈善组织、志愿者为老年人服务，并倡导老年人互助服务；兴办养老机构，优先保障经济困难的孤寡、失能、高龄等老年人的服务需求等。

（4）老年人社会优待权益保障

为老年人及时、便利地领取养老金、结算医疗费和享受其他物质帮助提供条件；医疗机构为老年人就医提供方便，对老年人就医予以优先；有条件的地方，可以为老年人设立家庭病床，开展巡回医疗、护理、康复、免费体检等服务，提倡为老年人义诊；与老年人日常生活密切相关的服务行业为老年人提供优先、优惠服务。

（5）老年人宜居环境权益保障

推进宜居环境建设，为老年人提供安全、便利和舒适的环境；在制定城乡规划时，应当根据人口老龄化发展趋势、老年人口分布和老年人的特点，统筹考虑适合老年人的公共基础设施、生活服务设施、医疗卫生设施和文化体育设施建设；推动老年宜居社区建设，引导、支持老年宜居住宅的开发，推动和扶持老年人家庭无障碍设施的改造，为老年人创造无障碍居住环境。

（6）老年人参与社会发展权益保障

重视、珍惜老年人的知识、技能、经验和优良品德，发挥老年人的专长和作用，保障老年人参与经济、政治、文化和社会生活；老年人可以通过老年人组织，开展有益身心健康的活动；制定法律、法规、规章和公共政策时，涉及老年人权益重大问题的，应当听取老年人和老年人组织的意见；老年人和老年人组织有权向国家机关提出老年人权益保障、老龄事业发展等方面的意见和建议等。

二、老年人权益保障的必要性

1. 老年人口增多，人口老龄化加剧

世界上人口轻度老龄化标准是60岁以上老人占总人口数的10%或65岁以上老人占7%，中度老龄化是60岁老人占20%，重度老龄化是60岁以上老人占30%。1999年，我国进入老龄化社会。2015年，我国60岁以上老人2.22亿，占总人口的16.5%。按当前我国人口发展趋势预测，到2050年，我国60岁以上老年人将占30%以上。也就是说，2050年，我国人口将达到重度老龄化。人口老龄化将会给社会带来严重的影响，如经济发展受阻、社会出现不稳定因素等，可见人口老龄化不仅是个人和家庭的现实问题，它更涉及政治、经济、文化、社会等领域。积极应对人口老龄化关系到国计民生、民族兴衰和国家的长治久安。因此，如果老年人权益得不到保障，将会影响我国经济社会的健康有序发展。

2. 老年人权益关注度不足

社会各界、各阶层以及全体公民，对老年人权益保障的关注度不足，一是法律宣传不够深入，对人口老龄化问题的认识不足，对老年人群体的关心和重视程度不够，“尊老”远不及“爱幼”的程度，许多老年人晚年的精神生活比较贫乏；二是为老服务工作发展不平衡，老龄问题还没有引起全社会的普遍关注，个别地方老年人维权机构不作为；三是为老服务设施尚不够完备，对老年群体的整体公共服务水平有待进一步提高；四是一些人对维护老年人合法权益认识不足，造成社会上不尊重老年人和侵犯老年人合法权益的现象时有发生；五是农村留守老年人的权益保障问题突出，许多农村留守老年人不仅得不到子女赡养，甚至还要一边干农活，一边为外出打工子女看护孩子，老无所依。

3. 相关法律的明确规定

1996年，我国制定了《中华人民共和国老年人权益保障法》，随后党和国家制定了若干法规政策，如《关于加强基层老龄工作的意见》《关于进一步加强老年人优待工作的意见》《国务院关于加快发展养老服务业的若干意见》《关于加快实现社会福利社会化的意见》《国务院关于加强和改进社区服务工作的意见》等。2015年，我国对《中华人民共和国老年人权益保障法》进行了修订。2016年中央政治局第三十二次集体学习，专门学习研究人口老龄化问题，提出“三个坚持”“两个努力”，推动老龄事业全面协调可持续发展。在未来30多年里，我国应做好顶层设计，保障老年人的合法权益，从而有效化解人口老龄化带来的影响。老年人权益保障的相关法律出台，既有利于稳定社会关系，又对保护老年人的合法权益提出了明确的要求。

4. 社会主义和谐社会的要求

我国的社会主义核心价值观为：富强、民主、文明、和谐，自由、平等、公正、法治，爱国、敬业、诚信、友善。其中“富强、民主、文明、和谐”，是我国社会主义现代化国家的建设目标，也是从价值目标层面对社会主义核心价值观基本理念的凝练，在社会主义核心价值观中居于最高层次。“和谐”是中国传统文化的基本理念，集中体现了学有所教、劳有所得、病有所医、老有所养、住有所居的生动局面，它是社会主义现代化国家在社会建设领域的价值诉求，是经济社会和谐稳定、持续健康发展的重要保证。老年人是社会中的一分子，作为有着悠久敬老、养老、助老传统美德的国家，我们更应该尊重老年人、加强老年人权益的保障、加快养老服务事业发展、推进社会养老服务体系建设，从各个层面提高老年人的生活质量与幸福满意度，这是社会主义和谐社会的必然要求，也是构建和谐社会的稳定要素，更是国家的一项长期战略任务。

三、老年人权益保障的路径

老年人权益保障的实施路径主要包括：法律保障路径、自我和家庭保障路径、社会保障路径和精神保障路径四个方面。

1. 法律保障路径

在立法方面，法律保障路径是指需要建立完善的老年人法律保障体系，要以《宪法》为基础，《老年人权益保障法》为主体，制定健全完善的老年人权益保障法律体系；同时应根据各地老年人的实际情况，出台相关的老年人权益保障行政法规、地方性法规、地方政府规章等，为老年人权益保障提供必要的法律依据和政策保障。

在执法方面，由于各地经济发展不平衡，老年人群体的结构特点、文化习惯都存在区域性不同，还需完善各级地方保障性条例和监督性条例，行政机关应当建立健全老年维权工作体系，强调政府责任，充分发挥政府职能作用，使老年人的生活保障、医疗保障、社会救济、社会福利、精神赡养等内容有明确的法定条款可依，确保《老年人权益保障法》的保障内容得以顺利实施。在保障老年人权益的法律途径中，要加强老年权益政策落实、老年事务机构管理、资金投入发挥社区养老保障等各项法律保护的内容。

第一，行政机关应当深入群众，为老年人办实事、办好事，积极宣传和落实老年法规政策，及时帮助老年人解决遇到的困难和问题，调动老年人自我维权的积极性。如果具体负责老年人权益保障工作的部门和工作人员失职，则应当承担相应的法律责任。

第二，进一步强化老龄工作机构的作用，抓住老龄工作的重点。

第三，政府应当加大对高龄、独居、空巢老人，生活不能自理、经济窘迫的老人的关怀。以社区为单位，社区居委会要为管辖范围内的老人制作档案明确有困难老人，例如“五保”“三无”老年人的名单。加大老年服务的资金投入，减轻老年人的经济负担。

第四，居家养老作为我国现阶段主要养老模式，政府应当发展城乡社区养老服务，大力发展社区福利制度，充分发挥社区职能，展开各种形式的服务，切实解决社区老年人生活问题，尽可能提高老年人生活质量。例如社区居民委员会在政府的政策支持下，整合辖区内的企事业单位，让这些单位的食堂、浴室、阅览室、健身房、洗衣房对老年人开放，让企事业单位也参与到老年服务中来，为老年事业做贡献。

第五，由于机构养老逐渐成为一种趋势，政府应当根据老年人的不同需求，进行特殊扶持，使社会养老事业蓬勃发展。

总之，要以保障老年人的权益为目的，以法律、政策为保障，以行之有效的老年权益保障行为为落实点，同时鼓励全社会多角度、分层次参与老年人权益保障事业，建立老年人权益保障评估监督机构，对社会、行政机关提供的老年权益保障服务进行评估，采取优胜劣汰制度。

2. 自我和家庭保障路径

自我保障主要是指老年人在法律规定的范围内，通过自我和家庭保障实现权益。根据我国实际国情，家庭仍然是全社会的养老保障基础，只有坚实的家庭养老基础，才能保证社会稳定和谐。《老年人权益保障法》明确提出：“老年人养老以居家为基础，家庭成员应当尊重、关心和照料老年人。”这需要家庭赡养老年人的成员自身牢固树立“赡养老年人是其必须履行的义务和责任”的理念，才不至于导致家庭将养老责任推向社会和政府。为此，应建立家庭成员赡养老年人行为的评价体系。建议由街道、社区或单位对赡养人进行定期调查，调查范围不仅涉及老年人本人，还应当涉及周围邻居或其他老年人的评价，再对评价结果进行综合打分，并将结果反馈到赡养人所在单位、街道或社区，甚至是公安部门，以此作为对赡养人应尽赡养义务的约束。另外，当家庭赡养人没有尽到应尽的养老义务和责任时，需要有老年维权机构为老年人进行必要的维权，对家庭成员进行法律监督，督促其履行赡养义务。

当前，绝大多数老年人能够自我生活、自我服务、自我娱乐、自我学习、自我参与、自我提高。对这类老年人，应在鼓励其积极进行健康生活的同时，多参与社会事务和社会活动，既为年轻人做出榜样和表率，又为社会提供超常的自我价值；鼓励健康能自理的老年人多结交老年朋友，通过社区、单位、基层团体、协会等多种平台结识更多的老年朋友，不仅能够交流沟通，做好自我心态调节，而且能形成信息网络，为社区、街道和个人建立良好的信息渠道。同时，老年人需要多接触社会，了解社会发展的趋势，才能更好地保护自身合法权益。比如采取多渠道学习新的《老年人权益保障法》，树立明确的自我维权意识，敢于依法维护自身的权益，并善于运用多种手段进行自我维权。

3. 社会保障路径

社会保障路径是指树立健康养老、生态养老、幸福养老、科技养老的科学理念，由新型完善的社会保障和养老服务体系来实现上述目标。

随着退休制度并轨，将来退休的老年人不会因为身份职业的差别而有不同的退休待遇，这将有利于消除公务员、事业单位和企业职工的退休差别。对全社会城乡老年人实行统一社保，建立统一医保。参考国外发达国家的养老经验，我国需要建立与医保相配套的护理保险制度，缓解失能、失独老年人的生活照料、康复护理经费压力。因此，需要大力鼓励民间投资进入老年服务产业领域。根据老年市场需求的多层次性，对老年养老服务产业进行分层设计，为老年人提供更多的选择内容，不仅能减轻政府公共支出的负担，还能扩大社保基金的长期积累。

4. 精神保障路径

精神保障是指老年人不仅需要有健康积极的精神文化生活保障，还需要专门针对老年人的心理咨询。《老年人权益保障法》规定，家庭成员应当关心老年人的精神需求，不得忽视、冷落老年人。与老年人分开居住的家庭成员，应当经常看望或者问候老年人。随着经济发展和老年人权益保障制度变迁，不仅是老年人本身，全社会都要关注老年人的精神需求。赡养老人不能简单停留在物质满足层面，物质保障是基础，精神保障是完善。孝亲文化是中华民族的传统美德，需要全社会的成员共同参与并发扬。由于现阶段城乡差别仍然存在，所以也应对老年人群体进行分层次处理。例如城市老年人，经济生活上比较富裕，他们需要的是较高层次的文化需要和心理满足。所以应当整合各类老年人文化资源，为他们提供丰富的文化交流平台，让他们在这个文化平台上自由欣赏、自由发挥；同时，将老年人心理咨询专业化和科学化，使老年人能在心灵受到伤害时及时得到专业人士有针对性的心理辅导。

知识链接

1. 《中华人民共和国老年人权益保障法》，http：//www.npc.gov.cn/wxzl/gongbao/1996－08/29/content_1479994.htm

2. 《抚州市认真落实一法一办法着力维护老年人合法权益》，http：//www.cncaprc.gov.cn/contents/10/186395.html

案例分析

新修订的《中华人民共和国老年人权益保障法》开始实施。

媒体在报道这条消息时，又特意将“常回家看看”突出出来，比如，家庭成员应当关心老年人的精神需求，不得忽视、冷落老年人。与老年人分开居住的家庭成员，应当经常看望或者问候老年人。于是，再次引发网民热议，话题集中在赡养老人属道德范畴的问题上，用法律来约束合不合适？不是儿女不想“常回家看看”，而是存在诸如与探亲时间不足相关的带薪休假问题，收入不高赡养经济支撑力不足等难题……由此，质疑将“常回家看看”纳入老年人权益保障法的科学性和可操作性。

思考题：

结合案例分析老年人权益保障的内容，并提出相对应的解决措施。

参考文献

［1］郑成山，赵得坚．关于老年人权益保障问题的探索［J］．大连干部学刊，2017（5）：52－56.

［2］刘灵芝．论老年人权益保障法实施机制的完善［J］．法制与社会，2015（28）：31－33.

［3］陈龙，何龙．我国老年人权益保障路径研究［J］．江苏科技信息，2014（20）：85－88.

第二节 养老机构管理

导入情景

父母渐老，儿女为生活奔波无法照料，把他们送至养老院养老，不料此举可能遇到意想不到的风险。子女需要从《入住协议》开始就注意到入住养老机构的法律风险防范。

《入住协议》上写明的紧急联系人能做哪些决策？子女代替老人签订的养老机构入住协议一定有效吗？协议上的免责约定是否真的可以免责？又有哪些问题容易忽视却易引发争议？

离开养老机构的伤情难追责

一个人住在养老院的冯阿姨最害怕听到救护车的声音，因为救护车的到来意味着伤病甚至死亡。

门头沟区一位老人，由子女从养老院接回家中居住数日，老人称腰部疼痛、活动受限，经送至医院检查发现腰椎骨折，需要手术治疗并面临难以康复的可能。

在子女看来，老人出现的身体不适，是由于之前养老机构未尽到照护责任，要求养老机构赔偿并诉至法院。

养老机构相关负责人表示，老人在养老机构中得到了精心照护，且其伤情是在离开养老机构之后发生的，与养老机构无关。并且，老人骨折与其自身骨质疏松有关，根据协议约定此种伤情即便发生于养老机构也不应承担责任。

北京律维银龄研究与服务中心理事长卢明生说，老人的子女在接老人回家时，已在“接送入住老人登记表”中签字确认老人接走时身体状况良好。法院据此驳回了子女的诉讼请求。

未发现老人骨折要担责

在卢明生看来，同样是基于老人的骨质疏松发生的骨折，丰台区一家养老机构则被法院判决承担20%的责任。

丰台区一位老人子女在探望时发现老人无法正常坐立且鼻部受伤，随即向养老机构询问情况，并且带老人去医院检查。检查发现老人有两根肋骨骨折。随后诉至法院要求养老机构赔偿。

养老机构声称，对于骨折并不知情，系由老人自身骨质疏松原因造成。至于鼻部伤情系老人自己摔倒造成，而该老人属于半自理人员，不可能提供24小时一对一服务。

法院审理认为，养老机构应根据资费标准和需要的护理登记为老人提供相应的服务，了解老人的身体情况，并与家属保持密切联系，及时或定期向家属通报等。老人在入住期间发生骨折，养老机构表示对此不知情，老人鼻部受伤，亦未及时通知家属。

对此，卢明生认为，养老机构对于老人未完全尽到协议约定的义务，应赔偿造成的一定损失。最后，结合考虑交费标准、护理内容、过错程度等因素，法院判令养老机构承担20%的责任。

养老机构尽义务就不一定担责

西城区一位老人深夜在养老机构摔倒后，养老机构及时进行检查并根据情况给老人服用药物，同时将情况通报家属。家属了解情况后同意待其天亮到养老机构再处理。后送至医院诊断为脑血管疾病，转院治疗后不幸去世。

家属要求养老机构赔偿并诉至法院。法院在审理后认为，对于老人的摔倒处理情况，养老机构提供了巡查记录及工作日志。根据巡查记录及工作日志，养老机构履行了应尽义务。"养老机构虽未及时联系急救车辆，但得到家属确认。"

卢明生认为，现实情况中老人入住前的自述及体格检查结果并未提示其有脑血管疾病史，因此预见老人病情的发展已经超出养老机构应尽的谨慎注意义务之范畴。最终法院判决：老人入院后并非当即死亡，而系经过治疗及转院后方死亡，该死亡结果与老人摔倒之间是否存在直接因果关系亦无法确认，驳回家属的诉讼请求。

（资料来源：北京晚报，2016年1月18日，《住养老机构面临哪些协议尴尬？未发现老人骨折要担责》）

情景分析

2017年12月29日，原国家质检总局、国家标准委发布了《养老机构服务质量基本规范》（以下简称《基本规范》）国家标准，这是我国养老机构服务质量管理首个国家标准，标志着全国养老机构服务质量迈入标准化管理的新时代。

据介绍，《基本规范》全文共有112条，除去规范性引用文件、术语和定义外，共对养老机构服务质量提出106条要求，主要包括基本要求、服务项目与质量要求、管理要求、服务评价与改进等内容。

民政部相关负责人说，过去由于缺乏全国统一的养老机构服务质量标准，养老机构开展服务质量建设缺乏遵循，社会评价养老机构服务质量也缺乏依据。《基本规范》填补了养老机构服务质量国家标准空白，健全了养老机构标准体系，为进一步规范养老机构服务质量提供了指引。此外，《基本规范》还明确了全国养老机构服务质量的基准线、起跑线，对全国养老机构服务质量提出了最低要求。

该负责人表示，提高养老院服务质量，关系两亿多老年人口特别是约4000万失能半失能老年人的晚年幸福，也关系他们子女工作生活，是涉及人民生活质量的大事。

统计显示，截至2016年年底，全国60周岁以上老年人口有2.3亿人，占总人口的16.7%，其中失能半失能老年人约4000万人，占老年人口的18.3%，空巢老年人占老年人口的51.3%。随着人口老龄化不断加剧，养老服务需求快速增长，养老机构成为老年人社会化养老的重要方式。

据了解，在近一年的起草过程中，民政部通过网上公开征求意见、座谈会、实地调研等方式，广泛听取各方意见，共收到全国23个省份、近100家不同类型养老机构和许多个人的449条意见。

养老机构管理是我国养老事业发展的重要组成部分，也是应对人口老龄化发展、破解养老难题的有效途径。近年来，在社会养老服务需求迅速增长和社会福利领域福利社会化改革的背景下，各类养老机构尤其是民办养老机构在国家政策的鼓励和扶持下快速发展起来，并成为社会养老机构体系的“支撑”力量。因此应明确养老机构管理的原则，采取规范化的养老机构管理措施，加强对养老机构的管理。

一、养老机构管理的含义

养老机构管理是指以老年人为服务对象，对为老年人提供饮食起居、清洁卫生、生活护理、健康管理和文体娱乐活动等综合性服务的机构进行的管理。养老机构管理包括对养老院、社会福利院和敬老院、老年公寓、老年康复机构、护理院、临终关怀机构等的管理。

养老机构是为老年人提供住养、照护等综合性服务，满足老年人基本生活需要的场所，是养老服务体系的重要组成部分。随着人口的高龄化趋势和家庭小型化的变化，越来越多的老年人需要到养老机构接受服务，养老机构在社会生活中将发挥越来越重要的作用。

二、养老机构管理的分类

1. 按照养老机构的属性与主体不同

按照属性与主体，养老机构管理被划分为“公办－民办”“营利－非营利”机构两种角度，但在政府的管理领域中普遍采用前者，具体分为：

（1）公办公营

公办公营是由政府出资兴办并管理的公有制养老机构。

（2）公办民营

公办民营旨在盘活现有的存量，是将已经办成的公有制性质的养老机构，通过改制、改组等交给社会力量去管理和运作。

（3）公建民营

公建民营主要涉及发展增量，是指政府将其投资建设的养老机构，按照一定程序委托给具有相应资质的社会主体运营管理的做法，它具有能够最大程度提高公共资源利用效率的优点，也是当前我国养老机构发展的重要途径。

（4）民办公助

民办公助是以社会力量为主体，政府给予一定资金支持的一种建设模式。

（5）民办民营

民办民营则是完全由社会力量兴办建设的模式。

2. 根据养老机构定位与老年人需求程度分类

根据养老机构定位与老年人需求程度，建立梯次化的入住分类管理，如表9－1所示：

表9－1　养老机构管理的分类

机构属性	服务定位	服务对象
公办公营	对特殊老人“托底”	特殊老人
公办民营；公建民营	定比例提供保障床位	特殊老人，高龄失能老人
民办公助；民办民营	政府购买保障床位	特殊老人，高龄失能老人，一般老人

（1）公办公营养老机构

在公办公营养老机构的入住管理中，改变身份地位、家庭优越等准入潜规则，将年龄、健康等标准与困难、独居等特殊性相结合进行综合考量，根据老年人特殊性程度进行排序，如“失能 > 高龄”“困难老人 > 纯老 > 独居”，根据老年人的不同需求紧急情况进行优先保障。

（2）公办民营和公建民营养老机构

由于两类机构同时具有“公办”和“民办”的双重属性，可定位于“保公益，半开放”，可按一定比例保障特殊老人。“保公益”是指辅助性地承接公办机构保障责任，按比例提供保障性床位，对公办收住范围的特殊老年人进行服务保障。“半开放”则是指将部分床位面向一般的高龄、失能老年人。

（3）民办公助和民办民营养老机构

从减少床位闲置、提高利用效率角度出发，采取政府购买少数保障性床位的做法具有一定的可行性。例如我国香港特区政府为了缩短公办养老机构轮候时间，提高保障性养老床位的总供给，分别实施了“买位计划”和“改善买位计划”，通过购买私营养老机构的床位，加强对特殊老人的床位供给。而这种“购买”措施也使民办私营机构得到较快发展。

另外，根据不同的服务对象，养老机构可以分为综合型、养护型和自理型三种；根据不同的登记机关，可以分为养老企业、社会服务类养老机构和事业编养老机构；根据不同的设立目的，可以分为营利性养老机构和非营利性养老机构。根据规模的不同，可以分为小规模养老机构（50 张床位以下）和大规模养老机构；根据服务对象的自理能力，可以将养老机构分为综合型（收住自理程度不一的各类老年人）、养护型、自理型（自理老年人）和小型养老机构四种。

三、养老机构管理的指标制定

1. 健全管理规章制度

在养老机构的管理规则制度的内容中，不仅要对行政管理的职能和规范、养老护理规范、养老服务章程等进行规定，而且对养老机构在运行中的管理对象、管理范围、管理权责等也要进行详细规定。

2. 制定财务管理制度

养老机构的举办和经营主体情况多样，财务管理情况复杂，需要对养老机构的财务管理制度进行统一规范，使各养老机构严格按照养老机构财务管理的制度执行，收到的捐款捐物都有明确的登记，捐赠物品与现金的使用记录清晰，做到账目完整，钱账公开透明。

3. 建立评价监督指标

养老机构中要建立对主体管理行为的评价监督指标，如医疗服务评价指标、老人日间照料评价指标、老人娱乐活动实施项目评价指标等。发动老年人、老年人的亲属、老年人的社会关系等参与到养老机构监督评价过程中，加强与老年人的沟通，及时了解他们对养老机构管理的建议，提升养老机构管理服务水平。

4. 制定养老机构工作人员的福利待遇标准

以往养老机构与员工不签订劳动合同、不缴纳社会保险、频繁加班情况严重，为了使这些问题都得到解决，在新的养老机构的管理指标制定中，要制定稳定的福利保障制度，充分保障养老机构工作人员的福利薪金待遇，保障他们能在养老机构中安心工作，无后顾之忧。

四、养老机构管理的原则

1. 以人为本与权益平等原则

以人为本是养老机构管理的核心，以人为本的实质是实现人的全面发展。老年人作为社会成员的重要组成部分，必须保障他们的养老需求，全面落实“老有所养、老有所医、老有所教、老有所为、老有所学、老有所乐”的养老目标。对于老年群体的养老问题，在对相关养老机构的管理过程中，要坚持以人为本——以老年人的需求为本。具体来说，就是养老机构的管理服务过程要满足老年人的物质需求、精神文化需求、心理和情感慰藉需求等多方面的且不断增长的需要。

和谐社会体现了公民权益的平等性，而老年人作为社会公民的重要组成部分，更应该保证其权益的平等性。因此，在养老机构管理的过程中应当遵循老年群体权益平等原则。随着我国老龄化进程的加快，养老问题将成为21世纪最受瞩目、最难解决的社会问题之一。老有所养是公民的基本权利，在相关养老政策的制定中必须体现出老年权益的平等性，具体来说要做到基本权利的平等性、获取福利机会的平等性、享受社会成果的平等性、得到社会关怀的平等性。要做到兼顾城镇老人和农村老人，兼顾东部发达地区和西部落后地区，兼顾纳入养老保险体系人员和未纳入养老保险体系人员，兼顾两种性别老人，加强对“三无”和高龄老人的保障力度等。

2. 政府主导与多方参与原则

针对养老机构管理发展过程中存在的关键性问题，按照“政府主导、政策扶持、社会参与、市场推动”的原则，由一元支撑向多元参与转变。在充分发挥政府主导作用的前提下，发挥市场在资源配置中的基础性作用，发挥专业化社会组织的力量，促进竞争、合作共赢。传统的养老方式——家庭养老方式，无论是经济来源还是生活照料和精神慰藉都依靠家庭支撑，现在逐渐向以家庭养老和社会养老管理相结合的方式转变，形成“居家养老为基础，社区服务为依托，机构养老为支撑”的养老机构管理体系。

3. 科学转型与科学经营原则

目前我国，特别是农村地区，家庭仍然是最大的养老主体，在人口老龄化趋势加快的影响下，一些家庭已经不堪重负，不久的将来形势会更加严峻。加之市场经济的发展导致家庭或群体价值观的改变，家庭成员的非专业化服务、社会保障制度的完善，要求养老主体必须实现科学转型，从家庭、社会、自我等养老主体多元化转变，逐渐过渡到以社会养老为主。养老主体科学转型谈到的主要是经济供养问题，我国“四二一”（父母双方的父母 + 父母 + 独生子女）的家庭结构以及空巢老人增多的情况，使得居家的子女、亲戚对老年人的照料难以得到保证，所以提倡建立并完善“居家养老为基础，社区服务为依托，机构养老为支撑”的具有综合特点的社会化养老方式，目前可以通过建立老年宜居社区等途径来实现科学有效的养老经营方式。

4. 深化改革与持续发展原则

完善养老机构服务是发展市场经济、维护社会稳定的一项重要任务。但比较而言，我国目前的社会养老机构保障标准偏低，服务功能还有待继续完善。因此，要统筹兼顾、突出重点，立足当前、着眼长远，认真制定中国老龄事业发展的中长期规划，促进老龄产业更好更快地发展，努力将养老机构服务目标落到实处。按照管办分离、政事政企分开的原则，统筹推进公办养老机构改革，尽快出台养老机构管理办法，使养老机构管理步入法制化、规范化的发展轨道，加强对社会养老服务机构的登记和监管。完善养老服务的投入机制、服务规范、建设标准、评价体系，促进体系信息化、专业化建设。

五、养老机构管理的对策建议

养老机构管理规范化是一项系统工程，要推进这项工程的开展，应以地区养老机构发展实际为基础，不断学习先进管理经验，完善管理制度标准，明确职责，制定引导鼓励政策，以人才建设为支撑，才能真正提升养老机构服务和管理的水平。

1. 加强养老机构管理的安全保障制度

长久以来，老年人意外伤害风险、火灾等公共意外风险的问题严重困扰着养老机构，由此带来的与入住老年人之间的纠纷也是养老机构亟待解决的问题，为降低养老机构存在的类似上述问题，应加强养老机构的安全管理，不断提升服务质量。

（1）严格审查养老机构的服务资质，在养老机构申请设立许可或后置许可时严格审查，确保其环境、房屋、设施等满足养老机构的安全需求，民政部门不仅要进行书面资料（消防安全证书等）的形式审查，还要会同有关部门进行实地考察。

（2）对各种意外风险的发生要设置专项预案和应急预案，并且进行模拟演练。

（3）对意外事故发生的主要责任人员规定较为严格的责任，第三方专业机构及工作人员出具不实勘测报告存在故意或重大过失的，应追究其法律责任。

（4）要求养老机构投保公共意外责任险，这是降低养老机构管理运营风险的重要措施之一，为降低养老机构运营风险，法律可对公共意外责任险提出强制性要求。要求养老机构应建立机构和收住人员意外责任险，政府可以通过给予补贴等形式引导、鼓励养老机构投保公共意外伤害责任险。

养老机构应具有明确专业的机构发展目标定位，以管理规范化为标准，不断完善内部管理机制，建立健全各项规章制度，重视基础资料收集整理和存档保管，建立绩效考核制度，规范用工制度，营造和谐而有归属感的团队氛围。加强与社区老年人的互动，扩大服务半径、增加服务内容、扩展服务形式，把养老机构变成老年人的长期照料中心、短期照料中心、日间照料中心、老人助餐中心，辐射周边社区老人，使居家养老与养老机构养老有机结合，成为拓展服务的增长点。

2. 以政府为主导，多方合作的养老机构参与管理

（1）转变政府职能

政府包揽全部公共事务的管理，加重了政府的工作负担，政府很难集中力量办大事，往往造成对养老机构管理的顾此失彼。政府应加强对养老机构管理方面的职能转变，担当引导者、鼓励者、资源整合者和监管者的角色，做好养老机构发展的服务工作。

（2）发挥养老行业协会的作用

鼓励组建专业的养老行业协会，参与到老年机构管理的行列中来，养老行业协会要站在第三方公平公正的角度加强养老机构的管理，并形成定期、不定期的监管制度，营造良好的行业发展氛围。

（3）发展专业的养老机构管理行业

无论政府创办还是社会创办的养老机构，都应构建专业的管理行业，协调角色定位，促进养老专业研究和行业自律，养老机构管理行业应不断根据管理规范化的要求，提供规范化、高质量的养老机构照护服务。

3. 加强养老机构人才队伍的培养与管理

我国的养老机构管理和服务人员严重短缺，为提升养老机构整体服务管理水平，应加强养老服务行业专业人才队伍的培养，不断建立完善从业资质制度。

要利用现有的教育资源和养老机构资源，有计划地强制性地为养老机构工作人员开展免费培训，保证达到规定要求，提高人员素质；要实施服务职业资格认证制度，有条件的高等院校和职业教育机构应设立老年服务与管理、老年护理、老年社会学和老年产品开发等专业，开展对养老服务人员的定期培训，建立对养老服务人员培训费补贴制度，培育储备一支养老服务行业专业人才队伍，明确规定养老机构工作人员的资质与人员配比。为提升养老机构的服务水平，养老机构的登记与管理除了规定医疗护理、康复护理、社会工作等专业人士应具备执业资格外，还应要求养老机构的管理人员具备一定的学历和工作经验，尤其是对养老院院长等高级管理人员，应提出更高要求，以保障养老机构管理的高效性。

4. 明确养老机构的价格管理问题

养老机构的服务价格究竟由市场决定还是由政府指导，一直以来是有争议的问题。解决这一问题的基本思路是：按照养老机构所提供的服务是否属于保障基本养老服务来决定。不论是公办养老机构还是民办养老机构，如果提供的是保障基本养老范畴的服务，相应的收费应当实行政府定价或政府指导价。养老机构提供的其他服务属于普通的市场服务，按照市场规律自主定价。

（1）民办营利性养老机构服务，收费项目和标准均由经营者自主确定，政府有关部门不得进行不当干预。

（2）民办非营利性养老机构服务收费标准由经营者合理确定，政府有关部门可结合对非营利机构的监管需要，对养老机构的财务收支状况、收费项目和调价频次进行必要监督。

（3）公办养老机构主要发挥基本保障功能，着力保障特殊困难老年人的养老服务需求：其中“三无”（无劳动能力、无生活来源、无赡养人和扶养人）老年人入住公办养老机构的，根据《老年人权益保障法》的规定实行免费政策；对其他经济困难的孤寡、失独、高龄老年人及失能、半失能老年人等提供养老服务，其床位费、护理费实行政府定价或政府指导价，伙食费等服务收费项目按照非营利原则据实收取。

5. 加强监管，充分发挥行业协会的职能

在批准养老机构的建立过程中，应当要求养老机构在符合一系列的专业标准后，才能成立，且服务过程要按照专业标准进行操作，服务效果要接受专业的评估与监管。政府及相关部门需要建立完善的监管制度，如建立服务监管和评估制度、建立养老机构行业准入规制、建立服务规制和资金规制等。监管主体要进行日常的监管和定期的服务评估与信息发布工作，在监管制度上为养老服务机构的服务质量建立起一道保障线。

知识链接

1. 《潍坊市老龄办：潍坊市制定〈养老机构等级管理及评定办法〉》，http：//www. cncaprc. gov. cn/contents/10/185931. html

2. 《达州市老龄办：达州市2018年养老服务工作重点开展“十个一”》，http：//www. cncaprc. gov. cn/contents/10/185353. html

3. 《新华网：我国养老机构数超14.46万家》，http：//www. cncaprc. gov. cn/contents/2/185903. html

案例分析

在选择如何养老时，除了熟悉的居家或者社区养老形式，越来越多的老人加入机构养老的队伍中：一方面能够让自己享受到更加专业的服务；另一方面也相应地为子女减轻了照料负担。

但问题是，目前大部分的养老机构只能提供吃饭、睡觉这些基本服务，而老年人年迈体弱，更需要日常的医护和方便的就医环境。如何将养老和医疗顺畅连接起来，成为提升养老服务产业至关重要的一步。

“医养结合”的提出，实际上就是鼓励养老机构将医疗服务和养老服务相结合，为入住养老院里的老人提供更多的医疗便利。这样的设想，其实在2013年国务院印发的《关于加快发展养老服务业的若干意见》（下文简称《意见》）中，就已经明确：要“积极推进医疗卫生与养老服务相结合”。

《意见》出台后，《中国青年报》记者走访了北京市多家“医养结合”的养老机构发现，养老机构受制于自身场地、资金、人员、审批等方面的条件，推进“医养结合”的过程并不轻松。

具备优质医疗资源的养老院太贵

在没有安装门框和窗扇的一层娱乐大厅内，年近80岁的张华操控着轮椅上的方向杆，穿梭在养老院一层的娱乐室之间，如果有需求，他还可以“自驾”穿过十几米的室内走廊，到隔壁的社区卫生服务中心为自己或者老伴拿药。

张华现在入住的养老院与他此前居住的不同，他现在生活的北京市恭和苑养老院内有一家功能齐全的社区卫生服务中心。

在这个占地1.3万平方米的生活社区里，有南北两栋大楼供老年人居住。北楼长廊的对面，是其医疗中心即双井第二社区卫生服务中心，在该楼的北侧，还有一辆标有“120”字样的救护车“随时待命”。

2013 年，恭和苑被北京市政府确定为首个“医养结合”试点养老机构。事实上，养老机构设置医疗机构，在北京市已经是标配。

2014 年，北京市民政局会同 9 个部门联合下发《关于进一步推进北京市养老机构和养老照料中心建设工作的通知》，明确提出本市所有养老机构和养老照料中心都要具备医疗条件，构建“医养结合”的服务模式。

其中提出，实现“医养结合”的方式，包括独立设置、配套设置与协议合作。配套设置是指采取内设医务室、卫生所（室）等或引入周边医疗机构分支机构等。独立设置是指有条件的养老机构和养老照料中心可采取申请独立设置康复医院、社区卫生服务中心（站）等医疗机构。

张华老人入住的养老机构采取的是配套设置的方式。4 层楼的社区卫生服务中心里，有基本诊疗、康复医学科、内外科等各科室。据工作人员介绍，不仅养老院老人，附近社区的住户也都可以来社区医院看病。

虽然看病就医方便，但这家养老院每月租金要比普通养老院高出两三倍。以一位自理老人为例，最低收费每月是 11000 元，加上餐费，每月最少需要 12650 元。

而北京市人社局和统计局公布的数据显示，2014 年度北京市职工月平均税前工资为 6463 元，有媒体曾按现行社保比例进行扣除计算，实际上，职工个人每月拿到手的可支配收入不足 5000 元。

与恭和苑养老院相比，北京太阳城银龄公寓则是一家独立设置医院的养老院。“当初过来就是因为这里有医院”，赵枫说，她搬来昌平小汤山的太阳城银龄公寓生活，已经有一段时间了，“小区的正门附近就是太阳城医院，看病就诊相对方便，而且可以用医保卡。”

太阳城养老院的工作人员告诉《中国青年报》记者，目前这里其他类型的公寓床位都很紧张，“排队也未必能排上”，新入住的老人基本推荐前往一栋酒店式风格的公寓，这里的收费也不低。以标准间为例，最低医疗押金相对应的每月租金为 4000 元，不含餐费、电话费、空调费及采暖费等，如果需要雇护工的话，按最低标准，每月也要多支出 3000 元左右。所有开支加一块儿，一个月也要“破万”。

2015 年 6 月开始试运营的泰康之家燕园养老社区也是一家独立设置医院的养老社区，位置更加偏远，位于六环以外。但曾国华夫妇仍然想要入住这里，“燕园不仅有自己的医院，还跟周边两家三甲医院建立了绿色通道，能够方便住在养老院的老人挂号看病”。本报记者在这家社区的销售中心看到，泰康医院还邀请了北京海军总医院、北京急救中心、北京安贞医院等众多医院的专家定期坐诊，个别专家可保证一周内连续多天在场。

优质的医疗资源也意味着住在这里需要交更高的费用。这家社区的销售人士告诉记者，泰康之家燕园二号楼的“温馨一居室”每月服务费5000元，餐费按实际消费另行支付，但入门的押金就达85万元之多。

上述人士坦承，目前他们的养老社区服务的主要对象是“三高”（高管、高知、高薪）人群。

医养结合需要量体裁衣

实际上，“医养结合”并不是鼓励养老院追求“高大上”独立设置医院，更多的是，鼓励中小养老机构内设医务室。

“对养老院来讲，医疗机构的设置是根据接收对象而定的，不能搞大而全。”北京市民政局福利处副处长李树丛告诉《中国青年报》记者，“医养结合”是以养为主来配置医院的。

在李树丛看来，养老机构设置医疗机构的时候要根据自身需要“量体裁衣”。如果是侧重临终关怀的养老机构，配置的医疗机构要以临终关怀为重点；如果入住的是生活自理的老人，配置的就是慢病管理机构；如果养老机构非常大，可能会设置一个综合性的医疗机构。

“我们鼓励开展多种形式的‘医养结合’，但并不鼓励把所有的养老院变成医院。”李树丛说，养老院是精细化服务的，根据服务对象的需求配置相应的医疗保障能力。

李树丛说，北京市中低收入老人居多，可以通过内设医务室来保证他们的就医需求。“老人往往患有慢性病，需要经常取药，每天去医院不方便，养老机构有医务室的话，每天把这些药进过来就行了。”

2015年11月25日，北京市规划委和民政局共同组织编制的《北京市养老服务设施专项规划》正式向社会公布，其中明确提出了“9064”养老发展目标：即到2020年，90%的老年人在社会化服务的协助下通过家庭照顾养老，6%的老年人通过政府购买社区服务照顾养老，4%的老年人入住养老服务机构集中养老。

在中国社科院经济研究所副所长、中国社科院公共政策研究中心主任朱恒鹏看来，依靠家庭养老的老人多数医疗需求不多。需要社区及机构支撑的老人，大部分都对医疗服务有一定要求。“社区及机构养老，主要针对失能及半失能的老人，医疗服务的配套就显得尤为重要”。

朱恒鹏指出，社区及机构养老的“医养结合”，一方面需要养老机构有医疗服务能力，满足老人需求；更重要的是，能进一步获得医保支付的资格，降低老人负担。他称，目前长期照护保险还在探讨阶段，因此，医保支付对于老人是很关键的经济支撑。

而众多的民营养老院、托老所，一方面受困于资金和场地限制，无法做到医养深度结合；另一方面，即使其设置了医疗机构，能否纳入医保定点医院也是个问题。

为了方便中小养老机构内设医务室，2014 年，北京市民政局等部门联合出台了《关于进一步推进北京市养老机构和养老照料中心建设工作的通知》（下文简称《通知》）。

《通知》提到要“建立联合审批制度”：区县民政局、卫生局和人力社保局要成立联合指导组，对确定的医疗合作项目及提出设置医疗机构申请的养老机构和养老照料中心，要及时到实地给予帮助指导，按照有关政策要求，做好相关医疗机构审批登记和医保定点资质的审批工作。

目前，北京市第 21 批医疗保险定点医疗机构名单已经发布，在 277 家新增医保定点医疗机构中，社区卫生机构和养老机构内设医疗机构共有 202 家，占新增总数的 72.9%。其中，社区卫生服务中心 6 家，社区卫生服务站 159 家，养老机构内设医务室 37 家。

“本市已正式确定将养老机构内设医疗机构实行单独序列医保审批。”北京市民政局副局长李红兵之前对媒体表示。这就意味着，养老机构内设医疗机构获得了申请医保定点的绿色通道。

北京市民政部门表示，对于养老机构内设医务室申请定点，完全不受执业时间长短限制，不受与现有定点医疗机构距离远近限制，只要符合条件，均可申请纳入医保定点范围。这么做的目的是方便入住中小养老院的老人，在遇到“小病小灾”时，可以直接到养老院内的医务室就医，并方便老人报销。

北京师范大学中国公益研究院养老研究中心高级分析员成绯绯告诉记者，中国公益研究院受北京市民政局委托对 200 多家公办养老机构逐一走访，主要从养老机构的设立准入、建设、运营管理、医养结合情况等多个方面进行调研，他们发现：市区里面的养老机构多数都是中小规模，100 张床位左右的养老院都是通过内设医务室的形式达到医养结合目的。而内设医务室也有申报流程，同时，达到标准还可以申报医保定点。

“截至 2014 年 8 月，全市 400 家养老机构中有 62 家内设医务室，其中约半数纳入医保定点，而此次又将有 37 家养老机构内设医务室正式纳入医保定点。”成绯绯说，中小养老院内设医务室今后会成为一种趋势。

“医养结合”具体设置形式，需要根据养老机构的规模、老人的需求、周边医疗资源而定，不是非要设置独立的医院，从卫生规划角度来讲，如果周边医疗资源很多，也不会允许养老院再去设置独立的医院。

成绯绯在调研时发现，一些远郊区县的养老机构，相比内设医务室，多数选择了与乡镇卫生院协议合作的形式。“本身远郊区县老年人的规模就比较小，医疗需求也没有那么旺盛，通过协议合作的形式就可以满足老年人的基本医疗需求。”

设置独立医院面临经营压力，医保需要及时跟上

事实上，无论是独立设置医院还是配套设置医务室，面临的都是能否纳入医保定点医疗机构这道门槛。

凭医保卡到指定的医院就医，可以按照相关规定报销一定的医疗费。因此，医保定点医院往往是老人看病就医的首选。对于设置了医疗机构的养老院来说，医疗机构能否纳入医保定点医院，是影响其经营好坏的一个重要因素。

《中国青年报》记者在采访中获悉，直到 2015 年 11 月 23 日，恭和苑为老人提供全科服务的社区医院的医保才正式下达，在此之前入住的老人不能享有医保报销的便利。

居民通常可选定 4 个医院作为自己的医保定点医院，其中包括 1 个必选的社区医院。但因为恭和苑社区医疗服务中心现在不具备资质，在对小区内居民开放的管道暂时也还不够畅通。

实际上，已具备医保定点资格的养老院医院，也面临着经营的压力。

北京太阳城医院成为医保定点机构有一段时间了。居住在太阳城内的不少老人多会选择到这家医院就诊，因为太阳城银龄公寓收费较高，住在这里的老人都是具备一定条件的单位退休职工，能够享受到医保报销。

但也有一些老人担心这家医院的医疗水平。原因是来自协作单位安贞医院的医生并不多，多数为太阳城医院自己聘任的医生。

此前，北京太阳城集团董事局主席朱凤在接受本报记者采访时说，太阳城医院是由太阳城养老公寓收益带动发展起来的产业，自身也需要有一定的经营收入。但这家医院周围鲜有其他社区，来这里就诊的主要是住在养老院内的老人。医院为了寻求亮点，吸引外界前来就诊，在网上多以专科医院来进行宣传，例如“北京太阳城肾病医院”“北京太阳城脑瘫医院”等。

“医养结合”何时打开双向通道

“医养结合”是双向通道，也就是说，养老机构能够设置医疗机构的同时，医疗机构也可以提供更多的养老服务。

早在2011年，合肥市滨湖医院就成为“先行者”。据媒体报道，滨湖医院作为合肥市公立医院试点，在无陪护病房中，将老人分为自理型、半自理型、全护理型、临终关怀型四种，实施个性化生活照顾。

但这样的尝试在医院当中是凤毛麟角。“医院转型办养老服务积极性不高，卫计部门在协调这个问题。这次国务院转发《意见》以后，下一步可能会有一个推动。”李树丛告诉记者。

在成绯绯看来，医疗机构提供的是医疗服务，养老院提供的是日常照料，医疗机构从事养老服务有很大优势，但是从事养老服务需要转变经营管理的思路，医院在养老服务的专业性方面也需要提高。

在调研中，成绯绯发现，北京市医疗机构主动尝试医养结合的案例还很少。

她印象中，北京市西城区银铃老年公寓是一家由首都医科大学附属复兴医院具体运营管理的养老机构。因此居住在这家养老院的老人能够享受到复兴医院的医疗资源。例如，养老院内的医疗功能站，由全科医生提供24小时全程服务，为每位入住的老人建立健康档案，医生每天上午根据老人的身体情况进行巡查。

北京市房山区同济东方养老中心也是一家由医院主导的养老机构。据该养老机构人士介绍，这里是北京市唯一一家由二级甲等医院开办的养老中心，由北京同济东方中西医结合医院作为医疗支持，将医疗、养老、康复、护理资源整合在一起。本报记者发现，该养老中心与二级甲等中西医结合医院在一个院子里。如果老人在本院就医的话，普通号免费，有医保的还可以享受报销。

朱恒鹏告诉记者，目前公立医院本身也承担着慢病管理和康复护理的业务。尽管专业程度还有待加强，花费也比较高，但他们不愿意把业务分出去，也没有和外界建立很好的市场合作关系。

医院尝试医养结合进展缓慢的真正原因在于，“三甲医院本身的需求就很旺盛，放弃医疗市场去做养老不太现实。”成绯绯说。

此外，养老院内设的医疗机构在利润来源以及人员上升通道方面不如医院，也是阻碍医疗人员流向养老机构的障碍。

“医院体系完善，医生和护士的晋升渠道非常明确，薪资待遇在市场上有明确价格，但是在医养结合的机构里面没有跟医院一样完备的升迁制度和空间。”成绯绯说，“拿高薪去聘请医生和护士只能满足一时之需。”

在2015年11月公布的《北京市养老服务设施专项规划》中，也曾提到，现在的问题是养老机构本身达不到医疗设置标准。主要体现在建设标准不完备和准入标准不完备。

例如，“护养型养老床位不足，设施建设缺乏对老年人健康状况和自理能力的适应性；医疗服务水平较差，部分机构养老设施未配建医务室或医务室不达标，大部分不具有医保定点资质”。

在准入标准方面，“缺乏有效的行业准入及退出标准，行业规范与监管相对薄弱；服务岗位专业标准和操作规范不完善，专业机构护理人员及家政服务人员匮乏”。

对此，成绯绯建议，当前养老服务产业，应当建立以职业教育为主体，学历教育和职业培训并重的养老服务人才培养体系，出台鼓励政策让更多的人选择从事养老服务业。

在她看来，养老产业要先完善，才会吸引更多的医疗资源进入养老产业。

“医疗服务和养老服务的深度融合，并不只是医疗机构加上养老机构这样的‘1+1’的方式。”李树丛告诉记者，打破机构之间的服务界限还需要整个社会服务体系的健全、公共服务设施的完善，这样才能最终达到“医养结合”的效果。

（资料来源：中国青年报，2015年12月7日4版，《“医养结合”还需迈过几道坎儿》）

思考题：

结合案例分析，目前养老机构管理存在的问题有哪些？你有什么好的建议解决这些问题？

参考文献

［1］钟仁耀，侯冰．公平性视角下的养老机构分类管理机制研究［J］．中共浙江省委党校学报，2017（1）：66－72.

［2］李芳．我国养老机构登记与管理的若干问题［J］．东方论坛，2016（6）：114－120.

［3］冯建光，王秀兰．养老机构管理规范化的探索与实践研究［J］．数理医药学杂志，2015（5）：788－790.

［4］张洋．我国社会养老服务体系完善研究［D］．吉林：东北师范大学，2016.

［5］冯建光，王秀兰．养老机构管理规范化的探索与实践研究［J］．数理医药学杂志，2015（5）：789－790.

[6] 赵婷婷．我国城镇养老服务机构的问题研究——福利混合经济的三维分析框架 [D]．天津：南开大学，2013.

第三节 老年社区管理

导入情景

近年来，打造精细化的居家养老服务品牌成为苏州市沧浪区社区养老的探索方向：日间托老所、虚拟养老院、“五色养老法”等，通过不断探索和努力，精细化的居家养老服务体系在沧浪区已初见端倪。

日间托老所

78 岁的李文达老人，老伴很早就过世了，子女又忙于工作，老年生活枯燥又寂寞。2009 年 7 月，沧浪区首家日间托老所——二郎巷“南山驿站”日间托老所正式运行。李文达抱着试试看的心态成了首批入住的老人。他表示，当初入住日间托老所只是觉得找到了吃饭的地方，而且价格很实惠。经过两年的“深度体验”，李文达感慨道：“我已经离不开日间托老所了，这里已经成了我的第二个家。”

数据显示，沧浪区共有 60 岁以上老人 67171 名，占全区总人口的 20.63%，仅二郎巷社区就有 60 岁以上老年人 1332 名，其中不少是空巢老人。许多空巢、孤寡老人买菜烧饭困难，又不想进敬老院，请保姆又会加重经济负担。2009 年，沧浪区投入近 300 万元，在二郎巷社区建起了一座 660 平方米小洋楼式的配套用房，用来做日间托老所。日间托老所按照功能布局分为三层：一层是生活区，设有餐厅、厨房；二层是休息区，可容纳 80 张床位，供老人午睡，每位老人还配备私人储物柜；三层是活动区，老人在此可欣赏沪剧、评弹、昆曲等优秀传统戏曲，还可以下棋、唱歌。

据悉，日间托老所主要接受沧浪区内 70 岁以上的孤寡老人和空巢老人。老人们每月缴纳 360 元，负担日常的菜钱以及少数水电煤气等费用开支，其余都由政府补贴。百米河边长廊、紫藤棚、宽敞的活动室、门球场……丰富多彩的文体活动让老年人找到了归属感。

虚拟养老院

日间托老所使身体健康、经济相对宽裕的孤寡老人和空巢老人找到了快乐家园，而对于行动不便，生活困难的老人，沧浪区设立了“邻里情”虚拟养老院。老人只需拨打一个电话，专业的服务人员就会在指定时间上门服务。

2008年，虚拟养老院在该区葑门街道试点运行。78岁的郑阿婆是虚拟养老院的首批体验者。最初，郑阿婆每周接受两次服务，包括买菜、洗衣服等家政服务。有一次，工作人员看到郑阿婆的指甲很长，便主动要求帮郑阿婆剪指甲还帮老人泡脚，让郑阿婆很是感动。

老人们的肯定让沧浪区信心倍增，沧浪区“邻里情”虚拟养老院的服务对象向全区扩展，其中包括残疾服务对象、高龄企业退休老人和离退休干部。截至2011年年初，虚拟养老院服务对象已从2008年年初的439户老人家庭增加到3417户，共计5619位老人。同时，虚拟养老院的服务项目也在不断拓展，由单纯为老人提供家政服务拓展到产品配送、医疗保健等诸多领域。虚拟养老院负责人介绍说：“以前只有洗衣喂饭，现在像就医用药指导、房屋租售，甚至老人交友，中心都能提供相应的服务。经过三年时间，我们已经积累了辖区内需要提供服务老人的完整数据，包括年龄住址、家庭情况、生活习惯和病理资料等，我们都是通过制订个性化方案来提供服务的，有些事项甚至比老人的子女还清楚。”

接受生活照料仅是基本保障，如何缓解空巢老人的寂寞感和心理压力是虚拟养老院在前行过程中不断探索并逐步解决的问题。要为老人排解寂寞，舒缓心理压力，就要了解老人。虚拟养老院顺势而为建立了回访制度：辖区内六个地区的片长和站长每天回访接受过服务的老人，同老人谈心，了解他们的想法和需要，再做针对性的疏导。

社区志愿团队

在动员全社会的力量参与社区养老的探索中，沧浪区政府通过购买公益性岗位，再由专门的社工召集志愿者为老年人提供服务，社工加义工，进而带动全社会的力量。

短短几年，沧浪区就成立了“金邻爱心厨房”“胥虹邻里小灶”等十多间社区厨房。这种无须政府投资、全凭爱心为老年人提供的志愿服务，因其便利性受到了老人的欢迎。以吴门桥街道“金邻爱心厨房”为例，自2009年4月服务至今，已有16位社区老人成为固定的服务对象。30余名社区志愿者通过到老人家中了解各个老人的口味，根据每位老人的需求制定合适的营养食谱，通过电话预订，为社区里的高龄及生活不便的老年人“烹制”出了幸福的晚年。

“五色养老法”

2011年，沧浪区在人性化、多元化的志愿服务基础上，又首创“五色养老法”，配合老人的需求将志愿服务“菜单化”，受到了央视新闻频道的关注。

所谓“五色养老法”，即将辖区60岁以上老年人根据家庭情况和身体状况分为五种颜色等级，即红色、橙色、紫色、蓝色和绿色。不同颜色的老人享受不同的志愿服务。社区90周岁以上的高龄孤寡老人以及病危人群被归为“红色”级老人，志愿者为“红色”级老人提供的服务除了探访、聊天之外，还包含关注家中用电、用气等安全问题，及时为其解决安全隐患；每月两次提供上门测量血压服务和健康咨询服务；陪同上医院检查、治疗、配药，代买生活用品、买菜等。“橙色”老人主要指无子女、无生活来源、无劳动能力的“三无老人”，出行难以及身体差的无人照顾的老人和残疾人，80~89周岁的孤寡老人。“紫色”主要针对无子女、无劳动能力且行动不便的“二无老人”。“蓝色”主要针对70~79周岁的空巢老人。“绿色”是指社区身体健康的60周岁以上老人。社区开通志愿者服务热线电话，并定期组织各种活动，以丰富老人的生活。

（资料来源：新华日报，2011年4月19日，《苏州沧浪区百姓居家养老的幸福“套餐”》）

情景分析

（1）社区养老是一种新型养老模式。

人口老龄化是21世纪我国所面临的一项重大挑战。目前，我国机构养老存在着服务设施条件较差、服务人员专业化水平不高、难以满足老人的精神需求等不足，并且服务人员数量也难以解决数亿老年人的养老问题。相比之下，社区养老吸收了家庭养老和机构养老方式的优点，使老年人所需要的服务都能够在他们所熟悉的环境中获得，既能达到全托的养老服务效果，又能满足差异化的家政服务需求，既满足了老年人亲情的需要，又不需要像机构养老那样花费很大的成本，是符合我国现阶段国情的一种新型养老模式。社区是守望互助、富有人情味的社会共同体，它所特有的感情交流功能满足了老年人的亲缘、地缘心态。在社区中开设老年人日托中心和活动中心，一方面可以充分利用社区资源，提供就业岗位；另一方面也有助于形成老年人之间的互助网络，发挥老年人的余热。

（2）社区志愿服务是提供社区服务的有效形式。

社区志愿服务是社会组织和个人自愿贡献时间、技能等资源，为社区居民和社区慈善事业、公益事业提供帮助或服务的行为。社区志愿服务有利于整合社区资源，健全社会服务体系，依靠社会力量解决社会问题，满足居民群众日益增长的物质文化和生活需要；有利于增进人与人之间的感情，形成平等友爱、尊老爱幼、融洽和谐的人际环境，化解社会矛盾。维护社会稳定，促进社会和谐；有利于增强各种社会组织尤其是居民群众的社会责任，弘扬“出入相邻、守望相助”“人人为我、我为人人”的良好社会风尚，提高参与社会建设和管理的能力。社区志愿服务通过整合社区内愿意贡献空闲时间和一技之长的居民参与社区各项志愿工作，有效弥补了社区专业服务人员数量上和技能上的不足，是我国现阶段大力提倡和鼓励的一种社区服务供给方式。在解决社区养老问题上，志愿服务不仅解决了老人的养老需求，使老人足不出户就能享受到便捷的服务，而且有效降低了社会养老成本，也改善了养老对象的生活质量。

(3) 苏州沧浪区的虚拟养老院服务模式是一种“政府承担、定向委托，合同管理、评估兑现”的新型的公共服务提供方式。

其运作机制和服务模式的重要意义在于：政府将原来由自己直接提供的公共服务内容按类型选择适当的社会组织进行生产，打破了由政府来提供公共服务的垄断地位，将公共服务类型与社会组织类型进行理性组合，创造性地在居家养老中建立了财政资金购买服务、服务组织提供服务、居家老人享受服务的政府购买养老服务政策。在政府指导下进行市场运作的虚拟养老院，是一家兼具服务实力与管理水平的民办非企业单位。此外，企业和非营利组织的参与有效整合了社会资源，它将政府发现公共偏好和获取资源的优势与市场和社会组织生产及递送服务的优势结合起来，一方面克服了非公共组织在资源配置上的无效性，另一方面克服了政府在微观管理和激励机制上的无效性。通过政府的扶持和引导，立足服务平台，吸纳各类社会营利组织与非营利组织的参与，以市场化为探索方向、产业化为发展目标，凸显了政府职能转变和建设服务型政府的积极作为，使得政府和社会两个层面的资源得到了充分发挥，有效降低了政府的养老成本。同时，也有利于深化民众的公民意识，促进公民社会的建立。

一、老年社区管理的含义、类型与特征

在了解老年社区管理含义之前，我们先来看一下社区管理的含义，社区管理是指在政府的指导下，社区职能部门、社区单位、社区居民对社区的各项公共事务和公益事业进行的自我管理。

1. 老年社区管理含义

老年社区管理是指专门为满足老年人的需求，社区职能部门、社区单位、社区居民对社区的各项老年公共事务和公益事业进行的自我管理。老年社区管理又称为老龄化社区管理，是专门为老年人建造的生活设施齐全、公共配套设施完善、具有

时代气息的居住空间。

2. 老年社区管理的类型与特征

以老年社区管理的人群特征为依据，划分为独立老年社区管理和混合老年社区管理两类，见表9－2：

表9－2　　老年社区管理的类型与特征

类型	混合老年社区管理特征	独立老年社区管理特征
管理形式	老龄化程度较高，居民年龄结构多层次，老年人比例不宜超当地老龄化率过多	纯老年社区，规模小的可以是集居化的公寓式或合居式老年住宅群，规模大的可以与小镇相比
管理对象类型	多年龄层次的居民，老年人有一定程度的集中	不同年龄层次的老年人
社区管理形态	保持普通社区的基本环境，同时又以适当规模嵌入老年居住	空间环境上与其他社区有着明确的分界，而且社区形态可以完全按照老年人的需求考虑
住宅类型	普通住宅和多种类型的老年住宅，比如一定比例的普通老年住宅、老年公寓或者托老所等老年居住设施	完全老年人居住
配套服务设施	设有托老所、老年活动室等老年专用设施，同时还有老年人可以与其他居民共同使用的社区配套服务设施	专为老年人设立的全套生活服务设施，服务内容针对性强
使用情况	普通住宅、老人公寓与老人服务网络设施自成一体，老年人与其他居民共同使用的社区配套	使用功能比较单一

因各省（区、市）、各地区的文化差异，老年社区管理中的需求因年龄、文化背景、收入、家庭结构等不同而产生了不同的个性化需求。老年人对于老年社区管理的个性化需求，体现了老年人真实的生活需求，也体现了管理老年社区问题的复杂性。

二、老年社区管理主体及其关系

老年社区管理的主体是多元的，包括：对老年社区进行宏观管理的各级政府组织，作为主导的街道党工委和街道办事处，以及政府各职能部门在老年社区的派出机构，如派出所、工商所、税务所、环卫所等；老年社区自治组织，如居民委员会和业主委员会；老年社区非营利组织，如老年社区环境保护组织、老年社区文娱组织等；老年社区范围内的企事业单位，如物业管理公司、学校、商店等；广大老年社区居民。

1. 政府组织

老年社区管理中的政府组织主要包括各级政府组织及各派出机构。

（1）各级政府组织

老年社区管理中的政府组织是指负责制定老年社区建设与老年社区管理的政策、规划老年社区发展方向、提供老年社区发展资源以及从事老年社区管理的组织。政府组织在老年社区管理中扮演着重要角色，它是老年社区管理政策与法律的制定者、老年社区资源与服务的配置与提供者、老年社区自治的引导者和老年社区管理的监督者。各级政府组织及其职责包括：

其一，立法机关。立法机关负责制定老年社区发展与老年社区管理的法律、制度，这些立法机关主要包括，全国人民代表大会及其常务委员会、县以上地方人民代表大会及其常务委员会等。

其二，中央政府及其部门。中央政府及其部门是老年社区管理法律与政策的执行机关，同时也是具体管理政策、办法的制定机关。

其三，省级政府及其部门。省、自治区、直辖市的政府部门中设有民政厅，省级政府及其部门的主要任务是落实中央政府以及相关部委制定的关于老年社区建设的政策与任务。并根据本地方的具体情况，因地制宜地开展工作。

其四，市级政府及其部门。从行政区划角度看，我国的城市政府管理可以分为三层：直辖市、地级市、县级市。虽然这三层城市政府管理体制有不同的特点，但一般市政府会下设民政局，来具体承担老年社区建设与老年社区管理的任务。也有些城市，通过街道这种市辖区的派出机构，直接设立老年社区，来管理和协调本辖区的老年社区工作。

（2）街道办事处

街道办事处创设于20世纪50年代，它是设区的市或市辖区人民政府的派出机关。街道办事处是政府的派出机构，而不是一级政府。它只是市辖区或不设区的市人民政府根据其职能的需要，经市人民政府批准，在某一指定区城内设立的代表机构，并接受市辖区或不设区的市人民政府的领导。

街道办事处对街道内政治、经济和社会发展进行全面宏观的领导，支持并保证行政组织、经济组织和群众自治组织充分行使职权，保证党和政府的各项方针、政策在老年社区内得以贯彻执行。

2. 老年社区自治组织

老年社区管理中的居民自治组织主要包括居民委员会和业主委员会。

（1）居民委员会

居民委员会是具有中国特色的基层群众性自治组织。我国《宪法》第一百一十一条规定："城市和农村按居民居住地区设立的居民委员会或者村民委员会是基层群众性自治组织。"《城市居民委员会组织法》第二条规定："居民委员会是居民自我管理、自我教育、自我服务的基层群众性自治组织。"居民委员会具有基层性、群众性、自治性和地域性等特点。

（2）业主委员会

业主委员会是指经业主大会选举产生并经房地产行政主管部门登记，在物业管理区域内代表全体业主实施自治管理的组织。

业主委员会的权利主要包括召集和主持业主代表大会：采取招标或其他方式，聘请物业管理公司对本物业进行管理，并与其签订物业管理合同，与物业管理单位议定管理费、房屋紧急维修基金等费用的收取标准及使用方法；与物业管理单位议定年度管理计划、年度费用大概预算、决算报告等。

业主委员会的义务包括筹备业主大会并向业主大会报告工作，执行业主大会通过的各项决议；贯彻执行并督促业主遵守物业管理及其他有关法律、政策规定，对住户开展多种形式的宣传教育，保障本物业各项管理目标的实现；执行市、区物业管理部门对业主委员会工作提出的指令和要求；调解业主和物业使用人与物业管理企业发生的纠纷，建立业主委员会档案制度等。

（3）非营利组织

非营利组织是指那些有服务大众的宗旨，不以营利为目的，组织所得不为任何个人私有，组织自身具有合法的免税资格和提供捐赠人减免税的合法地位的组织。按照我国现行法律的规定，我国非营利组织主要包括社会团体、基金会和民办非企业单位三类。

我国城市老年社区的非营利组织可以划分为两种类型：一类是老年社区社团，即由老年社区居民自愿组成并开展活动的非营利性的社团组织；另一类是老年社区民办非营利服务组织和机构，其活动领域涉及老年社区文化、老年社区服务、老年社区卫生、老年社区环境、老年社区治安等老年社区事务。

非营利组织在老年社区发展中发挥着重要作用，是推动老年社区发展的重要力量，提供直接、具体和人性化的公共服务，能够吸引、动员志愿者参与志愿活动，提升老年社区管理水平。

（4）企业组织

企业组织是以营利为目的的组织，在老年社区中主要是物业管理公司。老年社区物业管理的内容十分广泛，归纳起来主要包含工程维护管理、老年社区安全管理、环境卫生管理、园林绿化管理和车辆道路管理等内容。

（5）驻区单位组织

驻区单位组织是以老年社区居民福利最大化和部分服务效用最大化为目标而进驻老年社区内的组织。这类组织既包括老年社区内的营利性组织，即以市场交换的方式为老年社区居民据供服务，通过竞争机制使服务效用最大化的主体，如超市、酒店、餐饮企业等，又包括政府各职能部门在老年社区的派出机构，如派出所、工商所、税务所、环卫所等；还包括老年社区内的非营利性组织，即以再分配交换和互惠交换的方式为老年社区居民提供服务，如老年大学、医院等。

（6）老年社区居民

老年社区居民是老年社区管理的重要主体，是具有老年社区认同感和归属感，并具有老年社区公共责任的民众。老年社区居民对老年社区事务的积极参与，直接推动了老年社区发展。不过目前我国居民的老年社区参与状况总体上无法适应老年社区建设的客观需要。例如，老年居民参与意识比较淡薄，参与人员只有小部分老年人，且参与内容也不够深入、广泛。因此，我们必须以老年社区需求为本位，强化宣传教育，培育老年社区居民意识，通过建立和完善参与机制，提高老年社区居民参与老年社区管理的积极性和水平。

三、老年社区管理的基本内容

1. 老年社区服务管理

老年社区服务是老年社区建设的龙头，它对于满足居民生活需求、实现社会福利、扩大就业渠道、完善老年社区管理、推动老年社区建设具有重要意义。根据服务对象的不同来划分，我国老年社区服务管理的内容主要有以下几方面。

（1）面向弱势群体的社会福利服务管理

这类服务的对象主要包括老年人、老年残疾人、老年优抚对象、社会老年贫困户，服务内容以提供无偿或低偿的社会福利为主。

（2）面向老年社区居民的便民利民服务管理

这类服务是指由基层团体、个人，针对老年社区居民日常生活经常遇到的困难和实际需求，结合自身条件而开展的各种有偿或低偿服务。便民利民服务主要包括咨询、代办、修配、缝纫、理发、美容、饮食、洗衣、寄存、医疗、保姆介绍、家务劳动、法律顾问等，这些项目可以根据老年社区实际状况和老年社区条件进行增减。

（3）面向老年社区单位的社会化服务管理

这类服务的对象是老年社区内的企事业单位及其职工。同前两项服务管理不同的是，这类服务提倡双向性，即在老年社区为其所在地的各单位提供服务的同时，老年社区单位也利用它们的资源为老年社区提供服务。就老年社区而言，这类服务内容主要是承接单位向老年社区转移的教育服务、后勤服务、娱乐服务、医疗服务，以发展公益性设施，如兴建老年社区服务中心、各类活动站、卫生站等为主要形式。

老年社区服务管理的运作模式：老年社区服务管理的运作模式可以简单地归纳为“政府推动，基层组织主办，社会各界广泛参与”。政府推动是指我国的老年社区服务工作是以政府搭台、民政牵头、有关部门相互配合的方式开展的，政府在老年社区服务的设施建设、项目开发、资金投入、宣传动员、政策指导等方面发挥主要作用。基层组织主办是指老年社区服务是以街道（镇）和居委会等老年社区组织为依托，以基层老年社区为单位开展的。社会各界广泛参与则指除街道和居委会外，老年社区居民、民政、公安、工商等老年社区内的机构团体和老年社区外的机构团体也参与到老年社区服务管理的提供中来。

2. 老年社区卫生管理

老年社区卫生是指在政府领导、老年社区参与、上级卫生机构指导下，以基层卫生机构为主体、全科医师为骨干，以老年人为重点，以解决老年社区主要卫生问题、满足基本卫生服务需求为目的的基层卫生服务。老年社区卫生服务管理有三个显著特点：一是预防、治疗、康复和健康促进相结合；二是院外服务与院内服务相结合；三是卫生部门与家庭老年社区服务相结合。

（1）老年社区卫生管理的服务机构与人员

其一，老年社区卫生管理服务机构。老年社区卫生服务管理机构是老年社区卫生服务管理工作的主要载体，它是非营利性、公益性的医疗卫生机构，主要由老年社区卫生服务中心和服务站组成。老年社区卫生服务中心和服务站的设置，应当以当地规划和群众需求为依据。老年社区卫生服务中心一般根据街道办事处所辖范围设置，可由基层医院（卫生院）或其他基层医疗卫生机构改造而成。老年社区卫生服务管理中心服务区域过大的，可下设适量的老年社区卫生服务站。

其二，老年社区卫生管理服务人员。全科医生是老年社区卫生服务人员的主体。全科医生是指接受过全科医学专门训练的、具有全科医学知识结构和诊疗思维的医生。全科医生是综合素质较高的医学人才，主要在基层承担预防保健、常见病多发病诊疗和转诊、病人康复和慢性病管理、健康管理等一体化服务，被称为居民健康的“守门人”。

（2）老年社区卫生管理服务的基本内容

概括起来是“五位一体”，“五位”是指老年社区预防管理、老年社区医疗管理、老年社区保健管理、老年社区康复管理、老年社区健康教育管理，“一体”是指由老年社区卫生服务中心（站）有效、经济、方便、综合、连续地提供上述服务。

其一，老年社区预防管理。老年社区预防管理的内容主要有：开展卫生宣传；实施免疫预防接种；执行疫情报告制度；开展防疫保健工作和爱国卫生运动；协助卫生执法部门实施卫生监督；开展老年社区居民健康检查和健康状况评价；控制老年社区不良行为因素和生活方式。老年社区预防管理工作的重点是疫情报告、预防接种和计划免疫及疾病监测。

其二，老年社区医疗管理。老年社区医疗管理的内容包括：开展常见病、多发病、诊断明确的慢性病的治疗，并及时做好转诊、会诊等协调性服务；为老年社区居民建立档案资料，以签订家庭卫生服务合同等形式开展家庭健康咨询、家庭保健，指导慢性病患者康复；提供急诊服务和院前现场抢救；提供家庭出诊、家庭护理、家庭病床等家庭卫生服务；为临终患者及其家属提供周到的、人性化的服务。

其三，老年社区保健管理。老年社区保健管理是指老年社区卫生服务中心（站）协同有关机构，根据老年社区人群的特点和卫生与健康需求，制订和实施老年社区保健计划，并进行检查和评估的管理过程，老年社区保健管理包括增进健康、预防疾病、治疗伤病和康复服务等管理内容。

其四，老年社区康复管理。老年社区康复是指老年社区服务卫生中心（站）充分利用老年社区资源，应用各种有效措施，为康复对象提供有效、可行、经济、全面的康复服务管理。老年社区康复管理的内容包括老年人的残疾普查、康复训练、社会康复和独立生活指导等。

其五，老年社区健康教育管理。老年社区健康教育管理是指以老年社区为范围、以老年居民为对象，普及医药科学知识，提高老年社区居民的健康意识和自我保健能力的管理过程。老年社区健康教育管理主要包括：宣传、普及医药卫生知识；宣传、讲解国家的有关卫生法规和政策；介绍食品卫生与合理的膳食知识；向老年人宣传良好的行为方式和生活习惯；开展老年人健康咨询活动；实施老年人家庭护理指导等。

3. 老年社区环境管理

老年社区环境有广义和狭义之分。广义的老年社区环境可简单地界定为"老年社区的外部环境的总和"，包括自然环境、政治环境、经济环境、文化环境等；狭义的老年社区环境与某一特定老年社区居民的生活密切相关，是影响老年社区居民生活的各种环境因素，主要由微观的自然环境、文化环境、社会环境构成。

老年社区环境管理的内容包括：净化环境，创建卫生老年社区；绿化环境，创建绿色老年社区；美化环境，创建美好老年社区。老年社区环境管理的主要措施有：做好老年社区环境规划，进行老年社区环境的综合治理，加强执法和服务队伍的管理。

4. 老年社区调解管理

老年社区调解是指老年社区当事人双方或多方发生纠纷时，当事人自愿由老年社区调解委员会进行调解、调停。从而对所争议的问题达成共识与和解，最终解决纠纷的行为和过程。

老年社区调解委员会可疏导、调解、协调老年社区内的纠纷矛盾，维护老年社区稳定；预测、预排、预报老年社区矛盾纠纷信息，协调有关部门解决问题；宣传国家的法律法规政策，提高老年社区居民的法律素质和维权意识；受理老年社区居民来信、来访方面的事宜等。

5. 老年社区治安管理

老年社区治安管理是指在一定地域内对老年社区治安问题的治理，它具有区域性、法律性、综合性和群众性等特征。良好的老年社区治安是老年社区居民和老年社区内单位正常活动的必要条件，是改革开放和现代化建设的重要保证。老年社区治安管理的内容主要有以下五方面：

一是公共秩序的维护，包括老年俱乐部、老年文化宫等公共活动场所和老年社区附近所在的车站、码头、公园、商场、集贸市场等公共场所的秩序；二是老年户口管理，包括老年户口登记、老年户口迁移、老年户口调查、老年户口档案、流动老年人口管理、老年人口卡片管理、老年人口统计等工作；三是民用危险物品管理，主要包括对枪支、弹药以及易燃易爆等物品的管理；四是交通道路管理，包括车辆管理、路面安全设施管理、交通安全宣传等工作；五是消防管理，包括制定规则、办法和技术规范，做好老年社区的消防安全宣传。

知识链接

1. 《温州"五招"破解老年教育的发展难题》，http：//www. cncaprc. gov. cn/

contents/793/186238. html

2. 《什么样的社区是更适合老年人居住的?》, http: //www. cncaprc. gov. cn/contents/16/177816. html

案例分析

"范大娘，暖气热不热啊，我们来给您送点儿东西，看看家里缺啥不?"2018年1月18日一大早，路安集团社区管理中心的玉红和丽红就带着服务人员来到侯堡社区永安苑，看望独居老人范海婉。

进门后，大家先把带来的米面油、酸奶、蔬菜等食物帮老人放好；懂医学常识的给老人量血压、血糖；维修师傅们为老人检查家中燃气设施和用电设备，排除安全隐患；志愿者们帮忙擦玻璃、拖地；还有的坐在老人身旁，了解老人最近遇到的问题、难题，帮着解决。

永安苑社区是一个老人聚居区。截至2017年10月，永安苑社区有60岁以上的老人510多位，其中独居老人就有70多位，这些老人大多物质上不缺什么，但心理问题却不容忽视。侯堡社区通过走访调研，了解他们的各种需求、生活习惯、心中烦恼、与子女联络情况等，用红、黄、蓝卡的形式为老年人建立服务档案。开展"二对一"或"多对一"关爱活动，在特殊的日子，如生日、中秋、春节前通过各种方式提醒老人子女回家看看、打个电话等。

生活琐事看似不大，老年人却总会遇到很多麻烦。比如家用电器，有时候只是一根电线损坏或者丢失了几个小部件，就无法再使用。大多数老年人都觉得扔了可惜，同时又为找不到家电维修点而苦恼。

因此，向阳苑的志愿者们搬来几张长桌、几把椅子，在小区设立了小家电免费维修点，社区老居民的苦恼迎刃而解。78岁的王轩是潞安集团五阳煤矿退休的一名技师，退休后闲来无事，正好听侯堡社区后勤中心主任闫庆安介绍说，想在小区里建一个家电维修志愿点，老人二话不说就开始上岗。自从这个服务项目开展以来，几乎每天都有居民来维修点修理家电，大多是电饭煲、电磁炉、电热水壶一类的小家电。

(资料来源：山西日报，2018年1月22日06版,《潞安社区管理暖民心》)

思考题：

结合案例分析，如何发挥老年社区管理各个主体的作用，从而更好地进行老年社区管理?

参考文献

［1］魏娜．社区管理原理与案例［M］．北京：中国人民大学出版社，2013.

［2］杨静，赵家辉．人口老龄化与城市养老［J］．城市规划，2000，24（2）：42.

［3］陶澈．我国城市混合老年社区规划研究［D］．广东：华南理工大学，2012.

［4］唐晓阳．城市社区管理导论．广州：广东经济出版社，2000.

［5］瞿琨．社区调解法律制度：一个南方城市的社区纠纷、社区调解人与信任机制［M］．北京，中国法制出版社，2009.

［6］瞿琨．社区调解制度的完善与和谐社会的发展——一个公民权利保障的制度［J］．上海大学法学评论：宪法行政法专辑，2006：189.

［7］王治英，卢浪秋，任以顺．社区治安与社会稳定［M］．北京：中国劳动社会保障出版社，2001.

第四节　老龄产业管理与开发

导入情景

详解中国老龄产业：六波发展浪潮

党的十八大以来的六年，是中国老龄产业快速起步的六年。六年来，围绕中央确定的“积极应对人口老龄化”战略部署，按照习近平总书记系列指示和讲话精神，各级政府积极行动，各类市场主体踊跃参与，老龄产业发展取得显著进展。

（一）开发老龄产业形成共识

巨大产业的开发需要高度一致的共识，如此方能凝聚力量，形成产业起步阶段所必需的人气。老龄产业是一个新概念，自从1999年提出以后，学术理论界和政府相关部门对此的认识并不统一，企业界则是“摸着石头过河”，完全根据现实需要摸索前行。

21世纪以来，在一些爱心人士兴办老龄服务机构的基础上，越来越多有眼光的企业界人士加入提供老龄服务的行列中来。这些不乏爱心又具有企业家精神的人士嗅觉敏锐，在公办老龄服务机构运行弊病中看到了老龄服务产业的未来发展空间，大胆试水。他们历经市场考验，是中国老龄服务产业的“种子”。与此同时，从事老龄用品生产的企业组织也逐步增多。这些企业家们富有实业精神，虽然经营困难，但胆识让他们最终发现了一片新天地，这就是老龄制造产业。

此外，金融机构特别是银行面向中老年人开展保值增值金融服务，不仅创造了使中国成为储蓄大国的奇迹，也衍生出一些富有战略眼光的金融精英。这些金融精英们不满足于仅仅为老年人提供简单的储蓄服务，而是力图从中发现可能的新金融业务。这实际上正是老龄金融产业的较早萌动。

至于商业保险机构，它们在自己蓬勃发展的同时，也引领其他金融机构努力探索更大的业务空间，并和银行一道为中国老龄金融产业的开拓打下初步基础。

老龄宜居产业特别是老龄房地产产业从 20 世纪的空白状态发展到了 21 世纪头几年的零星动作。2008 年之后，随着房地产业的艰难运行，一些富有创见的地产商把眼光投向中老年人群，养老地产开始兴起，并在十八大之前就已形成如火如荼之势。

总的来看，从 20 世纪 80 年代到十八大以前，中国老龄产业的先行者们已经作出艰苦探索。虽然人们对于这一产业的名称并不统一，说法众多，但其实践是扎实的。党的十八大是中国发展老龄产业的新起点，之后，随着党中央积极应对人口老龄化决策的落实，各级政府密集出台强力政策措施，在以往实践的基础上，中国迎来老龄产业遍地开花的局面。

此后，虽然老龄产业的名称比以前更为纷纭，但其实践轰轰烈烈，国内外各路企业纷纷涌入，投资热情一浪高过一浪。经过实践的不断发展和理论的不断探索，社会各界对于开发老龄产业已经达成高度的共识。大家都看到了老龄产业是一个巨大的“朝阳产业”。

（二）老龄产业扶持政策密集出台

老龄产业巨大潜在市场开发的前提是强大产业政策的引领和扶持。党的十八大以来，党中央高度重视发展老龄产业。

《中华人民共和国国民经济和社会发展第十三个五年规划纲要》和《国务院关于印发“十三五”国家老龄事业发展和养老体系建设规划的通知》（国发〔2017〕13 号）对此都有战略性安排。中央连续五年的经济工作会议也有具体部署。全面深化改革领导小组召开会议进行具体安排。中央政治局集体学习专题研究应对人口老龄化问题，对老龄产业作出系统性部署。

各级人大和政协高度重视，提出许多可行议案和建议。国务院在多次常务会议上对发展老龄产业进行研究，指导各部门和地方政府密集出台相关扶持政策。据统计，党的十八大以来各级政府出台的发展老龄产业的相关政策文件超过300项。许多地方还把发展老龄产业作为地方政府工程，引导社会力量广泛投入。

从改革开放40年的历程来看，各级政府就某一产业密集出台如此众多的政策文件，其采取措施的力度，各方面的关注度，对老龄产业发展的重视程度，都是其他产业所少见的。这些文件的出台，不仅引领国内外各类市场主体积极参与，推动形成改革开放过程中的新一轮投资热潮，而且标志着世界上第一老年人口大国利用市场决定性机制应对人口老龄化的决心。这些政策的总导向也表明了中央解决老龄问题的决心之坚定。

在强力发展老龄事业的基础上，主要依靠市场化、产业化解决人口老龄化问题，大力建设老龄产业市场，既是中央遵循老龄社会经济规律的具体体现，也标志着发展老龄产业已经成为我国新时代老龄社会条件下新的国家意志。

（三）各类老龄产业组织迅速涌现

产业组织是产业发展的主体，是人才、资本、土地和技术等所有产业要素的整合者，是产业从零散、自发、碎片状态走向连锁化、集团化、行业化进而走向规模化、集群化、系统化直至宏大产业体系的核心担当者，是产业从起步走向繁荣进而走向成熟鼎盛的主角，更是未来老龄产业巨大市场潜能的挖掘者、变现者和实现者。党的十八大以来，除已经在老龄产业深耕的企业外，各类产业组织如雨后春笋，迅速涌现，并呈现出六波潮流竞相涌入的态势。

第一波是房地产商高调入场以及各类产业组织竞相涌入老龄产业。

在经济进入新常态特别是房地产市场的非理性发展受到限制的背景下，拥有巨大投资动能的房地产商一直在寻找新的突破口。一些房地产商从已有的“养老地产”的成功经验中嗅到了其中的发展机遇。随着国家积极应对人口老龄化战略部署和一系列相关政策相继出台，“养老地产”逐渐成为巨大商业投资的新大陆，许多房地产商对此开始高度关注，其中不乏一些房地产商直接“下海”排兵布阵。“养老地产”一度成为新的投资热点，老龄产业市场上涌现出一大批“养老地产”企业，许多大型项目开工运行。

“养老地产热”中虽然存在一些房企打着“养老”的幌子跑马占地的现象，但总体来看，其对于房地产业乃至老龄产业的推动作用不容否定，为老龄产业的全面发展作出了新的尝试。

与此同时，一大批规模各异的老龄服务机构（其中包括民非机构，但更多的是商业性机构，许多机构同时拥有民非机构和商业性机构的双重身份）快速成立，少数老龄教育培训机构、老龄服务咨询机构、老龄服务投资机构也迅速注册成立。其中，发展院舍型机构服务的老龄服务产业组织相对较多。

第二波是金融机构介入老龄产业带动更多产业组织积极涌入。

一些金融机构市场嗅觉灵敏，通过借力发展“养老地产”和老龄服务推动自身业务快速扩张。例如，商业保险机构采取商业保险＋养老地产＋老龄服务的模式，银行采取储蓄＋老龄服务的模式。如此不仅在老龄房地产领域开疆拓土，在发展老龄服务方面带来新的机会窗口，更重要的是对发展老龄金融产业进行了有益探索。大多数规模金融机构对此高度关注但持观望态度，其中试图从规模越来越大的养老金切入老龄产业者大有人在。许多在华或海外各类金融机构也对此表示出极大的兴趣。

与此同时，一些中小规模金融机构（如各类投资公司）也不甘落后，纷纷成立组织开始探索；一些传统产业组织（如家具企业）也从日益升温的老龄产业热中努力寻找发展机遇，并纷纷成立相关部门或独立机构下海试水。

第三波是信息和智能类企业的介入给老龄产业发展带来前沿性产业组织。

随着“互联网＋”和智能化的快速推进，面向老年人提供服务的互联网公司、信息技术咨询公司、智能化服务公司陆续问世，一度形成“互联网＋养老”“智能化＋养老”的投资热潮。

一些智能化产品制造企业也纷纷涌入。再加上上述三波中的院舍型老龄服务机构建设过程中产生的对设施、设备的刚性需求，一些国外老龄制造产业机构纷纷来华寻找落地中国的战略合作伙伴。而国内一些制造商也纷纷开始关注老龄用品市场。药品、医疗器械、康复护理器材、康复护理高值耗材类制造业厂商也注意到了未来老龄产业将带给他们的新机遇，其中有些已经形成自身销售网络，产值也已达到相当规模。

第四波是2016年全国卫生与健康大会召开之后，特别是医养结合新政出台之后，老龄产业领域迎来大批新的专业化的健康管理、医疗、康复、护理企业组织，从而改变了以往发展老龄服务以生活照料服务为主、缺少医疗康复护理等核心技术和功能的发展导向。

第五波是旅居和康养服务的兴起带来了许多综合旅游、休闲、娱乐、医疗、养生乃至农业、种植业等混合业态的老龄产业组织，标志着老龄产业客群从高龄失能老年人进一步扩展到更大的中老年消费群体。与此同时，随着院舍型老龄服务机构特别是“养老地产”发展面临的瓶颈，在政策的引领下，居家养老服务组织开始较多涌现。

第六波就是目前正在酝酿发力的国有企业，预计他们将携其他任何组织所不具备的有形无形资源大举进入老龄产业，这可以说是真正的产业集团军。

在这六波老龄产业组织纷纷面世的同时，国家和地方相继成立各类行业组织，服务老龄产业组织的管理咨询公司（面向新机构开展投资规划和业务咨询的公司）也迅速成立。

总的来看，十八大以来，老龄产业组织呈现大幅增多趋势，比改革开放以来到2012年的34年中成立的涉老企业总和还要多。除极少数组织外，其他产业所拥有的产业组织类别，老龄产业都已建立。这标志着自1999年提出老年产业概念以来，开发老龄产业已经成为我国企业界的经济自觉，同时也标志着作为中央应对人口老龄化重要导向的市场导向已经卓然显现并初见成效。

（资料来源：党俊武．超老龄社会的来临［M］．北京：华龄出版社，2018.）

情景分析

2019年4月16日，国务院办公厅印发《关于推进养老服务发展的意见》提出，确保到2022年在保障人人享有基本养老服务的基础上，有效满足老年人多样化、多层次养老服务需求。

中国老龄协会发布《需求侧视角下老年人消费及需求意愿研究报告》指出，随着老年群体规模不断扩大、老年人生活生命质量提升，我国老龄产业市场潜力巨大，发展前景广阔，老龄产业有望成为经济发展新增长点。但与此同时，老年人急需的老龄产品和服务有效供给仍显不足，供需失衡问题需重点关注。

一、老龄产业的含义

老龄产业又称为“老年产业”或“银发产业”或“银色产业”，它并非一个独立的产业，而是与第一产业、第二产业、第三产业都有着密不可分的联系，在三大产业中有老年人饮食所需的农副食品产业；有老年人出行、居住所需要的相关产业；有丰富老年人文化娱乐精神生活的服务信息产业等。各种产业与老年群体的结合，逐步形成了老龄产业。老龄产业是指以老年群体为对象，既能符合老年人的特征，又能满足老年人的衣、食、住、行、用等各方面的行业和部门的总称，它包括与老年人相关的生产、经营和服务产业等。

在这里要注意区别老龄产业与老龄人的产业之间的区别：老龄产业和老龄人的产业，二者既有联系又相互区别。一般来讲，老龄产业是为老年人提供特定商品和服务的行业总和，老年人是受体。而在老龄人的产业中，老年人可以成为施体，自己经营产业，作为获取经济收入的手段，其经营范围也不限于老龄产业。在老龄人的产业发展过程中，老年人可以是施体和受体，它既可以是为老年人服务的产业，也可以是满足部分退休老年人的生存和物质精神需求、适合退休老年人再就业的产业。

老龄产业不同于其他产业的性质，它具有半福利、半盈利的性质。老龄产业是朝阳产业，关系到一个国家的经济发展。老龄产业主要面向低收入的老年群体，可以说是一种微利或非营利事业。因为老年人大多数属于低薪阶层，城市老年人虽然有定额的退休金，但基本只够维持生活，而占老年群体绝大多数的农村老年人基本没有退休金。老龄产业和其他产业的明显区别之一，就是老龄产业有着明显的社会福利性特点。这个特点决定了这个产业投入相对大、收入相对小，盈利空间有限，因此，老龄产业的发展更需要相关政策的支持。

二、老龄产业管理与开发的内容

老龄产业虽然刚刚起步，但它涉及较多的产业与部门，在老龄产业管理与开发的内容上，国内外的研究主要有“四大行业”“五大行业”“六大行业”和“十大行业”的划分，本节主要介绍老龄产业管理与开发的“十大行业”，并在此基础上将老龄产业的内容划分为九项。

1. 老龄产业管理与开发十大行业

一是养老服务业，包括各类养老服务机构、居家养老服务业、社区养老等。

二是老年卫生保健业，包括药品、保健品、医疗设备等。

三是老年日常生活用品业，包括老年人的服装、生活用品等。

四是老年金融业，包括专为老年人设计的健康储蓄金、适合老年人的理财产品、证券投资项目等。

五是老年保险业，包括老人寿险、健康险、补充医疗和养老保险等。

六是老年房地产业，包括老年人住宅、老年社区、敬老院等。

七是老年文化娱乐业，包括老年旅游业、老年文化、体育和娱乐业等。

八是老年教育业，包括老年大学、老年培训班等。

九是老年咨询服务业，专门为老年人进行法律维权、心理咨询、退休再就业、婚姻咨询等服务。

十是其他老年相关产业。

2. 老龄产业管理与开发的内容

（1）养老服务产业

各类养老院、敬老院、福利院、老年公寓、社区居家养老等服务产业。

（2）医疗卫生产业

包括各级医院、各类医疗机构开设的专门为老年人服务的医疗护理科室，还包括老年医疗药品、医疗康复器械的配备及药品生产经销产业等。

（3）老年教育产业

为老年人创办的老年大学、老年特长兴趣班、老干部大学、老年专业培训机构及衍生出的相关老年人培训产业，使老年人能够度过一个充实而丰富的晚年生活。

（4）老年金融产业

适合老年人的理财产品、金融保险与信托基金等产业。

（5）文化娱乐产业

围绕着老年文化娱乐场所的设立、老年文化娱乐设施的规划、老年文化娱乐活动的组织和管理而产生的相关产业。

（6）旅游产业

专门为适应老年人的需求而开发的旅游线路、旅游服务、旅游产品等。

（7）老年用品产业

适合老年人需求的食品、生活用品、服装、特殊辅助用品、文化用品等产业的开发、生产和销售。

（8）老年住宅产业

针对老年人特有的自身特点，对老年人居住的住宅、公寓、社区等的开发和建设产业。

（9）老年综合服务产业

主要包括为老年人提供的家政、日托、征婚、法律援助、心理咨询、再就业等服务。

三、老龄产业管理与开发的意义

1. 管理和开发老龄产业，有利于提高老年人的生活质量

随着社会的发展，过去的几世同堂的大家庭已经逐步被两口之家或三口之家所代替，城市中出现了很多空巢老人，由于子女工作繁忙，与他们相聚的时间很少，对于老年人来说，他们不仅希望吃饱穿暖，更希望生活充实有意义。老年人由于生理心理的变化，需要社会为其提供特殊产品和特殊服务。这些需求突出反映在六个“老有”上，即“老有所养、老有所医、老有所为、老有所教、老有所学、老有所乐”，而这些需求的满足，都与老龄产业的发展密切相关。也就是说，管理和开发老龄产业，对于提高老年人的生活质量，促进老年人的家庭和谐、晚年幸福至关重要。

2. 管理和开发老龄产业，有利于社会主义社会的和谐

老龄化社会时代的到来，带来了一系列与老年人生活息息相关的社会问题，比如老年人的健康、养老、娱乐、再就业、维权、婚姻等社会公共问题，如果这些问题不能得到有效、及时、系统的解决，将阻碍社会的发展与进步，将与社会主义和谐社会的建设背道而驰。老龄产业管理和开发，可以对老年人的各种需要提供更有针对性的服务，从而解决老年人的不同需求问题，使得他们的身心愉悦，在丰富精神文化生活的同时，又促进了社会精神文明程度的提高。因此，管理和开发老龄产业，有利于满足老年人的需求、解决老年人的社会公共问题，使得老年人能够更好地享受社会经济产业发展的成果，行使自己的合法权益，促进社会和谐。

3. 管理和开发老龄产业，有利于推动社会主义市场经济的可持续发展

保持经济的稳步增长，是社会主义市场经济的客观需要，市场经济讲究的是效益，在社会主义市场经济条件下，任何产业的存在和发展都必须建立在创造一定的社会和经济效益的基础上。我国的养老事业长时期以来是靠国家财政拨款的方式进行运作的，采取的是一种不计成本，不讲效益的计划经济运作模式，而管理和开发老龄事业，需要创造社会和经济利益。要想避免老龄事业依附国家财政拨款进行发展，就要按照市场经济的要求，形成老龄产业发展的市场化运作方式，让老龄产业在市场化运作过程中释放出原本的活力，创造出更大的社会效益和经济效益。

随着我国老龄化的加剧，在未来老龄产业的管理和开发中，要将开拓老龄市场，发展老龄产业，作为目前和今后一段时期内调整老龄产业供需结构、消费结构以及营销结构的主要方向和重点，将老龄产业打造成一个新的经济增长点和产业体系，为我国社会经济的可持续发展提供新的推动力和支撑点。

4. 管理和开发老龄产业，有利于产业形式、科技的创新

老龄产业涉及第一、第二和第三产业，是为满足老年群体的需求而与相关产业和行业进行的结合，在老龄需求与医疗、养老、旅游、金融、房地产等多种形式的产业联合发展中，形成了满足老年人需求的多种创新、人性化的服务，这些结合体现了产业形式的创新，也决定了无论是国家还是企业集团，在发展老龄产业上必须树立混业经营的战略理念，实体经济和虚拟经济两手抓，既要创新老龄用品产业、老龄服务产业和老龄房地产产业，又要创新老龄金融产业老龄信息产业，只有相互配合，才能保持企业、产业和整个国民经济运行的鲜活力。

在老龄产业与各种老龄人需求的产业结合创新的过程中，势必会关系到国家的科技创新。在老龄用品业、老龄服务业和老龄房地产业中，既有低端技术、中端技术，也有高端技术。当前，在全球进入老龄化时代的条件下，在人口老龄化先行的发达国家，开发包含高端技术的老龄用品产业和老龄服务产业是加快科技创新、占领全球老龄产业科技制高点的一项重要战略安排。这说明，我国要大力管理和开发老龄产业，必须从国家科技创新的高度，从技术层面扶持老龄产业的发展。

四、老龄产业管理与开发的原则

1. 统筹规划、分期建设原则

中国的老龄产业发展才刚刚起步，未来发展的道路还很长。在政府政策的支持与引导下，我们必须统筹规划、分期建设。这样，既可以在老龄产业管理与开发的规划建设中总结经验，也可以及时发现不足并纠正老龄产业管理与开发中存在的问题。

2. 绿色环保原则

保护环境是任何产业在发展过程中都必须坚持的原则，老龄产业的发展更应该注意绿色环保。为老年人提供健康绿色的产品、环保安静的舒适居住空间，让老年人在享受老龄产业高标准服务的同时，保持身心健康。

3. 可持续发展原则

一个产业要科学发展，必定要坚持可持续发展原则，才能有强大的生命力。老龄产业管理与开发是一项长期工作，而且在未来很长的一段时间里会一直存在，如果不坚持可持续发展原则，那未来的老龄产业开发与管理将无以为继。

4. 科技创新原则

传统的老龄服务与产品已经不能适应新时期老年人生活方式的转变，这使得增加科技投入成为必然。只有引进科技，让科技在产业发展中贡献力量，提高产业发展的专业性和竞争能力，老龄产业开发与管理才能大放异彩，才能满足老年人的各种需要。

5. 突出特色原则

我国老龄产业起步较晚，国外众多大型老龄产业公司已经陆续进军国内养老市场，这时就要突出国内老龄产业对国内文化与传统的把握，将中国传统与现代科技有机结合，突出中国特色，提升竞争力。

6. 以人为本原则

老龄产业开发与管理是一个需要政府、社会组织、企业、个人共同参与的产业。各参与主体应具备相同的以老年人服务为本的原则，在满足这个原则的情况下，各参与主体还应发挥各自的优势，在人力、财力、物力等方面协调配合，创造和谐共赢的局面。

五、老龄产业管理与开发的措施

1. 加强政府对老年产业的规划指导，完善对老年产业的政策支持

老年产业作为“朝阳产业”尚处在发展的初期，需要政府相关部门的支持与指导，对其进行科学的规划，应将老年产业的发展编入经济社会发展总体规划，列入行业扶持目录。这样一方面可以提升政府和社会对老年产业的重视程度，另一方面也可以使老年产业的发展摆脱盲目性，避免重复建设等造成的资源浪费。此外，政府应充分调动老年产业协会等组织的积极性，在信息服务和行业自律方面发挥积极作用。政府可以设立专职机构，对各种协会组织进行管理，并负责收集各种与老年产业发展与老年人需求方面相关的信息，再将这些信息及时反馈给老年产业，帮助老年产业设计符合老年人需求的产品与服务。

为了促进老年产业的发展，除了要对其进行规划引导外，在各项政策方面也应给予支持，特别是对于具有一定福利性质的老年产业应进一步加大扶持力度。相关政府部门应调查了解老年产业发展所需的各项政策，在条件允许的情况下进一步加大财政资金投入，尽快出台有关财政、税费减免、信贷优先、融资、简化申报审批手续等具体优惠政策，为老年产业的合理发展提供有力的支持。此外，政府应本着“政府主导、社会参与、市场化运作”的方针，积极引导民间资本进入老年消费市场，鼓励社会力量积极兴办老年产业，对于积极参与老年产业发展的企业，应当从财政和政策上给予适当的扶持。同时，还应加强政府在老年产业发展过程中对政策制定、引导、监管等环节的针对性，全方位推动老年产业的有序发展。

2. 激发社会力量推动老龄产业发展潜力

鼓励国家企业、社会企业、民营企业、创业者及各类社会性组织参与到老龄产业的管理开发中，用好各方资源、集中各方智慧、汇聚各方力量，加快老龄产业发展，积极应对人口老龄化，齐心共解这道难题，大力发展老龄产业。可以吸引战略投资者，引进资金、人才和先进管理经验，设立与现代企业制度管理要求相适应的社会养老服务机构；可以联合发起设立老龄产业发展基金，直接参与到养老产业发展实践中，深度开发、与政府共同开发养老新产品的创新能力；可以整合社会力量，协助政府健全养老服务行业准入制度和程序，结合实际制订包括硬件设施、服务质量和管理水平等标准在内的等级评定办法，报政府核批备案，强化养老机构评估监控，加强政府对民办养老机构督导力度，全面提升民办养老机构的运营管理水平。

3. 优化老龄产业资源配置

老龄产业的发展，应以整合现有老龄产业服务资源为基础，盘活存量，明晰产权，把大量闲置、浪费的资源纳入市场调配，通过挂牌交易，引进管理和资金，保证现有资源利用效益的最大化。

据调查，目前辽宁省1600多家养老机构中，半数以上的养老机构不是近期新建的，有的建成时间比较早，有的是翻修和改造其他用途的房屋而来的。这些较早建起来的养老机构没有享受过政府的建设性补贴及配套补助资金，其房屋及设施设备非常陈旧，但因资金短缺无法及时进行维修和改造，影响了其可持续经营。盘活闲置的养老资源，有效整合老龄产业的优质资源，保证养老机构的可持续发展，在产生巨大的社会和经济效益的基础上，既可以建立养老机构维修基金，又可以盘活闲置的养老资源。

4. 建立老龄产业发展的创新机制

我国老龄产业成长的技术创新与企业创新虽然重要，但老龄产业成长发展的关键在于创新机制。

一是引导企业和研究机构等加强对具有市场需求的老龄产品与服务项目的开发，如依托机构养老模式，积极开发养老人群跨地区购买、租赁老年公寓居住和长期异地度假消费。

二是支持企业推进老龄产业的专业化、集群化、连锁化发展，建立跨地区、跨行业的专业化、集群化和连锁化的老龄产业群体。

三是结合大众创业万众创新的实施，培养一批专门从事老龄产品与服务的创新型的企业家。在新型的社区养老模式基础上，通过一些品牌养老机构的承包经营来发展城镇社区养老机构的连锁模式，以政府购买服务的方式对一些特殊救助老人实行居家养老服务。

四是鼓励企业和研究机构研发与申报老龄产品专利，支持和发展老龄产品专业销售市场和品牌商店。要通过混合所有制和多元化产权制度分离模式，发展多种产权形式的养老机构。

五是对农村乡镇一级的福利院、养老院、卫生院等政府公共服务机构的管理体制进行全面的改革。在实践中，各地政府可以通过实行股份制、股份合作制、承包制、租赁制、委托代理制等混合产权制度，建立多种形式的基层养老机构；同时充分利用各地的养老服务业协会或经营成功的民办养老机构，以政府购买服务、资产转让等方式来发展新型的社会化的养老机构。

六是对民政部门的社会福利院采取事业与产业并行运作的两套财务管理制度，允许参与社会化服务的事业编制人员兼职、加班工作，对其市场性劳动给予合理的劳务报酬，以增加基层一线服务人员的收入。

5. 搭建“互联网＋”老龄服务产业的平台

利用信息化手段搭建高效的养老服务产业平台，实现养老需求和社区、机构的有效对接，帮助构建以居家养老为主、以社区养老为支撑、以机构养老为补充的社会养老服务体系，建立老龄服务信息平台，将成为“互联网＋”老龄服务产业的发展方向。老龄服务信息服务平台收集老年人的基础信息，有助于监测当地老年人事业的发展，为社会养老服务体系建设提供必要支撑。更重要的是，该类智能化养老平台能够实现以点对点信息支持老年人的日常生活服务，包括日程管理的提醒、健康服务信息的提供等，通过信息服务平台一键式呼叫服务，老年人足不出户就能得到生活和医疗帮助，加强了社区、医疗机构与老年人的联系。

6. 拓宽销售渠道，提供购物便利

拓宽老年人用品的销售渠道，为老年人购买提供便利性，主要从以下两个方面入手。

（1）在各大商场开发老年人用品专柜

社会上专门针对老年人的商品专卖店并不多见，企业可以开发老年用品专柜、专卖店。在开发过程中，要注意总结工作经验，走连锁之路，实行统一进货和统一销售。在商品专卖方面，可以借鉴孕婴专卖的经验，把与老年人生活辅助相关的用品集中于一店，从而实现老年人一站式购物，能够为老年人提供便利。

（2）从多方面入手，为老年人购物提供便利

在商场或者专卖店进行选址的时候，可以尽量选择一些老年人居住比较集中的地区，选择一些老年人出行方便的地区，要尽可能地方便老年消费者。同时，交通便利的地区也可以设立一些老年人用品专柜，这样，老年人购物会有相对便利的交通条件；老年人用品专卖店在设施方面也要从老年人实际条件出发，要减少自动化设施，加强服务员的全面引导，并为老年人设立休息区；在服务方面，要热情地为老年人进行商品介绍，如果条件允许，还可以为一些行动不便的老年人提供上门服务，真正为老年人购物提供便利。

知识链接

1.《国务院关于印发“十三五”国家老龄事业发展和养老体系建设规划的通知》，http：//www.gov.cn/zhengce/content/2017－03/06/content_ 5173930.htm

2. 《赵建军:〈大国养老〉纪录片 呼唤社会关注老龄产业》,http://www.cncaprc.gov.cn/contents/20/186379.html

3. 《习近平:推动老龄事业全面协调可持续发展》,http://www.cncaprc.gov.cn/contents/2/174584.html

案例分析

据近日闭幕的全国两会获悉,税收递延型商业养老保险试点方案已通过国务院批准,具体实施办法正在流程审批过程中。与此同时,上海市人民政府办公厅近期也于官网发布贯彻《国务院办公厅关于加快发展商业养老保险的若干意见》的实施意见,将推动个人商业养老保险创新试点,其中包括开展税延养老险试点等。一系列利好政策频发,将进一步驱动保险业与养老事业协同,保险或将成为多层次养老保障体系的重要支柱和养老服务体系建设的中坚力量。

同方全球人寿与清华大学经济管理学院中国保险与风险管理研究中心近期发布的《2017 中国居民退休准备指数调研报告》指出,税延型养老保险将有助于提升居民的退休准备,打开个人、保险业和社会的多赢局面。而针对险企如何充分发挥自身优势,推动养老产业发展,同方全球人寿总经理助理兼首席团险事业执行官兼健康险事业部总经理彭勃先生则表示,保险行业助力养老产业发展前景广阔,医、养、保有机融合的"轻资产"养老模式或将撬动养老产业发展新蓝海。

税延养老险或将打开个人、保险业和社会多赢局面

我国的养老保险体系分为社会基本养老保险、企业补充养老保险和个人储蓄性养老保险三大支柱。目前,虽已初步搭建起"三支柱"养老保障制度框架,但发展还不均衡,与"多层次"养老保障要求相比仍有一定差距。数据显示,2015 年中国第一支柱养老金替代率为 42.56%;反观第二支柱发展,截至 2017 年第二季度末,全国仅有约 7.8 万家企业建立了企业年金计划,参加职工数为 2327 万人,在全国总人口中的比例仅约 1.7%;而第三支柱发展尤为滞后,目前我国寿险保单持有人只占总人口的 8%,人均持有保单仅有 0.13 张。第二、第三支柱的替代率分别仅为 0.26%和 1.26%。

而同方全球人寿与清华大学经济管理学院中国保险与风险管理研究中心联手发布的《2017 中国居民退休准备指数调研报告》中阐释,税收递延型养老保险属于养老保险的第三支柱,是对基本养老保险的补充。报告指出,当前我国基本养老保险替代率与养老保险金目标替代率 70% 的水平存在一定差距,开展税收递延型养老保险,对促进养老保险的需求十分重要,也有助于提升居民的退休准备。

而税延养老险的推广亦将打开个人、保险业和社会多赢局面。税收递延型养老保险在税前列支保费，个人当期税收支出减少，只有在未来领取养老金时再缴纳个人所得税，这极大地刺激了个人参加商业养老保险的积极性；对保险行业而言，税收递延型养老保险拓宽了保险公司的业务范围，带动保费快速增长，带来可观的长期资金增量，弥补商业养老险这一短板；而对政府而言，由于个人所得税在当前政府税收中的占比并不高，税收暂时的减少不会对财政体系造成过大压力。

在2017中国居民退休准备指数调研过程中，19%的受访者希望能将一次性获得的养老金投入新的延税投资工具。而当下，整个保险行业也正在蓄力，设计和准备推行各类税延型养老保险产品。

医、养、保有机融合一站式养老解决方案浮出水面

在彭勃看来，如何增强第三支柱的“支撑力量”，破解严峻的养老难题，对于险企而言任重道远，也仅非依靠税延型养老保险产品可以一力解决。老龄化趋势加重，推进医、养结合的养老服务模式已被列入十九大实施“健康中国”的战略目标。养老是全社会的事业，医、养不可分割，单纯从一个行业或者一个领域去解决很难，需要一个连接者将养老产业的上下游资源整合，发挥最大效力，为中国居民提供全方位的养老保障。

而在这方面，保险行业具有得天独厚的优势。保险行业拥有近10亿海量客户和巨大的销售平台，能将整个养老体系的参与者连接起来，成为三个支柱的重要参与者和提供者。他同时表示，互联网时代的到来，无疑可以放大这一连接作用。“我们可以运用互联网技术做海量数据分析，通过整合各企业的多个触点，叠加险企的资金和平台优势，从而把各行业连接起来”，彭勃补充道。

至于同方全球人寿作为险企如何扮演“连接者”这一角色，彭勃给出的答案是“医、养、保结合，构建一站式养老解决方案”，而这一方案涵盖了保险与医疗器材、健康管理、护理服务和养老地产四大领域的合作，昭示公司致力于成为养老领域探索者的决心。

与医药器材领域的合作，即健康保险可通过承担医疗、器材、辅具的费用支出，减轻投保人的负担；通过直付医疗费改善患者体验，让就医更便捷；而保险行业建设、收购、参股医院，则更便于提供深度定制的保险和服务。

与健康管理领域的合作，主要通过将健康管理定制纳入保险产品，以自建或合作的方式为客户提供健康管理、绿色通道等服务。

与护理服务领域的合作，包括养老保险、医疗保险、护理保险承担客户养老、医疗、护理的费用支出；或通过自建或合作的方式为客户提供医疗、护理的服务。

而与医、养地产的合作则包括保险行业投资医、养结合的养老地产、养老机构等。主要有养老社区、养老公寓（产权式）、养老机构三种模式，配合财富管理或者年金类的产品。

彭勃表示，同方全球人寿正在努力打造一个开放式的合作平台，引入医、养专业服务机构优势互补，将商业保险连接到养老服务相关的医药器材、养老地产、健康管理及护理服务中，以“轻资产”模式提供全面的个人养老解决方案。

发力老龄产业 同方全球人寿首推“轻资产”养老模式

谈及如何落地“一站式、轻资产”养老解决方案，彭勃表示：“我们之前提到的养老公寓、养老社区、养老机构三种模式的养老解决方案，均为大量实践和调研之后的论证结果，目前这三种模式在同方全球人寿都有落地案例。”

首先，基于养老公寓解决方案的同方全球人寿颐养乐园项目已于青岛建成。该项目为在青岛核心区配套适老化设施的养老公寓，由开发商提供物业，国内知名的春和养老服务公司负责运营，同方全球人寿提供定制的保险产品，为客户提供整体解决方案。

其次，同方全球人寿养老社区项目将于近期上市，项目位于上海，是涵盖医、养、护三位一体的高端成熟大型养老综合体，是包括老年公寓、老年照护、康复护理院在内的完整的解决方案，也是真正意义上的持续照顾型社区（CCRC），为老人提供一站式的养老服务。

第三种模式是与养老院、养老机构合作，同方全球人寿已与湖北襄阳春和瑞怡安养院联手，对标国际水平，将目标客户群锁定为当下急需护理的刚需客户，为其推出失能保险、长期护理保险保障做准备。

“在一站式服务这个生态圈内，各方参与者各司其职。保险公司提供年金险、财富管理险、健康险、长期护理险等专业保险产品，为客户提供养老财务解决方案；医疗健康和护理服务机构提供标准、专业的健康管理及养老护理服务；而地产商主要提供养老社区、养老公寓、养老院等重资产。由此形成一个保险、医疗、养老环环相扣的完整系统。”彭勃总结道。

机遇与挑战并存，彭勃预测：“我们面对的是五千年未有之养老变局，这种挑战也给保险行业提供了前所未有的发展机遇。老龄产业是一个涉及全社会的产业，我们现在做的还远远不够，保险行业有这个责任，而同方全球人寿也有这个担当。我们有信心，以此模式起步，在中国养老领域有一番作为。我们也相信中国会在老龄产业方面产生一批照顾、护理及服务领域优秀的公司，随之也会出现一批在养老领域全球领先的保险公司。”

（资料来源：和讯网，2018 年 3 月 22 日，《老龄产业蓝海涌动 同方全球人寿首推“医、养、保”融合“轻资产”养老新模式》）

思考题：

结合案例分析老龄产业管理与开发的内容与意义。

参考文献

［1］尹银．我国老年产业发展的实证分析及对策建议［J］．产业与科技论坛，2009，8（11）：70－73.

［2］张岩松．老龄产业发展对策研究［M］．北京：清华大学出版社，2016.

［3］陆杰华，王伟进，薛伟玲．中国老龄产业发展的现状、前景与政策支持体系［J］．城市观察，2013，26（4）：5－13，21.

［4］李珺．我国老年产业发展状况及制约因素分析［J］．黑河学刊，2016，（4）：1－4.

［5］王玉坤，李军．老年产业发展创新研究———兼论老年体育产业之发展［J］．宏观经济管理，2017（1）：37－38.

［6］80 后养老事业联盟．80 后的养老事业——养老产业商业模式与跨界创新［M］．北京：中国经济出版社，2017.

［7］李珺．当前我国老年产业发展存在的问题与应对策略［J］．昆明学院学报，2016，38（2）：80－84，95.

［8］李中亚，魏钟瑞．建设养老产业产权交易机构促进社会养老服务体系发展［J］．产权导刊，2014（6）：56－57.

［9］许福子．辽宁养老产业发展研究 — 基于对辽宁省 10 个地区的调查［J］．社会福利，2014（9）：58－63.

［10］郭正模．我国老龄产业成长的动力机制研究［J］．西南金融，2015（12）：8－11.

［11］陈爱国，基于“互联网＋”背景的老年产业发展［J］．河南财政税务高等专科学校学报，2015（29）：1－4.

［12］宗春妍，张文婧，邓振．老年消费市场的潜力及对策分析［J］．时代金融，2012（18）：259.

第十章

老年服务与管理教育的未来与展望

章节导读

根据国家统计局数据显示，2016年我国60周岁及以上人口为2.3亿人，占总人口的16.7%；65周岁及以上人口1.5亿人，占总人口的10.8%。据有关部门预测，到2035年我国老年人口将达到4亿人。天津职业大学公共管理学院院长丁健石说："不断增多的老龄化群体必然形成养老服务需求逐年快速增加。同时，随着社会的进步和人民生活水平的提高，人们对长期照料、医疗康复、精神慰藉、营养保健等养老服务的要求和期望值也越来越高。因此，培养大量的高素质、专业化养老护理人员是大势所趋。"

目前，我国专门从事养老服务事业的人员只有30万人，其中受过专业训练的不足10万人。仅以养老护理员为例，根据国际惯例和国内养老护理人员照顾失能老人的标准推算，我国需要养老护理员高达1100万人。虽然近年来一些高等院校以及高职院校开设了养老服务类专业，但仍旧远远不能满足社会需求。以山东省为例，截至2018年，山东省有14所中职院校开设老年人服务与管理专业，在校生1416人；15所高校开设专科层次老年服务与管理专业，在校生2135人。老年服务与管理专业人员严重短缺，而发展型、复合型、创新型养老服务人才更是"一才难求"。

学习目标

1. 了解我国老年服务与管理专业发展的现状。
2. 理解国外老年服务与管理专业发展的特点。
3. 掌握我国老年服务与管理专业存在的问题以及思考未来的发展方向。

第一节 老年服务与管理的国际化与本土化

导入情景

目前，社会化养老已成为解决老年照护问题的一个必由之路，而养老服务人才的培养一直是这个体系中最为缺失的部分。

刘晓静（全国人大代表，山东艺术学院副院长）介绍，2016 年，第四次中国城乡老年人生活状况抽样调查结果显示，当前我国失能半失能老年人口已达 4000 万，按照 1∶3 的照护比例，则需要养老护理人员 1000 多万人。

而实际情况是，目前我国养老从业人员数量偏少，层次偏低，缺口巨大，远远不能满足实际需要。此前，央广网记者在调查中还发现，目前，由于受工资待遇偏低，劳动强度大，福利较少等诸多因素影响，老年服务与管理专业的毕业生在一线养老护理岗位上的流失率超过七成。

“好多人不愿意从事养老工作，所以导致了专业的养老人才偏少，这是我们目前试运营期间面临的较大困难。”

2017 年 2 月 18 日，央广网记者前往山东省济南善德养老院调研“医养结合”相关问题时，山东大学第二医院院长王传新向记者如上坦言。

刘晓静称，在养老专业人才的供给方面，当前，与养老相关的专业有老年服务与管理、社会工作、医疗保健、护理康复、心理咨询等相关专业，其中尤以老年服务与管理专业联系最为直接。

但是现实是，目前，老年服务与管理专业最高学历为专科，本科专业目录中无此专业。此前，据北青报报道，2014 年，全国 45 所开设老年服务与管理专业的院校中，有 10 所院校没有在校生，有 10 所学校在校生人数少于 50 人，但招生情况不理想，有的院校甚至已处于停招阶段。

央广网记者试图联系一位正在山东某高校养老服务专业读大二的学生张红（化名）时，她却以“没什么好说的，不是什么光彩的专业”为由拒绝接受采访。

养老人才面临“两难”：源头培养不足、流失严重并存

“如果几天不在养老院，老人们会一直念叨着找我。”多年从事护理工作的山东善德养老院护理人员赵忠红，平时把养老院的老人都当家人一样。但目前，社会上对老年服务与管理专业却存在偏见和误解，视其为“伺候人”的专业，以致该专业的招生情况不理想，生源质量偏低，多为调剂而来的低分考生，且数量不多，甚至个别院校招收养老护理专业的人数仅为个位数。

“对于老年服务与管理专业而言，其作为一个专业出现时间较晚，发展不成熟，且目前只有专科层次，学生所学内容以生活照护等内容为主。”刘晓静向记者举例说到，从毕业生到岗后的情况看，当年流失率约为三成，工作三年后的流失率达到七成。

“尽管山东、浙江等省份出台了大学毕业生从事养老服务工作的一次性补助奖励政策，但规定要签订五年以上劳动合同，且补助额度不高，因此实际的激励效应不明显。”

2011 年，民政部出台的《全国民政人才中长期发展规划（2010—2020 年）》显示，到 2020 年，养老护理员达 600 万人。

“相关部门和部分院校过于关注招生数量，没有做到对普通养老护理员和高级养老服务与管理应用型专门人才的差异化培养。”刘晓静认为，这样易造成院校培养的高端人才缺乏就业优势。

另外，刘晓静在调研中发现，农村进城务工人员作为当前养老从业人员“主力军”，只进行了简单的技能培训，服务内容单一，难以开展如康复护理、精神慰藉等较高层次的服务，更谈不上对行业产业的经营与管理。

（资料来源：央视网，2017 年 3 月 5 日，《养老服务就是“伺候人”？人大代表呼吁提高养老护理人员薪酬待遇》）

情景分析

要改变养老服务专业的现状，需要政府政策支持以及社会对专业的理解。在具体的做法上，有专家认为政府应通过岗位津贴、财政补贴等方式缓解养老机构用人压力并适当增加养老从业人员的工资收入。同时，鼓励养老机构对专业技术人才和高技能人才实行按任务、岗位、业绩定酬的分配办法，以岗位的技术含量、关键程度、贡献大小、效率高低等指标合理划分岗位等级，以岗定薪。在学校层面，专家认为应该鼓励社会资本举办养老服务类职业院校，规范并加快培养养老服务与管理专门人才，尽快探索老年服务与管理专业本科层次职业教育，根据养老服务与管理专业人才需求预测，引导和鼓励高校通过实行单独招生、增加招生计划等方式，逐步扩大人才培养规模。

一、老年服务与管理的国际化

目前，越来越多的国家进入老龄化社会，人口老龄化已引发国际社会的广泛重视。很多发达国家和地区已经在老年服务与管理方面进行了探索，建立了较为完善的体系，为我国提供了可资借鉴的蓝本。

1. 日本

日本1996年已经步入了老龄化社会，为了应对老龄化的问题，其在老年服务与照护方面摸索了一套经验，建设了社会化养老服务体系。

（1）老年服务的法律保障

日本于1963年颁布的《老人福利法》被称为“老人宪章”，它是日本推行社会化养老的开端，该法第一次对社区养老服务的内容做了规定，明确规定了家庭福利服务的工作事项，如派遣家庭协助服务员，兴建托老所和保健训练中心，捐赠或租借保健护理器械和生活用品，设立老人养护之家、老人特别养护之家、低收费老人福利院、老人福利中心等照护机构，以协助家庭或取代家庭照护及收容身心功能不良的老人。

1982年出台的《老人保健法》针对老年人的医疗保健服务作了更进一步的规定，确立了社区养老的老年福利方向，保证老年人得到全面的医疗保健服务。该法规定实行上门看护服务，设立老年人保健设施，如中间照护机构，收容病情稳定但仍需住院照护的老年人，给予必要的护理及日常生活训练，解决了老年人医疗保健的后顾之忧。

1989年推行的《高龄老人保健福利推进10年战略计划》（黄金计划）指出：以市町村为主体，以社区为依托建立各种老年服务设施，普及托老所，为老年人提供短期入住、看护、治疗等服务，使老年人借助社区的力量在家养老；开发低价位的“三代同堂”式住宅等，逐步建立和完善社区老年服务体系。

1994年发布的《21世纪的福利展望》和1998年发布的《关于社会福利服务基础结构改革》中，提出了从“行政措施型”福利转换为“契约型”福利，由原有的重视年金、医疗保险的社会保障体系转换为重视护理照料的老年保障体系。

（2）社区老年服务技术人员有关法律制度

1987 年日本政府颁发了《社会福利士及看护福利士法》，该法规定了看护福利士应具备的工作能力和专业技术知识能力，并推出资格证书制度。1992 年制订的《福利人才确保法》从法律上对福利人才的培养及其应有的经济、社会地位予以保障。

（3）介护保险制度

“介护保险制度”是日本医疗保障制度改革的一项新制度，该制度于 1997 年通过立法，2000 年 4 月 1 日起正式生效。介护保险是为老年人或身体残障造成日常生活自理困难的个人所提供的与医疗、护理、保健和生活等相联系的综合性、专业化的援助，以满足其身体、精神、社会等方面的需求，使其提高生活质量而最大限度地实现人生价值。

介护保险服务主要包括居家护理和设施护理两方面。居家护理包括来访护理、来访沐浴服务、来访看护、来访康复训练、日间托老与照护、居家康复训练、护理设备的租借、短期入院介护、短期入院疗养、痴呆老年人的生活护理指导、入住特定收费的老人之家、居家疗养指导和住宅改装等基本护理。设施护理包括进行特别护理的老人院、老年人保健设施和疗养型病床设施等。

《介护保险法》规定年满 40 岁的公民都要缴纳看护保险费以解决年老后的看护问题，地方政府充当承保人的角色。当公民希望得到社会护理时，首先要到当地政府呈交申请，行政管理机构通过调查确认需要护理的程度，最终按规定批准相应的保险赔偿费，公民用这笔费用自由地选择服务机构。

介护保险制度将医疗服务与老年人福利相结合，采取政府主导、民间企业开放式经营的运营模式。这是一种充分调动社会力量和资源的服务方式，政府通过制定一系列的优惠政策，引导和鼓励广大民间企业与私人投资的服务性企业为老年人提供必要的生活服务，这样既可以满足老年人的需要，减轻财政负担，又引入了市场机制，促进了服务效率和质量的提高。更重要的是，作为投保者的老年人的个人需求和自我选择权得到尊重，他们既可以在自己的家中得到所需要的综合性福利服务和医疗服务，也可以到机构居住，一定程度上消除了公民享受老年服务的后顾之忧。

（4）社区养老组织形式

日本社区老年服务工作由市政府设立的社会部全面负责，社会部下分设福利计划科、社会福利科、老人福利科、保险医疗科、老人之家等，全面掌握市内各区域老人的健康状况、经济状况、日常活动情况等资料。目前日本的社区养老组织形式主要有以下四种：

一是以政府力量为主的机构，服务人员由政府人员与民政人员组成。

二是政府资助下的民间组织，如社会福利协会、社会福利商社、社会福利法人等。这类组织在市场机制的运作下，服务质量和服务效率较高，发展速度较快。

三是志愿者，主要是家庭主妇、大学生或部分健康老人。志愿者服务又分免费和收取低廉费用两种情况，主要从事陪伴聊天、送饭、唱歌、做游戏、做手工、健康讲座和一些轻体力服务等，属于非营利性组织。

四是企业式养老服务，这种方式来源于美国，是通过企业以保险方式获取资金，以低收费服务老人，是非营利性组织中的一种。

（5）社区养老设施

日本多元化的社区老年服务离不开不同规模、不同形式的社区养老设施的支持。这些社区养老设施主要有老人家庭护理站、老年人保健服务所、老年人日托服务中心、由数名痴呆老人组成的生活小组或收容5～8名老年痴呆症患者的家庭型养老院、老人护理中心、老年福利中心、老年病医院、老人公寓、老人之家等。按使用目的与内容的不同，可分为三大设施体系。以专业治疗和看护为核心的“医疗系设施”，其中包括主要针对有长期疗养必要的老人介护疗养型医疗设施；护理力强化病号楼主要对象是受慢性疾病困扰的老人；老人失智症疾病疗养病号楼专门针对老年失智症患者而设。以休息疗养和机体康复为核心的“保健系设施”，该类设施是为处于病情稳定期且没有必要住院治疗，但需要以复健、护理和看护为中心的老人（多为术后老人和罹患慢性病的老人）而设。以日常照顾与生活辅助为核心的“福利系设施”，包括“特别养护老人之家”“轻费老人之家”“失智老人集体之家”等，分别收治身体、家庭、经济等状况不同的老人。

2. 英国

英国的老年社会服务主要由卫生部和地方社会服务部门管理。从职能划分上来看，卫生部主要负责老年人的卫生服务体系，社会服务的政策和标准制定、监督与管理等职能；地方政府则主要承担着对老年人的服务评估、服务信息发布、养老资源配置、服务购买等具体工作。

英国的养老服务类型多样，可以根据老年人的身体状况、经济状况以及需求的不同为其提供不同的服务内容。

（1）居家养老服务（Home Care）

这种服务针对的对象一般是居家且活动不太方便的老年人，根据老年人的身体、经济和需求状况，由照护者提供每天几次或者每周几次的服务，包括助洁、做饭、穿衣、个人照护、送餐上门等生活服务，以及注射、吃药等需要一定医护知识的服务。这类服务大部分由公立或者慈善机构提供，很多慈善机构提供这种服务都是免费的。另外，还有志愿者帮助老人买东西、清理花园、陪老人聊天等。

（2）日间照护服务（Respite and Day Care）

这类服务主要为居家的老年人提供短期照护，包括日托或者短时间的托养。如家庭照顾者有事外出或度假时，可以把老人临时送来照护。根据老年人或其照护者的需要，可以是照护几个小时或者几天。日间照料机构有稳定的场地和设施，可以吃午餐和开展娱乐活动，也可以针对需要短期护理的术后老年人提供必要的康复护理服务。许多民营的养老服务机构都可以提供这种短期的托养服务。

（3）老年公寓（Sheltered Housing）

这是一种为生活基本能够自理、对他人依赖性不大，并且有人照护的老年人提供服务的设施，一般是平房或者是专门建的住宅。公寓有医疗、保卫人员，还配有紧急呼叫装置，相对独立，有个人隐私空间，但是也有服务，有公共的休息区域。

（4）养老院／护理院（Care Home）

这类服务一般针对的是鳏寡孤独、生活自理能力较差、需要长期照护、缺乏家庭支持的老人。这类老人的照护工作量大，往往超出其家庭的承受能力，有的照护工作特别是护理性质的工作，带有一定的专业性。

另外，英国还有很多专门针对有某种特殊需求的老年人的养老院或者护理院，如临终关怀机构（Hospices）、专门看护失智老人的养老院等（Care Home for Dementia Patients）。

3. 澳大利亚

澳大利亚在养老护理服务产业方面起步早、经验丰富，现已建立起较为完善的养老护理服务体系，并凭借优良的实践效果成为全球典范之一。这一体系的创建和运作，既是该国政府长期重点推动和资助支持的结果，也得益于其多年建立起的严格认证和质量监管体系，以及政府、服务提供商和社区之间长期形成的合作关系。

澳大利亚是世界上最早设立养老服务专职部门的国家之一，现主管部门是联邦政府的卫生与老龄部，其部门宗旨是“为所有澳大利亚人创造更好的卫生条件和活跃的晚年生活（Better health and active ageing for all Australians）”。数十年以来，澳大利亚政府对于养老护理服务业的高度支持成为增强该行业实力的最主要因素之一，但澳政府不直接参与或承担养老护理工作，主要通过向养老护理行业营利性企业和非营利组织提供资金补贴和监督管理等发挥着作用。

在澳大利亚，营利性养老机构在参与院所养老和社区养老服务方面有着悠久的历史，其运营主要依靠来自政府的补贴和拨款、居住人缴纳的费用、社会捐赠以及志愿者免费劳务等。据澳政府相关报告，目前养老护理企业运营资金的70% ~85%来自澳政府的税收转移补贴。为提高资金效率，2008 年 3 月澳政府引入养老护理评估表（ACFI）体系，作为将政府补贴分配到老年人服务机构的管理手段之一。澳政府除支持社会养老机构运营外，也越来越重视对家庭护理和家属喘息照料的补助，旨在帮助老年人更长时间地享受家庭生活和改善家庭护理。澳大利亚养老主要服务模式如下。

（1）院所式养老服务

院所式养老服务，即传统意义上的养老院护理服务。澳大利亚将该类服务分三个等级归类。

一是低级护理。让老年人享受独立自主生活的同时，获得餐饮、洗衣、私人事务和护理等方面的辅助服务。主要运营模式是专门的养老服务式公寓。

二是高级护理。即传统意义上的 24 小时全天看护，以及餐饮、洗衣、保洁、保健和个人护理专项等。主要运营模式是传统式养老院。

三是临终护理。主要是对病患末期老年人提供的专门护理和必要医护手段，尽可能提高他们临终前的生活质量。

（2）社区护理服务

除传统的院所式养老护理服务外，相当一部分澳大利亚老年人仍喜欢尽可能多地生活在家中或原居住环境接受社区护理服务。此外，部分身患重病或者失智的老年人也存在这方面意愿。为了确保这些老年群体在社区养老过程中，能得到与院所式养老同样的护理服务，近年来澳大利亚政府加大了社区护理行业的支持力度，并于 2012 年 8 月将失智患者社区护理列为国家健康优先领域（National Health Priority Area）。

目前，澳大利亚社区养老护理发展非常全面，并可根据老年人个人需要提供量身定制的服务。老年人因此可以获得更长时间的独立生活期，这不仅带来了明显的社会效益，也缓解了对养老院机构的需求量，相应节约了社会成本。

根据护理级别的不同，澳大利亚社区养老提供的服务包括：

①家庭和社区照料，包括老年人日常护理和联合保健服务、家务协助、膳食服务、交通、住房改造和维修等。

②社区养老照料计划，主要为年长或身体虚弱，并有较复杂需求的老年人提供各类护理服务。

③长期居家养老计划，主要为需要高度关注照顾的老年人提供比社区养老照料计划更为灵活和个性化的服务。

④老年失智症患者长期居家养老服务计划，主要为患失智症老人提供服务，包括护理和联合保健服务、生活照料（协助洗澡、穿衣和餐饮等）、家政服务（协助家务、洗衣和购物等）以及交通和社交支持。

⑤喘息照料，指在家中、社区日间照料中心或养老院为老年人提供短中期照料服务，从而让老年人及其主要照顾人获得阶段性休息的服务。

⑥日间照料中心，指社区内提供全日或非全日照料服务的机构。

（3）退休社区服务

澳大利亚主要城市周边都建有许多退休村或退休社区，这些专门为新近退休人士建立的社区，可以帮助身体状况相对良好的老年人享受更为独立并适合他们的生活。这些社区的建筑一般配备相应的娱乐设施、图书馆、保健美容设施、餐厅、会议室以及老年病医疗机构，非常适合退休人士在此获得舒适的生活，并实现向老年状态的良性过渡。

实践中，许多退休社区提供同一地点的多级别照料服务选择，即社区内居民可以根据自身状况变化，从独立单元搬到服务式公寓或照料级别更高的地方，即实现前述几种类型服务的延续衔接。

4. 发达国家和地区老年服务与管理经验对我国的启示

（1）完善的法律制度

社会养老服务的每一步发展都离不开政策法律的支持，法律在各个国家和地区的社会养老服务事业中起到了引领、指导作用，比如日本的介护保险制度，澳大利亚的《家庭和社区保健法》《老年人保健法》。养老服务的法律政策支持体系不仅包括对服务内容和标准的规定，同时对政府责任加以界定，对行政机构在社区养老方面的权责、职能加以约束，以明确责任主体，提高服务效率。我们应该在不断探索的道路上将较为成熟的经验用法律或者政策形式确定下来，这对我国养老服务事业的进一步推广起到一定的积极作用。

（2）建立多层次的养老服务体系

老年人在年龄、身体状况、文化水平等多方面都存在差异，对养老服务的需求也有所不同。从各个国家和地区的发展经验看，需要建立一个满足不同老年人需求的养老服务体系，根据不同的需求，制定不同类型的服务内容，包括定期健康检查、上门医疗服务、家庭护理、机构护理及康复训练等。

（3）培养专业养老服务人才

服务的专业化是衡量养老服务质量好坏的关键因素，其最终的落脚点是在养老服务的教育培训工作上。建立一套完整的人才培养机制，不断为养老服务行业输送专业化人才，并采取相应的措施使得这一群体的经济和社会地位得到保障。只有人才充足了，才能支撑起养老服务事业的发展。

二、老年服务与管理本土化

正如上一部分所讲述的，目前许多国家和地区为养老服务发展提供给了可借鉴的经验，但是各地无论从文化背景还是现实的经济、社会保障以及老年人的具体需求等方面都不尽相同，因此我们不能完全照搬照抄其他国家和地区的经验，而是必须与本土情况相结合。

1. 中国传统的敬老文化与老年照顾

中国自古以来便有着尊老、敬老的传统。孔子认为：“今之孝者，是谓能养。至于犬马皆能有养，不敬，何以别乎?”孟子则进一步提出：“老吾老，以及人之老；幼吾幼，以及人之幼。”此外，历代王朝对养老敬老也作出了许多具体规定。

（1）家庭养老制度

中国传统的养老模式一直都是以家庭养老为主。历代政府都十分支持家庭养老，并且为激励家庭养老还实行了“侍丁”与“权留养亲”两项制度。

“侍丁”制度最早可以追溯到《礼记》，“八十者一子不从政，九十者其家不从政”，是指政府对有老人需要赡养的家庭，减免其税收与徭役。西汉时，平民家有九十岁老人，可免除一人的徭役；有八十岁的老人，减免两口人的人头税。唐朝时，男子七十五岁以上、女子七十岁以上，可免除其家庭中一名成员的徭役。宋朝时，有八十岁老人的家庭，可免纳家庭成员的“身丁钱”，并免除其中一名男丁的服役义务。清朝的《大清律例》规定，“军、民年七十以上者，许一丁侍养，免其杂泛差役”。

“权留养亲”则是中华法系中一项比较特别的缓刑制度：犯罪之人（重罪除外），如果父母年迈、无人照料，政府可不立即执行判决，允许犯人回家赡养父母，等赡养结束后再执行判决。这一制度正式形成于北魏孝文帝时期，之后唐宋明清，历代相沿。

（2）宗族养老系统

家庭贫寒的老人及孤寡老人是家庭养老无法照顾到的，中国传统社会为此设立了辅助性的宗族养老系统。

宗族救济古已有之，到了宋朝，宗族福利开始制度化，那就是范仲淹创设的范氏义庄。义庄定期向族人或族中贫困、孤寒人口发放钱米。族中若有老人去世，也可以从义庄申领到15贯至25贯钱的丧葬费。范氏义庄创立后，宋朝及后世的士绅纷纷效仿，成立义庄赡养族人。有了义庄救济的机制，族内的贫寒与孤寡老人便得以“生有所养，死有所葬”，不致沦落到老无所依的凄凉境地。

不过，宗族共同体的救济毕竟是基于血缘，族外人无法获得义庄的福利。明清时期建立起了公益性养老机构“普济堂”，类似于今天的福利院，以收养“老疾无依之人”为主。如清代康熙四十五年，“京城广宁门外，士民公建普济堂。……凡老疾无依之人，每栖息于此。司其事者，殊为可嘉”。

（3）福利性质的国家养老

在家庭养老、宗族养老与公益养老覆盖不到的地方，还有福利性质的国家养老。大约在南北朝时期，传统社会已经出现了养老福利。当时刚传入中国未久的佛教带来了“布施”的观念，信奉佛教的梁武帝在建康建立“孤独园”，收养孤儿和贫困孤寡老人。其后唐王朝则在京师设立“悲田院”收容乞丐、孤老。

宋朝时候，跟“孤独园”“悲田院”功能类似的福利养老机构已经遍布天下，为全国贫困、孤寡老人提供“老有所养”的保障成为常设的国家制度。根据北宋末的一项立法：“居养鳏寡孤独之人，其老者并年满五十岁以上，许行收养，诸路依此。”凡50岁以上的鳏寡孤独老人，可以进入国家在京师及诸路开设的福利院养老。宋政府设立的福利院，包括京城的福田院、遍设于各州县的居养院、养济院，都是综合性的福利收养机构，既收养老人，也收留乞丐、孤儿。到了南宋时，一些地方政府又修建了“安老坊”“安怀坊”“安济院”，则是专门收养孤寡与贫困老人的福利机构。后来的明朝与清朝，基本上都保留了宋代的居养院建制。

2. 中国老年人的养老需求

（1）生活照顾

步入老年后，人的身体机能逐渐下降，这个时候，老人需要生活上的关心和照顾。

（2）精神慰藉

由于中国几千年来的文化积淀，使得中国形成了以家庭观念为重的道德伦理观，儿孙绕膝享受天伦之乐，是很多老年人追求的幸福。但是随着社会的发展、人口流动性的增强，家庭结构的不断小型化，老年人享受传统幸福出现困难，精神赡养需求也在不断增加。

（3）尊重的需求

每一个老年人都渴望得到家庭和社会的尊重，希望自主选择自己的生活。但由于身体条件和家庭地位的弱化，许多老人很难自主抉择，尤其是经济条件相对较差的乡村，在有些家庭，老年人被视作家庭负担，受到嫌憎、漠视甚至抛弃。

（4）社会交往

老年人退休以后，脱离了工作或社会劳动，生活重心由社会转到家庭，但是他们仍渴望和需要社会交往。

（5）医疗照护的需求

随着老年人生理的自然衰老，慢性疾病是很多老人所必须面对的挑战与难题，因此老年人的医疗与护理需求随着年龄的增长和身体状况的衰退而越发强烈。

除了老年人这些共性的需求之外，不同群体的老年人也存在个性需求。比如农村贫困老年人更多是经济方面的需求；城市健康高知老年人可能在教育方面的需求更为强烈。

3. 中国目前养老服务存在的问题

我国养老服务面临许多问题要解决，例如有的学者认为城市养老保障制度不够健全和完善，农民养老问题日益突出，老年人口中贫困人口的比例仍在增加；老年福利服务基础设施短缺，老年活动场所建设资金投入不足，养老服务发展滞后；老年人社会化管理和服务工作条块分割、为老年人服务的社会中介机构发展缓慢，老龄政策法规体系建设还不完善，老年人合法权益的保障水平有待进一步提高等。

另外，尽管政府及时出台了退休人员社会化管理的决策，老年管理和服务走向了社会化、多样化，但实质是老年人接受的服务与其收入相关，虽然不同的提供主体为老年人提供了各种各样的服务，但是老年人能接受到的服务内容与质量取决于其收入水平。老年人所享受的养老服务与其养老金、是否拥有医疗保险挂钩，政府为老年人提供的老后保障的水平，直接关系到我国养老服务的发展。再加上老年人的需求不仅有经济上的，也有生活和精神上的，现有的服务已经不能适应老年人多样化的需求。

4. 适合我国本土化的养老服务与管理体系建设

（1）以人为本、民生本位为价值取向。

要改变老年福利原有的“高覆盖低标准”的服务理念，根据国民经济的发展提供不断发展完善的社会养老服务体系。

（2）明确政府的责任

要发展养老服务，就要增加政府对社会福利的财政投入并均衡分配财政投入。政府的责任尤其是财力上的责任到底是多少，取决于政府对社会福利价值取向的判断。在我国经济社会发展水平相适应的条件下，适当改变对老年人福利的认识，不仅在总量上增加投入，更在结构上趋于合理，达到资源的最佳配置。关于在公共服务中政府的责任，在大社会小政府或少政府、多市场和多元化政府的方向下，政府角色有所转变。政府只提供核心服务，加强依赖第三方，即非政府组织和商业组织提供服务。政府功能和角色由直接管理服务，转变为直接管理提供服务的组织，而这些组织亦变为第三方，政府在提供公共服务的过程中，需要发动和协调一个广大的组织网络。政府的新角色不是“划船”，而是“掌舵”，是协助性的政府，而不需要直接提供服务。

（3）建立健全的社会保障制度

要从根本上解决老年人生活保障问题，还要从我国社会保障制度建设入手。只有建立健全社会保障制度，老年人的生活才能有保障，否则有再好的服务，老年人也只能望而却步。有了制度保障以后，还要在服务的质和量上求提高、求发展。

（4）从中国传统文化背景着手，建构居家养老为基础的养老服务体系

目前对于养老服务体系的建构是“以居家养老为基础，以社区养老为依托，以机构养老为补充，功能完善、布局合理、规模适度、覆盖城乡的养老服务体系”，这其中居家养老是基础。政府需要加大对居家和社区养老服务的补贴力度，引导服务供给。同时结合中国传统的家庭养老，在具体的体系建设中，必须考虑家庭的作用与功能，在政策设计和体系建构的过程中重视对家庭照顾提供者的支持。

第二节　老年服务与管理专业教育的现状

一、老龄化社会对专业人才的需要

目前，老龄化对我国的影响使得对于专业照顾人员的需求空前突出。虽然近几年，我国大力发展与养老服务相关专业人才的培养，例如自 2008 年全国社会工作者职业水平考试开考以来，全国通过考试取得社会工作者职业水平证书的人员已达 28.8 万人，很多分布于与老年服务相关的社区建设、社会福利、社会救助、慈善事业、残障康复等领域；获得养老护理员证书的人数也在逐年增长，目前全国持证的从业人员占 33.7%，31 个省、自治区、直辖市建立了养老护理员职业技能鉴定站，共建立了 68 家培训基地 。从老年服务相关专业的建设情况看，截至 2015 年，121 所高职院校开设了相关专业，但是仍远远不能满足社会对于人才的需求。养老专业人才的问题主要体现在以下方面。

1. 从业人员数量少

在一些发达国家，从业人员与机构收养老人的比例一般是1∶4.57。截至2015年年底，以我国22200万的老年人口进行推算，约需要4933万从业人员。但根据民政部数据，截至2015年年底我国持证上岗的从业人员不足10万，远远无法满足需求。

2. 从业人员年龄和学历结构不合理

国内开展的多项针对养老护理从业人员的调查研究显示，我国从业人员的年龄整体偏大，主要集中在45岁以上；性别比失衡，以女性为主；专业化程度偏低，多数是非医护专业人员，未接受过系统培训。当前的从业人员以进城务工人员和下岗人员为主，有专业护理技能的从业人员非常少。有调查显示，北京的从业人员中初中及以下学历的占65%，其中文化水平非常低的占5.1%。养老服务从业人员需要接受一系列专业知识与技术培训，受教育程度低往往学习能力较差，难以保证从业人员的培训效果。多数从业人员只经过短期培训便可上岗，这样在短时间内可以增加从业人员的数量，质量却难以得到保障。短期培训的内容一般只包括生活照顾和家政服务，而关于更高层次的专业化内容，如心理疏导、保健康复等常常被忽略，从而无法满足老年人多方位的护理需求。

可见，目前我国一方面存在着老年人对于照护需求不断提升，对于养老服务人员无论从数量还是质量的需求持续增加的问题；另一方面则是专业人员供给不足，专业化和职业化层次较低的现状，两者之间的矛盾会随着人口老龄化程度提升而不断增加。社会迫切需要有较强老年护理技能、了解老年人心理、具有组织与管理能力的专业人才，这就对老年服务与管理专业人才的培养提出了更高的要求。

二、老年服务与管理专业建设现状

为了满足社会对于专业人才的迫切需求，近几年，老年服务与管理相关专业的建设呈现出方兴未艾之势，截至2017年，全国开设老年服务与管理相关专业的高职院校已达到百余所，并且很多本科院校也开始开设相关专业。目前，开设相关专业的院校大致可以分为三类：第一类是医学类院校开办；第二类是本科院校开办的相关专业，有老年服务与管理，也有老年社会学；第三类是高职院校开设的老年服务与管理专业、老年康复保健等。

1. 清华大学老年学研究中心

2001年，清华大学老年学研究中心成立，这是我国第一个在大学中设立的老年学研究机构。开设有关老年研究的课程，填补了大学中“老年学”专业的空白。

2. 全国有代表性的高职院校的建设情况

（1）北京社会管理职业学院老年福祉学院

北京社会管理职业学院是隶属于民政部的高校，老年服务与管理专业隶属于老年福祉学院，其主要的培养目标与培养规格如下：

①培养目标

本专业培养适应经济发展与建设需要的德、智、体、美全面发展的具有较高职业道德修养，具有较强的老年生活护理能力、老年心理护理能力、老年康复保健能力和养老机构经营与管理能力，胜任各级养老机构高级护理员、心理咨询员、康复保健师、养老机构管理者及老年产品与老年产业营销人员等高等技术应用性专门人才。

②人才培养规格

其一，专业能力培养目标。

a. 具有老年生活护理能力。

b. 具有老年心理护理能力。

c. 具有老年疾病照护能力。

d. 具有老年休闲活动组织与策划能力。

e. 具有养老机构经营与管理能力。

f. 具有老年康复保健能力。

g. 具有老年产品营销能力。

其二，方法能力培养目标。

a. 具有较好的对新知识和新技能的学习能力。

b. 具有较好的制订工作计划的能力和解决问题的能力。

c. 具有较强的合理性、逻辑性的科学思维方法能力。

d. 具有主动获取信息的能力。

e. 具有自主学习、自我提高的能力。

其三，社会能力培养目标。

a. 具有良好的思想政治素质、严谨的行为规范和良好的职业道德。

b. 具有良好的心理素质和身体素质。

c. 具有较强的开发拓展创新能力。

d. 具有较强的口头及书面语言表达能力、人际沟通能力。

e. 具有较强的组织协调能力、团队协作能力。

（2）重庆城市管理职业学院

重庆城市管理职业学院的智慧康养学院，2010 年创办老年服务与管理专业，大力培养老年服务与管理专业技能型人才，投身于养老服务行业与老年相关产业。在 2010 年首次招生人数达 100 多人。该校的人才培养主要目标旨在培养适应社会主义市场经济需要，德、智、体、美等全面发展，满足城市建设、管理和服务第一线需要，牢固掌握本专业必备的老年社会工作、老年日常生活照料、老年护理、老年康复保健、老年营养膳食、老年用品开发与经营、老年产业管理等方面的知识和技能，熟悉老年政策法规，能胜任老年服务与管理工作岗位的服务型高技能应用型专门人才。其定位的主要就业方向为老年服务与管理专业的学生可以在各级老龄事业机构（如老龄委、老年大学、老年期刊出版社等）从事技术管理与服务工作；可以在各种类型养老机构（如国办社会福利院、军队干休所、企事业单位和民间组织举办的养老院、老年公寓）从事管理与服务工作；在社区服务中心从事管理与服务工作；在各类老年康复保健机构从事管理服务工作；在老年产品开发与经营企业从事营销推广工作；还可以在经验积累的基础上，进行自主创业。与之相应，设立的主干课程包括：老年服务与管理概论、老年社会工作、老年健康照护、老年护理学、老年心理学、老年营养与膳食、老年产业管理、老年经济学、老年社会保障等。

3. 山东省主要高校开设相关专业的情况

截至 2017 年年底，山东省已经有 25 所本科以及高职院校开设了老年服务与管理相关专业。

（1）山东管理学院

山东管理学院的老年服务与管理专业于 2016 年首次招生，是学校重点建设专业。专业强调理论与实践相结合，以培养综合素质高、基础知识牢、专业技能强的老年服务与管理人才为目标，培养具有较高职业道德水平、熟悉国家养老服务业政策法规，具备老年心理、精神关爱、医学护理、综合康复、产业运作、管理经营、活动组织策划、养老服务业运营管理等专业知识和基本技能；具有人文素养、社会关怀、全球视野、创新思考能力，能够在企业或事业单位，如各级民政部门、老年产业、老年大学、老年社会团体、社区、养老机构等领域胜任老年服务与管理工作的高素质复合型、应用型人才。就业方向：各级养老机构主管人员和负责人（CEO）、养老机构主管单位管理人员、养老行业策划与组织人员，也可进入如民政部门、老龄委、老年大学、老年协会等各种事业机构从事管理工作。

（2）山东女子学院

山东女子学院的老年服务与管理专业设在学校的二级学院——社会与法学院，

是学校为顺应国家和山东省大力发展老龄事业的趋势而开设的，该专业于 2015 年秋季首次招生，已连续招生三年，目前已有在校生 330 余人。

该专业遵循老龄事业的特点与需求，以医学、社会学、法学、心理学、管理学等学科为依托，结合山东女子学院办学特色，突出女性性别特色和人文关怀精神，强调爱心、尊重和助人自助的社会工作理念，致力于培养具有老年健康维护、活动策划、权益保障和市场开发、经营管理等基本理论知识和实践技能，具备良好的职业道德和较强的实际工作能力，能够在各级民政部门、老年产业、老年大学、老年社会团体、社区、养老机构等领域胜任老年服务与管理工作的高素质、应用型人才。主要课程有：老年学概论、老年社会工作、人力资源管理、养老机构营销与管理、老年常见病预防与护理等。

三、办学中存在的问题

老年服务与管理专业属于新兴专业，各个学校开办的时间都不长，因此在办学过程中难免存在一些不足与问题，其中学者们认为问题主要集中在以下几个方面。

1. 缺乏统一的人才培养目标与大纲

目前国家尚未出台统一的对于该专业人才培养的目标与大纲，因此各高校开设该专业标准要求等方面不统一。从上述各高校开办专业的情况也不难看出，每个学校都有自己的侧重点，并且依托本学校原有的优势资源对于老年专业进行构建。有的侧重于医疗护理技能，有的侧重于管理技能。缺乏统一的培养目标使用人单位与学生对于专业缺乏明确的认知与了解，限制了老年专业未来的专业化发展。

2. 实习实训基地建设不完善

老年服务与管理专业的培养目标要求学生掌握必备的基础理论知识和较强的综合分析问题及解决问题的能力，技能必须与老年人的需求以及相关单位发展相接轨。因此实习实训教学基地建设是促进老年服务与管理专业教育发展，培养技术应用型专门人才的重要影响因素。但一些院校在实训基地建设中因为资金缺乏等原因，致使实训基地的设备、用物等只能停留在理论或演示阶段，实训技能课程无法逐一落到实处，实训教学质量难以保障。另外，因我国养老行业属于新兴行业，企业也很难为学生提供适当的实习平台。

3. 人才培养数量少，远远不能满足社会需求

一方面，我国老龄化程度越来越深，对于老年服务方面的人才需求量剧增；另一方面，虽然目前有多所院校开设该专业，但该专业在校生和毕业生较少，总体人数不足，仅有个别院校年招生数量能过百人，大部分院校都维持在每年招收 30 人左右，难以满足养老服务业快速发展对该专业人才的迫切需要。

第三节　老年服务与管理专业教育未来发展走向

老年服务与管理作为新兴专业，适应了老龄化社会对专业人才的需求。为了更好地满足社会需求，未来老年服务与管理的专业教育应以服务为宗旨，以就业为导向，向终身化、全民化、高效化方向发展。

其一，专业教育要两手抓，一手抓人文素养，一手抓技能培养，不能只抓技能培养，而弱化人文素养。人文素养的核心内容是对人类生存意义和价值的关怀，是一种为人处世的基本的“德性”“价值观”和“人生哲学”，它追求人生和社会的美好境界，推崇人的感性和良心。尤其是老年服务与管理专业，其服务对象主要是老年人，如果没有对专业的热爱和对专业的伦理价值的认同，很难更好地为老年人服务。

其二，重技能，也要重理论知识。因为目前老年服务与管理专业没有本科学历，最高为专科层次，因此有些院校过多夸大了技能的重要性，对于理论知识，要求“够用就好”，导致技能与理论脱节，大部分学生只知其然而不知其所以然，条件一变、环境一转，便不知所措，不能用所学知识分析处理问题，这是理论知识不扎实所致。因此，技能与理论需要有机融合在一起。

一、先进国家和地区对于老年服务人才的培养经验

要使得专业获得良好的发展，人才得到全面的培养，既要有专业理论科研建设，也要有专业教育方面的发展。

1. 老年学科的建设

伴随着老龄化发展而逐渐形成了老年学研究。尽管人类社会很早就开始关注老年人问题，但是现代意义上的老年学到 20 世纪才初露头角。形成于 20 世纪 60 年代的社会老年学标志着老年学学科的最终形成，老年学（Gerontology）有国际性和各个国家的学会以及协会，国外著名大学都设有老年学专业并授予相应学位，也有专门的学术杂志、学术著作和教材。老年学是研究人类个体和群体老龄化的现象、过程、规律及其社会经济影响的一门交叉学科。作为一门新兴的学科，老年学由于其

独特的研究对象，在国际上日益受到重视，是21世纪的朝阳学科。老年学的学科特点主要包括：多学科性、理论性、实践性和应用性。理论上，老年学是对人们衰老的研究，这包括从学科和实际工作领域对衰老过程从生理、心理和社会方面进行研究。老年学家包括许多领域的研究者、学者、从业者，这些领域包括生物学、医学、护理学、心理学、社会学、经济学、政治学和社会工作学。

老年学的形成与发展始终与老龄问题的演变及其对策研究相关联，所以老年学包括了研究人口老龄化问题与研究老年人问题两大部分。研究人口老龄化问题主要是从宏观角度分析人口老龄化与社会经济发展之间的关系，而研究老年人问题则偏重于探讨老年人的经济保障、健康长寿、代际关系、精神文化生活、合法权益等问题。适应社会经济发展的需要，老年学研究实际上已经涉及了人文社会科学的所有领域。基础学科如老年医学、衰老生物学、社会老年学、老年心理学、老年经济学等更加成熟，而一批新的研究方向如老年护理学、老龄工作管理、社区老年学等也正在兴起。

2017年，第21届国际老年学与老年医学学会（IAGG）大会在美国加利福尼亚州旧金山市举行。来自医学、护理学、社会科学、心理科学、金融学、政策领域及其他学科的代表在会议期间就如何改善全球老年人生活质量的最新方法进行了探讨。IAGG大会的主要内容之一是针对老年人群，尤其是衰弱、高龄的老年人群开展的综合服务模式。这些模式覆盖的范围包括从急诊到住院、从住院到急性疾病后期的照料，再到居家服务。其特点均与老年医学理念相一致，即重视衰弱老年患者的识别，强调老年综合评估、多学科协作干预和医疗的连续性。

2. 老年服务与管理专业的教育与人才培养

（1）日本

①日本老年服务专业人才

1987年5月，日本颁布了《社会福祉士及介护福祉士法》，社会福祉士与介护福祉士这两个概念被明确定义。社会福祉士为国家统一资格，报考人员为学习过指定课程的福利专业大学本科毕业生或通过国家考试的指定培训机构毕业生，社会福祉士的主要工作为关于社会福利的咨询、建议指导、和其他专业人员进行联络协调等工作。而介护福祉士为指定培训机构的毕业生或从事护理工作三年者在通过国家统一考试后可取得的资格。但是指定培训机构毕业生的取得方式在2015年被废止，即便是指定培训机构毕业生也必须参加国家统一考试。介护福祉士的主要工作内容是使用专门的知识与技术对高龄者或残疾者实施护理行为，并对其他照顾人员和被照顾者进行相关指导。介护福祉士一般分为初级、中级和高级：初级介护士从事简单的家政服务、身体护理等；中级介护士能够开展所有的护理工作；高级介护士除开展护理工作外还兼有部分管理职责，负责安排、管辖区内介护员的工作，参与对老龄者的护理。

②日本养老服务人才培养课程的设置与研修

日本在养老护理人才的培养方面规定，高中毕业经过两年制共计 1600 ~ 1800 个学时的专业学习，并经全国统一考试合格取得资格认证后方可从事介护工作。典型介护福利科的课程由基础科目、专业科目、实习、特别课程四大板块构成。基础科目包括心理学、伦理学、法学、教育学、生物学等 8 门课程；专业科目有社会福利概论、老年人福利论、残疾人福利概论、康复论、社会福利援助技术、社会福利援助技术演习、娱乐指导法、老年人与残疾人心理、家政学概论、家政学实习、医学基础、精神保健、介护概论、介护技术、介护实习等课程；实习分介护实习和实习指导；特别课程科目包括急救看护、家族病理、临床心理学、生活与环境等 7 门课程。

（2）英国

在英国服务老年人的主要有护理助手、护士以及管理者。

①护理助手（Healthcare Assistants/ Auxiliary Nurses）

护理助手被认为是社会护理人员（Social Care Worker）。护理标准法对护理助手的定义是为任何人提供个体化护理的人。对于护理助手较为精确的定义是：提供健康、教育与社会服务，受雇于儿童之家、老人院和其他机构；被家庭护理机构雇用，在残疾、虚弱、疾病、不能自理的患者家里提供个体化护理。

护理助手的职责包括：晾洗衣被、穿衣、喂食，帮助患者移动、如厕、床单位的整理，帮助患者实现所有的舒适，测量体温、脉搏、呼吸和体重。护理助手负责 80% ~ 90% 的护理工作。他们由护士监管，绝大多数的患者工作都由护理助手完成。护理助手每星期通常工作 37.5 小时，包括晚上和周末、业余时间和自由时间。随着长期照料健康系统的改变，护理助手在疗养院中的角色越来越重要。一个充满热情、知识丰富的护理助手能使老年人的生活质量产生巨大的变化。在 2004 年，英国对国内养老机构提出的最低的标准是 50% 的护理助手具有 NVQ（National Vocational Qualification，英国国家职业资格证书）2 级认证资质。养老院需要雇用大量的具有 NVQ 资格的护理助手。

②护士（Nurse）

养老机构的护士和医院的护士工作类似。养老机构的护士管理着老年人的护理工作，他们的大多时间都用于管理和监督护理工作。注册护士也会评估老年人的健康状况、制订治疗计划、监督执照护士、护理助手、执行静脉输液等有难度的操作。他们通常工作在特护科室，例如中风或者脑外伤的患者需长期居住的康复病房。养老机构会为护士提供一些灵活的工作时间和家庭政策，很多护士选择在离家近的养老机构工作。

③管理者（Manager）

管理者需要一定的护理老年人的经验，还必须具有被认证的管理资格证书，例如 NVQ 4 级水平注册管理者的认证或是另一种管理资格认证。很多管理者之前是从事养老护理工作的，通过自身的不断学习获得了 NVQ 4 级认证，加入了管理者的行列。其工作内容主要是管理和负责养老机构各项事务，确保养老机构的高质量护理。

英国护理人员的培养途径及培训方式：

①NVQ 培训

NVQ 是英国国家职业资格证书，各行各业的在职人员都必须满足不同等级的 NVQ 标准要求。许多护理助手没有受过正规的教育，获得一个 NVQ 资格将为他们提供一个正式的资格，使之更受雇主的信任。NVQ 的资格认证能使护理助手获得不同等级的资格，这能向雇主证明他们的能力水平。一般来说，养老机构的护理助手需达到 NVQ 2 级认证水平。具有 NVQ 3 级认证的人能进行护理教学，NVQ 3 级认证护理助手将会得到护士培训机会，也有机会成为医生助理。在一些大学能给具有 NVQ 3 级认证的人提供加速护士教育的机会。进行 NVQ 培训，可在认证评估中心（Approved Assessment Centre）进行注册，注册后需进行辅导或培训，NVQ 培训有不同的方法，学习的地点是在工作的地方或评估中心。所有的 NVQ 候选人都被称为评估员，评估员必须完成其课程，通过评估中心的评估认证。

②护士教育

在英国，所有护士的教育必须与护士助产士协会（The Nursing and Midwifery Council，NMC）标准相吻合，护士教育项目的时间必须是 4600 个小时，这些时间可以是三年的持续学习，包括 50% 的理论和 50% 的实际操作。第一年的课程是公共基础课程，在公共基础课上，学生学习能运用于护理各大分支的技能。在第二年和第三年里，学生学习护理某一特别领域的专业知识。护理的四大分支包括：成人护理、儿童护理、疾病护理、心理护理。护士有很多机会发展自己的专业和教育，特别是在一些大型的机构和连锁机构。在养老院中，护士能有机会作为部门经理，管理众多机构中的某些部门。

英国政府指定专门的委员负责法定的护理教育课程，例如护理老年人的 ENB941 课程。护理教育也可用于大学研究教育模式和方法。养老机构的开办者有着不同的意愿及支持护士进行继续护理教育的能力，有些开办者付费让护士在上班时间参加一些课程学习，也有一些开办者提供费用和时间，让护士自主决定学习方式。

③在职培训

在职培训涉及护理人员的教育培训，贯穿护理人员的整个工作生涯。通常，在职培训由许多以小组成员为单位的小型培训组成。所有类型的教育方法都会被运用，包括活动挂图、电影、讲座、录像、角色扮演、个案讨论和其他方式。在许多工作繁忙、效益高的养老机构，每周进行三次或以上的在职培训。培训的内容包括护理法律法规、老年人的生活护理、疾病护理要点等。培训的内容很详细很系统，对于房间窗户开放时间都有严格的规定，而这些通常是通过科研数据确定的。培训的机构为护理人员工作的单位及其他管理养老机构的组织。他们会根据国家的护理发展动态及新政策出台情况，进行配套的护理培训，培训的内容也随着护理学科的发展不断更新。养老机构对职员的培训建立档案，每年进行总结，对于每个职位每个层次的培训时间有严格规定。护理机构是许多教育项目的培训场所。许多养老机构把培训场所设在护理学校，身体治疗、药品和其他与健康相关的培训项目都设在附近的大学。

（3）澳大利亚

由于老年护理领域医护需求的持续增长，澳大利亚对向医生、护士和护理人员提供常规和专业的培训服务十分重视。澳大利亚多所大学设立了老年人护理专业研究生课程，医生在校学习后将由专门院校机构进行测试审核。

针对护士和护理人员，澳大利亚社区服务和健康行业技能委员会（CSHISC）设定了多种资格或技术等级作为社区服务和健康领域的职业技能标准。在澳大利亚，老年人护理护士分为三个层级，注册护士、登记护士和专业资格注册护士。注册护士同医生一样，须在提供老年人护理学位课程的大学接受专门培训，部分学校还提供相应的研究生学历课程；登记护士则主要在澳大利亚相关专业的职业教育和培训（VET）中接受培训。注册护士和登记护士主要受雇于老年人护理服务机构，而专业资格注册护士则是指具备独立护理能力和一定医疗能力的拥有专业资质的注册护士，他们一般是在社区或者偏远地区为当地老年人提供专业护理服务。对于需求更为普遍的一般护理人员（非护士），他们的培训主要由经过认证的培训机构提供，根据CSHISC相关标准，同样按级别管理。近年来，CSHISC已安排1200万澳元改革相关培训，推动更多人接受培训，投身老年人护理行业。

二、老年服务与管理专业未来的走向

2014 年 6 月教育部、民政部等九部委联合印发了《关于加快推进养老服务业人才培养的意见》，在总体思路中提到加强养老服务相关专业建设，加快建立养老服务人才培养培训体系；在工作目标中提出“到 2020 年，基本建立以职业教育为主体，应用型本科和研究生教育层次相互衔接，学历教育和职业培训并重的养老服务人才培养培训体系。培养一支数量充足、结构合理、质量较好的养老服务人才队伍，以适应和满足我国养老服务业发展需求”。增加数量，提升质量，培养专业化、职业化、高素质的老年服务与管理人才，成为当前发展养老产业亟待解决和思考的关键问题。根据上述国家和地区的人才培养经验，老年服务与管理专业未来的走向主要包括如下几方面。

1. 构建多层次学历教育体系

为适应当代养老产业的发展，我国应建立以学历教育为主的老年服务与管理专业的教育体系。在现有的教育体系中，增设本科教育，乃至研究生教育。其培养目标是覆盖所有养老服务职业岗位群，具有较强工作实践能力的实用型、复合型高级技术和管理人才，既加强理论的研究又提高技能培养。

2. 探索订单式培养教育

实行订单式培养，养老机构按照自身需求在明确接收毕业生数量的同时，也对毕业生的规格提出要求。这样学院就可以按照养老机构的要求有针对性地进行教学，对养老机构需要的技术进行重点培训。实行订单式培养，学院与养老机构形成产学研合作一体化，养老机构成为学院该专业实训基地，学生在校进行学习后，再在养老机构真实环境中进行实践技能的再培训，可保证毕业生与养老机构需求零距离。

3. 制定统一的大纲和教育标准，同时重视职业培训，打造终身教育、终身学习的教育体系

根据国际的先进经验看，在老年服务与管理人才的培养上，需要有统一的规定和标准，同时要重视职业技能的不断培训与发展，并把专业教育与职业培训相结合，扩大受教育群体，以培养更多、更为专业的人才服务老年人。

要实现老年服务与管理专业教育的发展，除高校的努力外，也离不开社会大环境的影响。要转变社会对养老服务者的传统观念，须从根本上提高从业人员的政治地位、社会待遇和工资待遇等。公众的偏见大多数是由于行业与岗位薪酬差距较大，因此政府与养老机构应提高养老服务相关人员的待遇。同时，政府应为激励养老服务者献身养老事业，为养老服务者在职业规划、职位晋升、社会保障及社会地位提供和搭建科学合理的通道。

知识链接

1. 中华人民共和国民政部官网，http：//www. mca. gov. cn/
2. 吴玉韶．中国老龄事业发展报告［M］．北京：社会科学文献出版社，2013.